新 アルティメイトブック

馬

ULTIMATE
HORSE

緑書房

新アルティメイトブック

馬

ULTIMATE HORSE

E.H.Edwards 著

楠瀬 良 監訳

A DORLING KINDERSLEY BOOK
http://www.dk.com

Project Editor　Jo Weeks
Art Editor　Amanda Lunn
Editor　Susan Thompson
Editorial Assistant　Helen Townsend
Managing Editor　Jane Laing
Production Manager　Maryann Rogers

This edition fully revised in 2002
Senior Art Editor　Wendy Bartlet
Senior Editor　Heather Jones
Managing Art Editor　Lee Griffiths
Managing Editor　Deirdre Headon

Produced for Dorling Kindersley by
studio cactus

3 SOUTHGATE STREET　WINCHESTER　HAMPSHIRE　SO23 9DZ

Project Art Editor　Sharon Rudd
Project Editor　Donna Wood

Commissioned photography by
Bob Langrish, Kit Houghton
and Peter Cross

First published in Great Britain in 1991
by Dorling Kindersley Limited,
80 Strand, London WC2R ORL
A Penguin Company

This edition published in 2002

Copyright © 1991, 2002 Dorling Kindersley
Limited, London

Text copyright © 1991, 2002
Elwyn Hartley Edwards

Japanese translation rights arranged with
Dorling Kindersley Limited,London

Japanese edition published by
Midori Shobo Co.,Ltd Tokyo, 2005

through Tuttle-Mori Agency.Inc., Tokyo

Printed and bound in China by
Toppan Printing.

目 次

はじめに	6
馬とはどういう動物か	8
起源	10
家畜化	12
体型	14
骨格	18
筋肉	20
馬の分類	22
基本歩法	24
特殊歩法	26
特徴と毛色	28
感覚機能	30
行動とコミュニケーション	32
妊娠と出産	34
子馬の発育	36
品 種	38
軽量馬	
アラブ	40
エンデュランス競技	42
バルブ	44
サラブレッド	46
競馬	48
アンダルシアン	50
ルシターノ	52
闘牛	54
アルテ・レアル	56
アングロ・アラブ	58
シャギア・アラブ	60
ベルギー温血種	62
ウェルシュ混血種	64
総合馬術競技	66
オランダ温血種	68
馬場馬術競技	70
セル・フランセ	72
デンマーク温血種	74
トラケーネン	76
ハノーバー	78
障害飛越競技	80
ホルスタイン	82
オルデンブルク	84
ハンター	86
狩猟	88
ハック	90
コブ	92
リピッツァナー	94
古典馬術	96
ハクニー	98
馬車	100
フレンチ・トロッター	102
フリージアン	104
アイルランド輓馬	106
ノルマン・コブ	108
クリーブランド・ベイ	110

ヘルデルラント	112	ペルビアン・パソ	170	ウェルシュ・ポニー	220
フレデリクスボルグ	114	ムスタング	172	馬上競技	222
マレンマーナ	116	モラブ	174	ウェルシュ・コブ	224
ムルゲーゼ	118	ロッキー・マウンテン・ポニー	176	デールズ	226
カマルグ	120	ポロ・ポニー	178	フェル	228
フリオゾー	122	ポロ	180	ハイランド	230
ノニウス	124	ピント	182	コネマラ	232
クナーブストラップ	126	パロミノ	184	ニュー・フォレスト・ポニー	234
アハルテケ	128	アパルーサ	186	ライディング・ポニー	236
ブジョンヌイ	130			エリスキー	238
カバルディン	132	**重量馬**		ランディ・ポニー	240
ドン	134	シャイアー	188	シェトランド	242
オルロフ・トロッター	136	サフォーク・パンチ	190	アメリカン・シェトランド	244
バシキール	138	クライズデール	192	ファラベラ	246
カチアワリ	140	ペルシュロン	194	ランデ	248
マルワリ	142	輓用馬	196	アリエージュ	250
オーストラリアン・ストック・ホース	144	アルデンネ	198	ハフリンガー	252
放牧牛の管理	146	ブルトン	200	フィヨルド	254
モルガン	148	ブーロンネ	202	アイスランド・ホース	256
ガリセニョ	150	ポアトヴァン	204	カスピアン	258
クリオージョ	152	ユトランド	206	バタク	260
アメリカン・クリーム	154	ベルギー輓馬	208	チモール	262
クォーターホース	156	イタリア重輓馬	210	スンバ	264
ウエスタン馬術	158	ノリーカー	212	北海道和種	266
スタンダードブレッド	160				
繋駕速歩競走	162	**ポニー**			
サドルブレッド	164	エクスムア	214		
ミズーリ・フォックス・トロッター	166	ダートムア	216	索 引	268
テネシー・ウォーカー	168	ウェルシュ・マウンテン・ポニー	218	監訳を終えて	271

はじめに

"破滅に導こうとする数々の困難に取り囲まれていた人類にとって、
馬がもしそばにいなかったら、地上に君臨するどころか、
奴隷になりさがっていたことであろう"

　馬が地球上いたる所で野生の生活を送っており、人類が過酷な環境のなかで困難な生活をしていた先史時代に、馬と人との友好関係は始まった。そして、その関係は現在までつづいてきているし、将来もつづいていくであろう。

　かつて馬は、私たちの祖先の食糧であったと同時に、衣服や住まいをつくるための材料にもなっていた。21世紀となった今日、馬は種々の楽しみのために飼われていることが圧倒的に多いとはいえ、世界の辺境では未だに馬は、日常生活で不可欠な存在である。このことは人類がいかに長いあいだ、自分たちの生活を馬に依存してきたかを思い出させてくれる。

　この「新アルティメイトブック馬」では、収録されている馬やポニーの品種が初版よりも増えている。多くはアメリカ大陸の革新的な気風の社会が生み出した品種であるが、遠くインドならびに極東の品種、馬術競技の人気の高まりを象徴するヨーロッパの中間種なども含まれる。

　本書の厚みが増したことで、世界各地の品種の、いわばジグゾーパズルのようなつながりが、より一層わかりやすくなったばかりでなく、個々の関連を考えるうえで論理の根拠を提供するという効果ももたらしている。

　中近東原産馬の遺伝的影響はきわめて広範であり、スペイン馬の影響もいたる所で認められる。また彼らの比較的新しい子孫であるサラブレッドの存在感は強まっている。この品種を通して、いわば二次的な影響が強く現れてきていることがよくわかる。

　また、ヨーロッパの多くの品種は、サラブレッドの速歩馬版ともいえるノーフォーク・ロードスターと、印象的な品種であるクリーブランド・ベイを基礎としている。アメリカ大陸にはモルガンが存在するが、この馬はナラガンセット・ペーサーの特筆すべき遺産といえる。そのほか、この大陸特有の品種は、初期の移民が発展させたものである。

　重種の馬の共通の祖先といえるのは、重厚なフランダース馬だが、この馬はヨーロッパ森林馬の遺伝子を受け継いでいた。

　さらに本書では、馬の体型ならびに体の構造に関して、現代の多様な品種を比較する形での記述を増やした。これらの項目にはわかりやすい図版が添えられている。

　本書に掲載されている数多くの馬の写真—世界を数千マイル歴訪することで得られた—は、取り上げた品種の多様さ、白地を背景として彼らを浮き上がらせる撮影技術とあいまって、賞賛に値するものと信じている。この撮影法はウクライナの草原でも実行された。

　実をいうと、この手法はおよそ500年前、ペルシャやアジアの国々で、馬を査定する際に白い布の前に立たせたという方法をまねている（p.8〜9参照）。旧版の「アルティメイト・ブック馬」において、初めてこの手法が現代の馬の撮影に応用された。背景に何もなければ馬は浮き上がってみえ、正確にその姿をとらえることができるが、後ろに気が散るようなものがあったりして輪郭がぼやけてしまうと、それは不可能である。

　「新アルティメイトブック馬」を、7000年間、人類のかけがえのないパートナーでありつづけてきた馬に捧げる贈り物としたい。

　本書の読者が馬に対する理解を深め、その真価を認め、馬と共にいる喜びを分かちあっていただけるなら、本書の目的は達成される。

エルウィン・ハートリー・エドワーズ
チウィロッグにて　2002年

馬とはどういう動物か

　馬の心理的特質は行動にも現れ、肉体の構造は馬の運動能力の可能性と限界を決めるものである。馬の行動は、何百万年もの進化の過程で形成された本能によって支配されている。彼らの行動は高度に発達した感覚機能に支えられており、同時にそれは、彼らの示す特有な性格を決定している要因ともなっている。

　質の高い動物を選択し、異なるタイプ間での異系交配、ファミリー内での近親交配、あるいはこれより安全性の高い系統間での交配を行いながら繁殖させることで、ホース・タイプ、ポニー・タイプのそれぞれ特徴ある馬が生み出されてきた。あるものは非常な強健さを、あるものはスピードを、またあるものはアラブにみられるような、人の関与なしでは決して生まれなかったと思われるユニークな美しさを獲得した。

　進化の過程で、馬は、人よりはるかに優れた感覚機能を獲得した。これらの感覚機能のある部分は、性行動やコミュニケーションと関係しているが、多くは自己防衛のためのものといえる。人とちがってほぼ全周を視野に収めることのできる目の位置にしても、自己防衛機能と関連している。

体型の評価
　このモンゴルのミニチュア絵画には、馬の体型を評価している場面が描かれている。馬が白い背景の前に立つことで輪郭がはっきりし、細かいところまで見てとることができる。

起　源

馬の起源は今からおよそ6000万年前、始新世までさかのぼることができる。1867年、米国南部で始新世の地層を発掘調査していた科学者が、後に馬の最も古い祖先と認められることになる動物の完全な骨格を発見した。科学者はそれをエオヒップス、曙ウマと名づけ、その動物から現代の馬の直接の祖先、エクウス・キャバルスにいたるアメリカ大陸におけるウマ科動物の進化の歴史を明らかにした。

蹄の進化

環境の変化の結果、ウマ科動物の四肢は何百万年ものあいだにそれぞれ一本の蹄をもつようになっていった。始新世には馬の祖先は森の中に住んでおり、軟らかくぬかるんだ地面に肢がもぐり込まないためには複数の指が必要だった。森林や湿地帯が平原やサバンナに変わり、地面が硬くなっていくのに伴って指の数は減少していった。

4本の指
エオヒップスには前肢に4本の指があった。

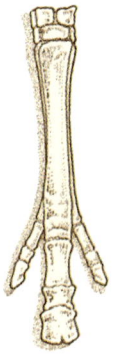

3本の指
中新世で指は3本となり、真ん中の指に最も負重がかかるようになった。

蹄
最初に1本の蹄をもったのはプリオヒップスで、長い肢と伸縮する靭帯を備えていた。その四肢は現在の馬ときわめてよく似ていた。

最終的な形態
ウマ科動物に生じた最終的な形態変化。管骨は長くなり、退化した指は痕跡も認められない。

指の数
複数の指と犬のように幅の広い肉趾を備えた肢から1本の蹄をもった肢への進化の過程で、指の数は徐々に減少していった。先端に蹄が備わった第3指が長く強靱なものとなり、管骨も長大化した。

エオヒップス

エオヒップスは、現在では絶滅してしまったコンディラルスと呼ばれる動物群から進化した。コンディラルスとはすべての有蹄類の遠い祖先で、およそ7500万年前、地球上に生息していた。コンディラルスは5本の指をもち、それぞれのつま先に硬く角質化した爪をもっていた。

その子孫である1500万年後に出現したエオヒップスの四肢には変化が生じていた。すなわち前肢は4本指、後肢は3本指となっていた。この動物は体重が平均12ポンド（5.4kg）、肩までの高さ約14インチ（36cm）で狐か中型犬ぐらいの大きさだったと考えられる。エオヒップスの毛色や毛並みは不明だが、鹿に似ていた可能性もある。生息地であった陽の光がスポット状に差し込む森の中では、濃い地色に明るい斑紋のある毛色はカモフラージュには好都合であったと思われる。

環境は進化の方向づけを決める要因であり、環境が変化すると、生物は生き残るために新しい環境に適応していく。犬と同じような肉趾があること、指の先端に蹄があること、馬がバクと近縁関係にあることなどから、エオヒップスは湿地帯や森の中など、地面の軟らかな場所で生活していたことがわかる。肉趾が四肢にあると湿地やぬかるみを容易に行き来することができる。この肉趾は、現在の馬にはけづめとして残っている。けづめは球節の後ろにある角質化した部分で特定の機能はもっていない。目も歯も現在の馬とはまったく異なっていた。歯はむしろ豚や猿に近く、低木に繁る柔らかい葉を常食とするのに適していた。

メソヒップスとミオヒップス

エオヒップスは漸新世（2500～4000万年前）にはよく似た2つの種に進化した。すなわち、メソヒップスとそれよりやや進化したミオヒップスである。両者とも長い四肢をもち、体も大きくなり、さまざまな種類の柔らかい木の葉を食物として利用できるように歯

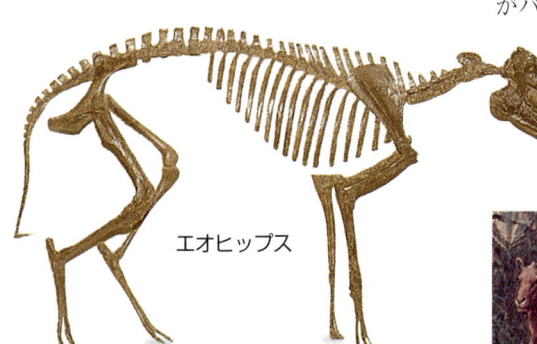

復元されたエオヒップスの骨格
エオヒップスの骨格は体高が14インチ（36cm）しかなく、蹄の形が異なっているにもかかわらず、まぎれもなくウマ科動物のものである。エオヒップス属にはさまざまなタイプが存在していた。最小のもので体高10インチ（25cm）、最大で20インチ（50cm）、体重はおそらく8倍程度の変異があったものと思われる。中新世後期にはメガヒップスと呼ばれる、象ほどの大きさで長い毛に覆われた種も出現した。

エオヒップスの想像図
エオヒップスは柔らかい葉を常食とする動物であった。生息場所である森林で生きていくのに都合の良いような目立ちにくい斑点のある毛色、湿地を歩くのに適した蹄をもった肢を備えていた。

メソヒップスの想像図
エオヒップスは漸新世（2500～4000万年前）には3本の指をもったメソヒップスに進化した。メソヒップスの四肢はより長くなり、繁茂している植物を広汎に食物として利用できるような歯顎をもつようになっていた。

の形態も変わってきていた。四肢それぞれの指は3本に減少しており、真ん中の指で体重を支えるようになっていた。

馬の進化に転機が訪れたのは1000〜2500万年前の中新世であった。この時期、地球を覆っていた森林が平原やステップにとって代わり、イネ科の植物が繁茂し始めた。これらの変化に合わせて、歯は草をすりつぶすのに適した形態となり、また草を食べやすいように頸も長くなった。敵の接近を察知しやすい広い視野が得られるように目の位置も変化した。四肢は長くなり伸縮性のある靱帯が備わった。そして最終的には、それぞれ1個の蹄のついた四肢へと変化していった。これらの変化により、突然敵に襲われても逃げのびることのできるスピードを獲得した。

エクウス・キャバルス

蹄1本で立った最初の動物は、今からおよそ600万年前に出現したプリオヒップスである。プリオヒップスは100万年前(人類が地球上に出現する50万年前)に出現することになる"真の馬"、エクウス・キャバルスの原型といえる。

エクウスは、アメリカ大陸から、かつて存在していた地峡を渡ってアジア、ヨーロッパへと分散していった。氷河が後退したおよそ1万年前、この地峡は海没した。そして推測の域を出ないいくつかの理由によりアメリカ大陸の馬は絶滅した。その後、スペインの征服者がやって来るまで、そこには馬は存在しなかった。

かつて原始的な3つのタイプの馬が存在していたとされる。それら各タイプの馬は、それぞれの生息環境に適応した体型をしており、その組み合わせによりさまざまな品種がつくられていったと考えられている。

1つはモウコノウマで、現在でも動物園で目にすることができる。次はこれより軽く、より洗練されているタルパンである。タルパンは東ヨーロッパからウクライナのステップ地帯に住んでいたが、現在ではポーランドのポピエルノで維持されている一群の馬で有名である。もう1つはエクウス・シルヴァティカスの名で知られる大型で動きの鈍い森林馬とされている。この馬は北ヨーロッパの湿地帯に住んでいたが、大型の品種はここから派生したと考えられている。

エクウス・キャバルスの想像図(左図)

現代の馬の祖先のエクウス・キャバルスは、およそ100万年前に出現した。この動物はひらけた平原でイネ科の植物を採食して生きていくのに適した体の構造をしていた。祖先とは異なり、敵である肉食獣から身を守るための防御機能の発達した草食獣であった。

家畜化に先んじて4亜種が進化した。すなわちポニー・タイプの2種と、より大型のホース・タイプの2種である。

第1のポニー・タイプは現在のエクスムア・ポニーとよく似ており、北西ヨーロッパに生息していた。この馬は湿地でも生活でき、荒廃した環境にも適応していた。

第2のポニー・タイプは第1のタイプ(140〜142cm)より大型だった。もっとどっしりとした体型で粗野で重たい頭部を有していた。ユーラシア北部に住み、寒さには強かった。ハイランド・ポニーはこのタイプに酷似している。

第3のホース・タイプは体高143cmで馬体は薄くて長く、斜尻で、長い頸、長い耳をもち、中央アジアに生息していた。最も近い品種としてアハルテケがあげられるが、暑さに対して強いという特徴をもっている。

第4のホース・タイプは他のタイプよりも小型ではあるが、より洗練されており、流れるような輪郭の横顔と上付きの尾を特徴とする。西アジア原産で現在のカスピアンとよく似ている。このタイプはアラブの原型とされている。

タルパン(上図)

エクウス・プルツェワルスキー・グメリーニ・アントニウス、すなわちタルパンは軽量でスピードのある初期の馬で、東ヨーロッパからウクライナのステップ地帯にかけて生息していた。モウコノウマとともに現代の馬の祖先とされる。

エクウス・プルツェワルスキー・プルツェワルスキー・ポリアコフ(モウコノウマ:右図)

このアジアの野生馬は1879年、プルツェワルスキー大佐によりモンゴルで発見された。

家畜化

さまざまな証拠から、馬は今から5000〜6000年前、石器時代末期にユーラシア大陸で初めて家畜化されたものと考えられる。これに対して犬はさらにその6000年以上前にすでに家畜化されていた。また羊とトナカイはおよそ1万1000年前に、ヤギ、豚、牛はそれから約2000年後に家畜化されたと考えられている。

狩猟者と獲物

家畜化以前の馬と人間は、"獲物"と"狩猟者"の関係にあった。氷河時代末期の多くの遺跡から、当時の人々が野生の馬を食糧としていた証拠が発見されている。群れを崖に追い込み一気に崖下に追い落とすという狩猟法がよく行われていたが、この方法は1頭ずつ追跡して仕留めるのに比べ、はるかに効率的だった。

フランスのラスコーやスペインのサンタンデールの洞窟壁画には先史時代の人々の生活が克明に描かれているが、馬を追っている姿も生き生きと記されている。膨大な量の馬の骨—群れごと獲物とされた証拠—がラスコーやソリュートレばかりでなく、フランスの各地で発見されている。

フランスの洞窟壁画（下図）

紀元前1万5000年以上前のラスコーの壁画で、疾走する馬が描かれている。洞窟壁画は一種の情報源であり、周辺に馬が存在していた証拠と考えられる。

スペインの洞窟壁画（上図）

スペインのカスティヨ・プエンテ・ビエスゴで発見された紀元前1万5000年の壁画。人の集落の身近に馬群が存在し、おそらく食糧として利用されていたことがわかる。

家畜化の起源

馬を最初に家畜化したのは、カスピ海から黒海にかけての辺境の草原地帯に住み、遊牧を行っていたアーリア人だったと考えられている。その証拠は数多く存在している。しかし、馬が生息していたユーラシア大陸各地でも、ほぼ同時に馬の家畜化が行われたと考えられてもいる。

彼ら遊牧民は、おそらくそのときすでに羊、ヤギ、そしてより重要な動物、トナカイなどを野生に近い状態で囲い込んで飼育していた。

馬への転換は実際的な見地から生じたと考えられる。過酷な環境ともいえる草原に、馬は他の動物よりも適応していた。トナカイが、いわゆるトナカイゴケの季節的な消長に合わせて移動していかなければならないのに対して、馬は定住性の強い動物である。

当初、馬は捕獲され囲い込まれた。肉は食料となり、皮はテントや衣服に加工され、糞は乾燥させて燃料として用いられたものと考えられる。馬乳は発酵させて"草原の猛火"クミスにされた。やがて取り扱いやすい軛用動物として利用されるようになることで、人々が家財道具を持って移動できる範囲は大幅に

ギリシャの壺の一部（左図）

この壺はギリシャのチャリオットの絵で装飾されている。古代ギリシャで馬が使われ始めたのは紀元前2000年頃だったと考えられるが、馬に言及した最も古い記述は、ホメロスの「イリアス」（紀元前800年）にある。そのなかで登場人物はチャリオットに乗って戦いを繰り広げている。

岩石彫刻（上図）

米国先住民によるこの岩石彫刻には、弓を持ち、馬に乗っている狩人が表現されている。周りには食糧や衣服、住居の材料ともなる動物が描かれている。馬の利用は、移動を容易にし、部族に新しい生活習慣をもたらした。

広がった。

自然のなりゆきとして男性も女性も馬に乗るようになり、家畜をかり集める仕事が楽になった。今日までアジアのステップ地帯では、馬に乗って家畜を管理するという方法が継承されてきている。そしてこの20世紀の遊牧民も生活の糧を同じ方法で得ている。

騎乗と輓用

険しい山の多い国々では、人々は馬が小さかったにもかかわらず乗馬として利用した。人類の歴史のごく初期、平原と谷が混在する中近東では、大帝国を築き上げ、それを維持するための鍵は馬であった。ただしそこでは馬はチャリオットを引くという役割に限定されていた。

馬は小型だったが2頭立てなら2〜3人の戦士を乗せた軽いチャリオットを引くことができた。さらに2頭以上の馬を加え、並列で引かせることで1頭にかかる負担を軽減し、スピードも上げることができた。しっかりした車輪が紀元前3500年頃、チグリス・ユーフラテス川流域では用いられていた。またスポークのある車輪は紀元前1600年のエジプトでは一般化していた。

贅沢な家畜

その後、農業革命により馬を多く飼う余裕が出てきた。これは選択淘汰とあいまって、時代の要請にマッチした、より大きな馬、強い馬、速い馬がつくり出される要因となった。

世界的にみて、馬はもっぱら戦争や交通運輸のために用いられてきた。また、古代ギリシャやローマの都市国家では、円形競技場で娯楽としてさかんに馬が使われた。

古代文明の時代には、農耕や他の使役用に馬はまったく用いられてはいなかった。馬はきわめて贅沢な動物とみなされており、そういった種類の使役には牡牛がもっぱら使われていた。実際、紀元前の時代においては馬は権威の象徴であり、神話や宗教上の儀式では重要な存在であった。

古代ギリシャの軍神アレスは、白馬の引く

バイキングの壁掛け（左図）
偉大な船乗りともいえるバイキングはブリテン島やスコットランド島へ侵略する際に馬を連れていった。ノルウェーのヘドマーク、バルディショールにあるこの壁掛けの一部にはバイキングの騎士が描かれている（1180年頃）。

チャリオットに乗って天空を駆けぬける。また、女神デメテルのイメージは青毛の牝馬の頭部で表現されるし、彼女の巫女役は"子馬"であることがよく知られている。白馬は、海の神で馬の創造者でもあるポセイドンの象徴としても描かれる。また、王や首長の所有物だった白馬は、よく主人とともに埋葬された。

馬は機動力をもたらし、それが市民社会を生み出し拡大させる要因となった。そして、ときには新しい社会制度や生活の変化を引き起こした。

たとえば米国先住民の生活は、馬によって短期間で急変した。彼らは、いわば最後の馬文化を築いたともいえる。もちろん、モンゴル族やフン族のような馬文化の原型ともいえる社会とは同質ではなかった。これらの草原の遊牧民はチンギス・ハーンというリーダーのもと、毛あしの長い蒙古馬の背に乗って一大帝国を築き上げた。

ギリシャのモザイク画（上図）
馬とそれを引く御者を描写したこのモザイクを見ると、人の大きさに比して馬は小型だったことが見てとれる。このモザイクは紀元2〜3世紀頃につくられたものである。

バイユー壁掛け（右図）
11世紀に制作されたこの有名な壁掛けには鞍上で鷹狩りをする姿が描かれている。モザイク画（上図）に比べて馬は比較にならないぐらい大きい。

体 型

馬の体型のよしあしは、その馬の骨格（p.18〜19参照）、付着している筋肉、さらに各部の対称性、各部位間の統一性をみることで判定される。それぞれの部位が完全で、かつ個々の部位間の均衡がとれていて初めて全体として完璧といえる。よく均整のとれた馬では、どこかが少しおかしい程度なら全体のバランスがくずれることはない。

利用目的―体型を左右する要素

正しく調和のとれたプロポーションと各部位の配置という観点で判断する限り、基本的な体型の見方はすべての馬で共通している。ただしプロポーションは、それぞれの馬の利用目的によって異なる。

たとえば、重い荷物をゆっくり引っ張る輓用馬の体型は、速いスピードで襲歩を行う競走馬の体型とはまったく異なる。前者は、重種の馬の力強い体型で、太くて寸詰まりのプロポーションと重厚な筋肉を有している。後者は、スピードの出る体型で、軽い骨格と四肢が長いプロポーションと筋肉を有している。

これら両極端のあいだに、それぞれの特徴を大なり小なり備えたさまざまな品種が存在する。さらに、サドルブレッドのような特別なバリエーションも存在する。

対称性の価値

正しい対称的なプロポーションは、自然なバランスと自由で合理的な動きを生み出す。機能的な体型の馬は傷害を受けにくく、活躍する期間も長い。また、他の要素がすべて等しい場合は、体型に欠陥のある馬よりも能力は高い。

体型の欠陥は、体型上無理な動きを要求されるたびに不快な思いをさせるため、その馬の気質や行動パターンに重大な影響を及ぼすことがある。

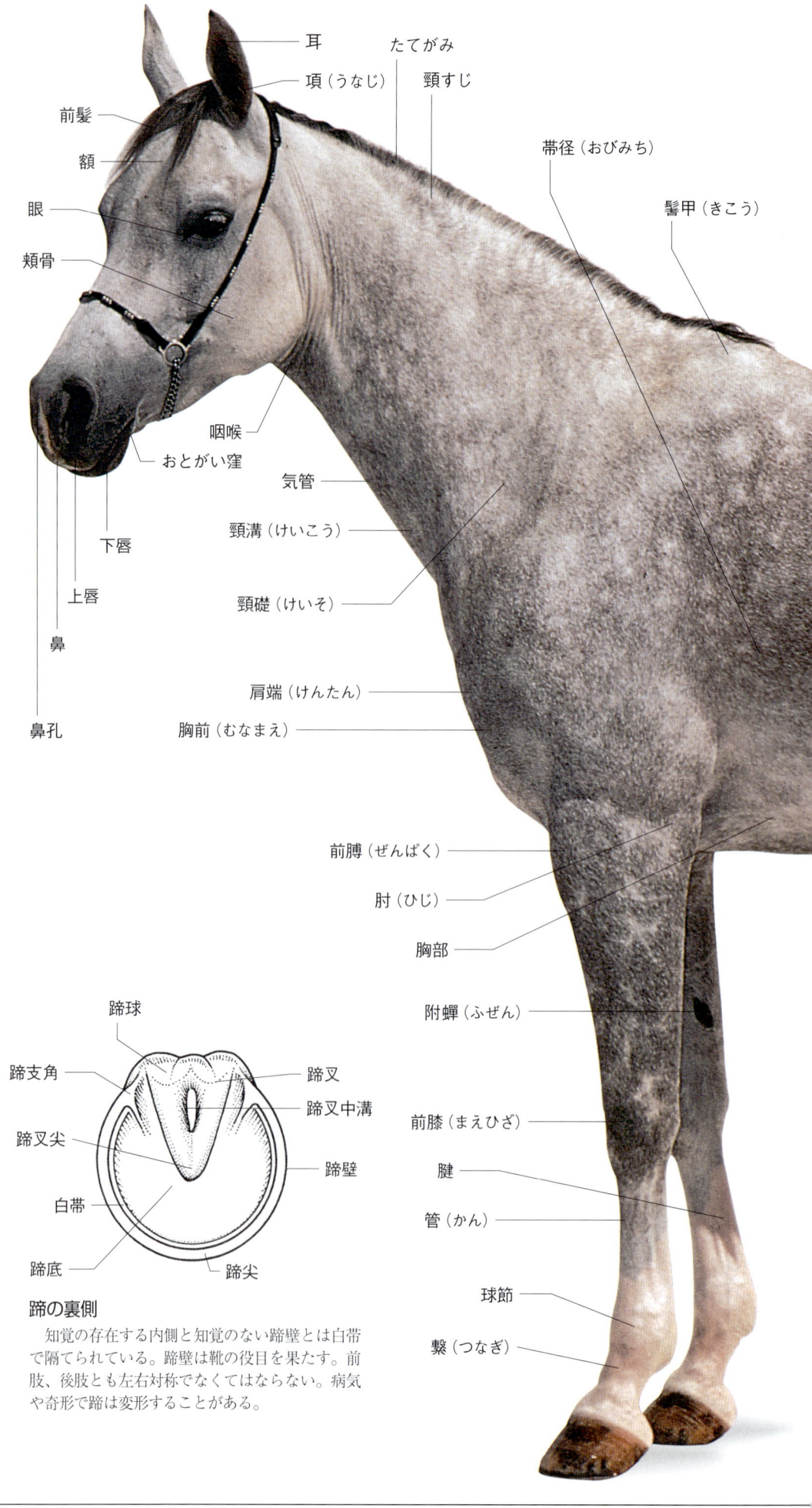

蹄の裏側
知覚の存在する内側と知覚のない蹄壁とは白帯で隔てられている。蹄壁は靴の役目を果たす。前肢、後肢とも左右対称でなくてはならない。病気や奇形で蹄は変形することがある。

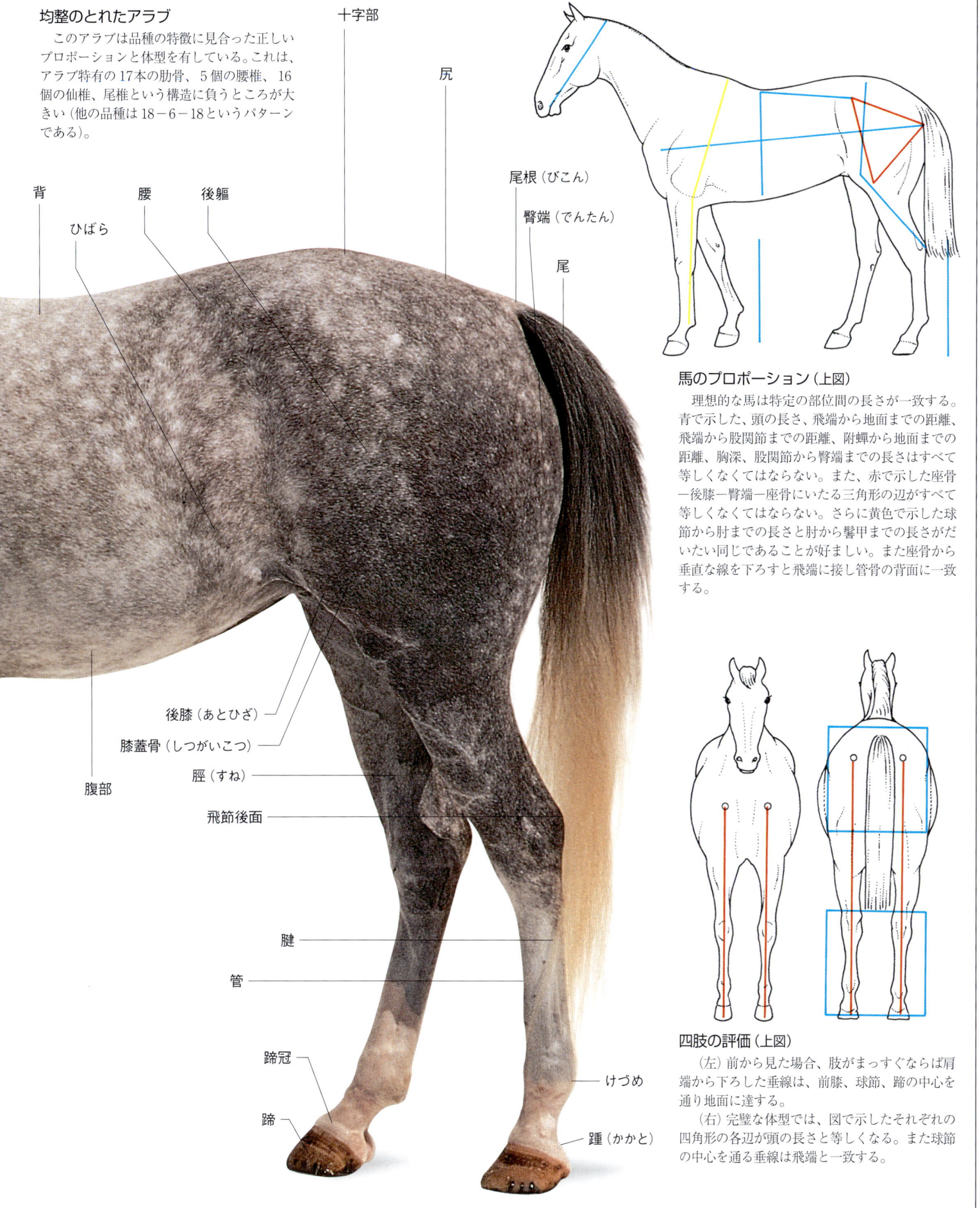

均整のとれたアラブ

このアラブは品種の特徴に見合った正しいプロポーションと体型を有している。これは、アラブ特有の17本の肋骨、5個の腰椎、16個の仙椎、尾椎という構造に負うところが大きい（他の品種は18－6－18というパターンである）。

馬のプロポーション（上図）

理想的な馬は特定の部位間の長さが一致する。青で示した、頭の長さ、飛端から地面までの距離、飛端から股関節までの距離、附蝉から地面までの距離、胸深、股関節から臀端までの長さはすべて等しくなくてはならない。また、赤で示した座骨ー後膝ー臀端ー座骨にいたる三角形の辺がすべて等しくなくてはならない。さらに黄色で示した球節から肘までの長さと肘から鬐甲までの長さがだいたい同じであることが好ましい。また座骨から垂直な線を下ろすと飛端に接し管骨の背面に一致する。

四肢の評価（上図）

（左）前から見た場合、肢がまっすぐならば肩端から下ろした垂線は、前膝、球節、蹄の中心を通り地面に達する。

（右）完璧な体型では、図で示したそれぞれの四角形の各辺が頭の長さと等しくなる。また球節の中心を通る垂線は飛端と一致する。

体型の評価

体型を評価する場合、15ページに示した「馬のプロポーション」が参考になる。

この評価法は、19世紀にウォートレイ・アクス教授ならびにフランス人共同研究者であるブルジュラ、デュウセ、グボ、バリエの各教授らが行った広範な研究成果をもとにしている。経験則を基本としているが、視覚的に評価する方法としては、きわめて有用なものである。

胸深は、肺が広がりうる空洞を示しており、特に重要といえる。鬐甲から肘までの長さは、肘から地面までの長さに等しいか、それよりも長くなければならない。

スピードを求めるならば、頭は比較的長いほうが良い（頭が太くて短い場合は力の出せる体型）。頭の長さは、項から顔の前面を通って下唇に達するまでの長さの約1.5倍が好ましい。

頭部は均整がとれた大きさでなければなら

動作（下図）

ウェルシュ混血種の活動的で力強い動作はよく発達した筋肉に関係している。このことは、特に力強く盛り上がった輪郭から感じとることができる。

体型
このスタンダードブレッドは、繋駕速歩競走用に育成された馬で、目的にかなった体型をしている。この体型は競馬には向かない。

ない。頭部が大きすぎると前躯に体重がかかりすぎる。頭部が小さすぎる馬はめったにいないが、その場合はバランスが悪くなる。また、頭部には体のバランスをとる役割があり、振り子の先端についた40ポンド（18kg）のおもりにたとえられる。頭部を挙上すると前躯が軽くなり、重心は後躯に移動する。

目測で、鬐甲の後部から臀部の頂点までの背の長さを計り、これを肩端から最後部の"仮肋"（骨格、p.18〜19参照）までの長さと比較することは、きわめて有用である。後者が前者の2倍の長さになるのが理想といえる。

四肢を正しく評価するには、馬の正面ならびに背面にまっすぐ立ち、15ページに詳述された評価の法則に従って行う。

頭部についての考察

頭部のプロポーションは非常に重要だが、頭部ほど個々の馬の特性を示す部位は、ほかにないことも心に留めておく必要がある。頭部は「知性の中心であると同時に悪の宿る場所」といわれてきた。

競技用の馬には、贅肉がなく、すっきりとした上品な頭部が求められる。

耳はよく動き、凡庸な血統であることを示す剛毛を有しない。目は大きくて明るく、鼻孔はできるだけ大量の空気を吸い込むことができるように大きく開いており、喉と顎骨のあいだには十分屈頭ができる余裕があることが好ましい。頭部全体に知性が表れ、素早い反応を示す。

これと逆の状態は重種や凡庸な馬にみられるが、持ち主には反応の鈍い敏捷性に欠ける馬と思わせてしまう。小さくて豚のような目をした馬や、白目の部分が目立つ馬を見かけることもある。

体型の不正

体型の不正は、動作に影響するような基本的な体型上の欠陥によって生じる。自在で、流れるような簡潔な動きができるかどうかで成績のよしあしが決まるので、体型の不正は結果的にパフォーマンスにも影響を及ぼす。しかし、ある世界では欠点とみなされるものが、異なる基準をもつ別の世界では長所になることもある。選抜育種は、特殊歩法の能力を付与するなど、行動にも変化を及ぼしうる。

外弧歩様（右図）

蹄先が外側に弧を描くように動く歩様は、ヨーロッパでは重大な欠陥とみなされる。しかし、注意深い選抜育種によってこの歩法が増強されたペルビアン・パソでは、品種特有の歩法として珍重されている。

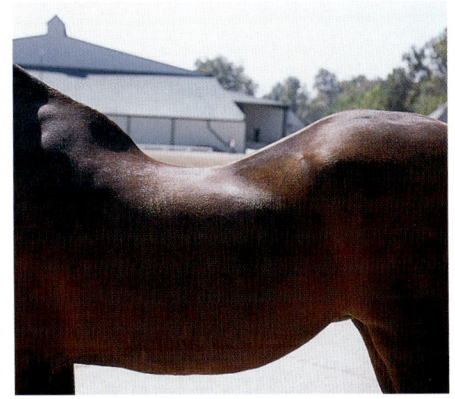

凹背

これは本質的には骨格の機能低下によるもので、加齢性の場合が多い。鞍の装着が困難になり、重症例では動きに悪影響を与えることもある。

X状肢勢

左右の飛節が近接し、下肢部が外側に向いている。関節に力が均一にかからないため、スピードを出しにくい。

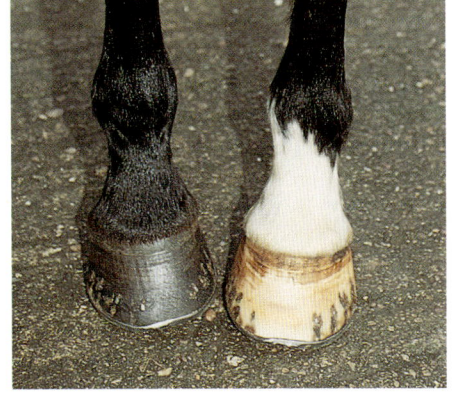

内向蹄

これも関節に不均一に力がかかる形状で、大なり小なり歩様に影響し、外弧歩様となる。

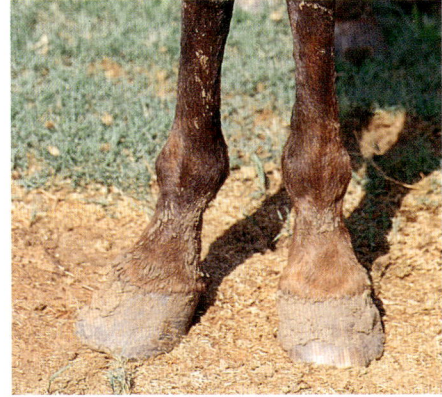

外向肢勢

普通こうした肢勢は、歩行の際に一方の肢が反対側の肢に当たる交突を起こしがちである。下脚部の負重も不均一となる。

骨格

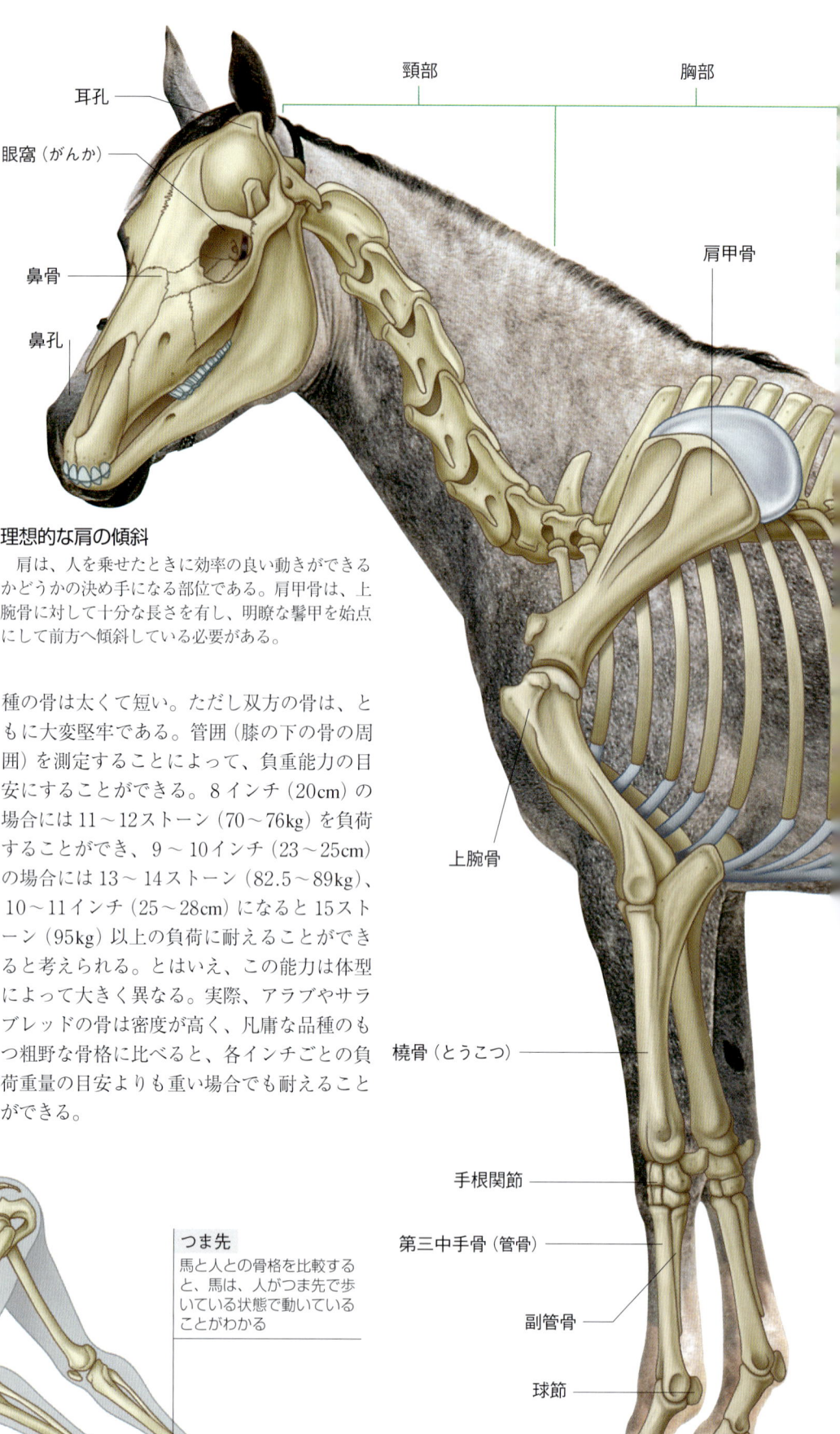

馬体はさまざまな形をした骨がつながった骨格で形づくられている。骨格は体重を支えるとともに、動きを生み出す。筋肉が収縮し、関節が屈曲することで、馬体は滑らかに移動する。

関節は2つの骨が接する部位に存在する。骨の両端は関節面と呼ばれるが、2つの関節面のあいだに起こる摩擦に耐えうるように、この部位の骨密度は、他の部位に比べて高くなっている。

さらに摩耗を防ぐために、関節面は軟骨の層によって隔てられている。関節構造全体は2層の膜で包まれている。外層は関節を支える役割をもち、内層は粘性のある液体（滑液または関節液）を分泌することによって、関節包の中で関節が自由に動き、かつ滑らかな状態を維持できるようにしている。

丈夫で伸縮性に富んだ繊維組織である靱帯が、それぞれの骨に付着して、骨同士を連結している。靱帯は、関節の自由な動きを保証する一方、傷害につながる関節の過伸展を防ぐ役割を担っている。

肋骨は二通りの連結様式をもっている点で特異といえる。最初の8本は"真肋"ともいわれ、椎骨と胸骨のいずれにも付着している。しかし、次の10本は"仮肋"といわれ、椎骨にのみ付着している。快適な騎乗には、真肋が長くて平坦であるのに越したことはない。

馬が運動時にすぐに音をあげないことを望むなら、仮肋は十分に湾曲して、最後部の肋骨のすぐ後ろの部位がくぼんでいることが好ましい。

乗用馬の骨は細くて長い。これに対して重種の骨は太くて短い。ただし双方の骨は、ともに大変堅牢である。管囲（膝の下の骨の周囲）を測定することによって、負重能力の目安にすることができる。8インチ（20cm）の場合には11～12ストーン（70～76kg）を負荷することができ、9～10インチ（23～25cm）の場合には13～14ストーン（82.5～89kg）、10～11インチ（25～28cm）になると15ストーン（95kg）以上の負荷に耐えることができると考えられる。とはいえ、この能力は体型によって大きく異なる。実際、アラブやサラブレッドの骨は密度が高く、凡庸な品種のもつ粗野な骨格に比べると、各インチごとの負荷重量の目安よりも重い場合でも耐えることができる。

理想的な肩の傾斜
肩は、人を乗せたときに効率の良い動きができるかどうかの決め手になる部位である。肩甲骨は、上腕骨に対して十分な長さを有し、明瞭な鬐甲を始点にして前方へ傾斜している必要がある。

つま先
馬と人との骨格を比較すると、馬は、人がつま先で歩いている状態で動いていることがわかる

指先
馬は、人が指先を前方につけた状態に相当する姿勢で動く

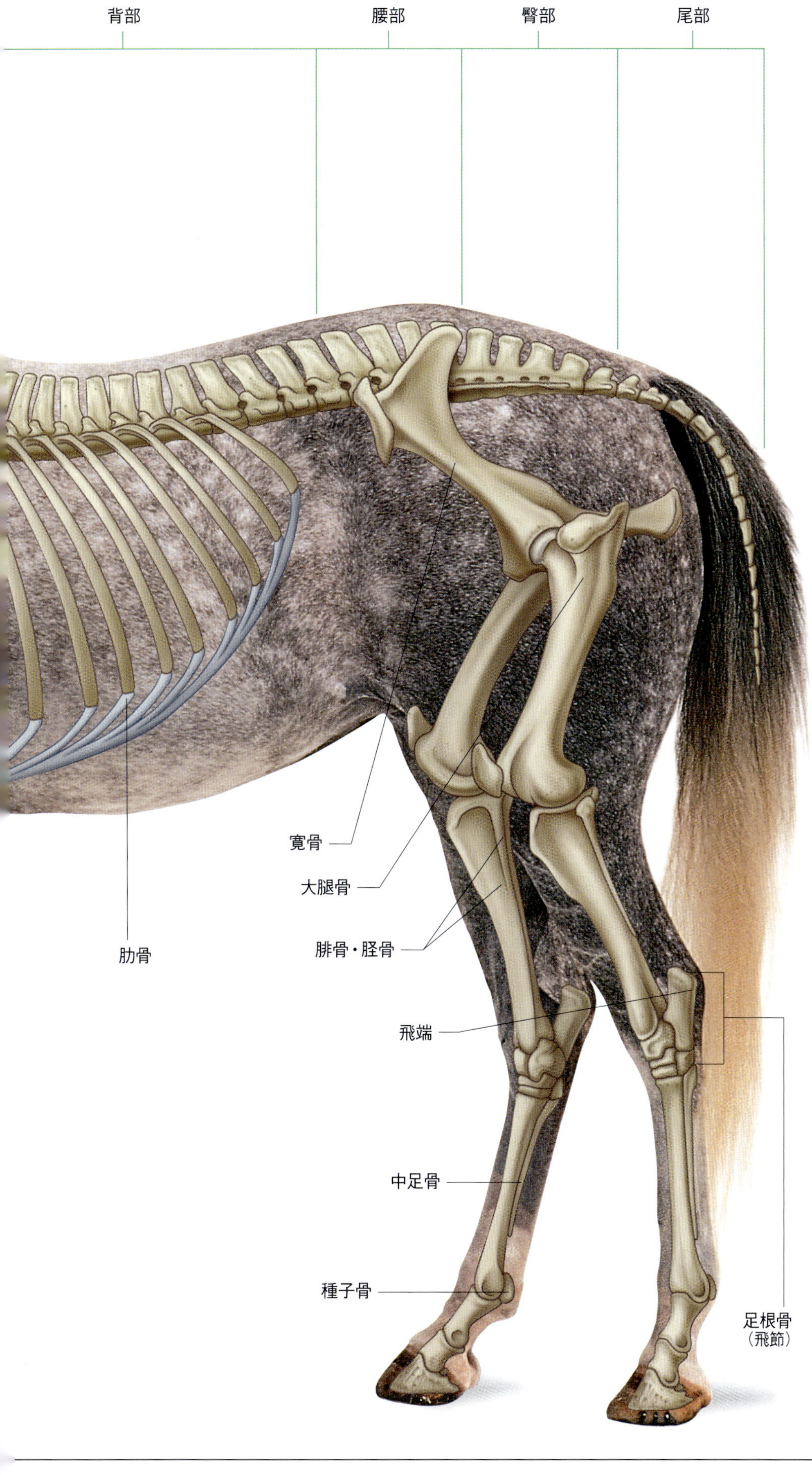

背部　腰部　臀部　尾部

寛骨
大腿骨
腓骨・胫骨
肋骨
飛端
中足骨
種子骨
足根骨（飛節）

歯

切歯は10歳までの馬の年齢を正確に示す指標となる。ただし、それ以上の年齢を判定するには経験が必要になる。生まれたばかりの子馬には歯が生えていない。生後10日ごろ門歯が生えてくる。6～9か月齢までに乳歯が生えそろう。永久歯が生えそろうのは5～6歳齢である。

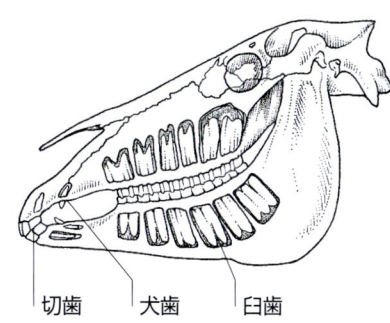

切歯　犬歯　臼歯

成馬
成馬の上下の顎には、それぞれ12本の臼歯（すりつぶす）と6本の切歯（咬みきる）が生えている。

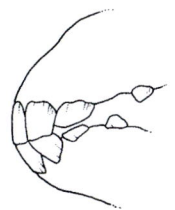 

平ら、長円形のテーブル状、長い、歯溝は小さい

5歳
門歯、中間歯、隅歯は永久歯。歯溝が歯の表面に出現する。

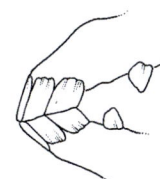 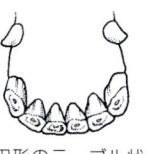

円形のテーブル状、長円形の歯溝

12歳
12歳になると歯の表面が斜めになり、歯溝が目立たなくなる。

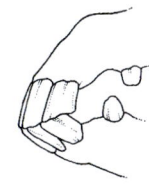 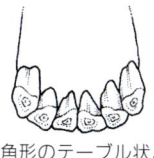

三角形のテーブル状、円形の歯溝

老齢馬
年をとると傾斜はますます目立つようになり、隅歯の溝はほとんど消えてしまう。

筋　肉

筋肉は骨格を覆っており、両端は腱となって骨に結合している。腱は骨に張りついている丈夫で伸びにくい綱のようなもので、もし腱がなければ筋肉はすぐに引きはがれてしまうだろう。また、筋肉が関節と連結していることで、筋肉の収縮と伸張により動きが生じるのである。

筋肉の特性

筋肉はそれ自体に弾力性があり、収縮と伸張の両方の能力を備えているため、馬体を動かすことができる。

しかし筋収縮の程度は、伸張できる長さに正比例するというのが特徴である。筋肉が収縮すればするほど、その筋肉が作用する関節の曲がる角度が大きくなり、動きによって生じる効果は最大に近づく。そのため、馬をトレーニングするときは、筋肉を伸ばすように考えられた運動に主眼を置く必要がある。

筋肉は随意筋と不随意筋の2種類に分けられる。不随意筋は内臓にみられるもので、腸管の筋肉や特異な筋肉である心筋などが含まれる。また、筋肉は屈筋（関節を曲げるために収縮する筋肉）と伸筋（反対の動き、すなわち関節を伸ばすための筋肉）とに分けられる。

筋肉は対になって作用することもあれば、力を打ち消しあうように作用することもある。前者の例には、脊椎の両側にある背部の筋肉や胃壁の筋肉があげられる。馬がターンをするときなどに体を曲げる場合は、筋肉が相互作用し、曲がる側の筋肉が収縮し、それに対応して外側の筋肉が伸張するのである。

拮抗関係

背中を丸めるときは、いくつかの筋肉が相互の力を打ち消すように作用する（右ページの囲み枠参照）。背中を丸めるという動作は、大きな背筋が伸び、腹部を持ち上げ、後肢が体幹の下に収まることで完了するが、この動作は腹側にある3種類の筋肉の動きによって生じる。

3種類の筋肉はいずれも、第5ないし第9肋骨から恥骨まで走行し、屈筋として拮抗的に作用している。同様に、胸部領域にある頸の下側の筋肉の緊張は、頸の最上部にある背筋によって相殺される。この2つの緊張によって、馬は意識せずに頭と頸を支えることができるのである。

"緊張"という用語は、ここでは筋肉を緊張させるという意味で用いている。運動では重篤な傷害の原因となるような激しい伸張または屈曲は避ける必要がある。筋肉は激しい運動による疲労で損傷を受けることがあるし、酸素の供給が不十分だと筋肉は硬直し、いわゆるタイイング・アップ症となることがある。

また、高たんぱく飼料の摂取と運動不足が重なった場合にも、筋肉は損傷を受ける。"月曜病"と称される窒素尿症がまさにこの例で、この病気では腰部の筋肉に痛みが生じ、硬直が起こる。

図の名称：側頭筋、咬筋、上唇挙筋、頬骨筋、肩甲舌骨筋、鼻唇挙筋、胸骨頭筋、上腕頭筋、三角筋、上腕三頭筋、浅胸筋、上腕筋、深胸筋、橈側手根伸筋、尺側手根屈筋、総指伸筋、尺骨手根伸筋、橈側手根屈筋、外側指伸筋、斜手根伸筋、総指伸筋腱、浅指屈筋腱、中骨間筋、中骨間筋の伸筋枝、板状筋、鎖骨下筋、僧帽筋（頸部）、胸腹鋸筋、僧帽筋（胸部）

アウトライン

若い馬の場合、調教の最終目的は正しいアウトラインの馬にすることにある。トップラインの筋肉を強化し、体幹の下に後肢がうまく収まるような、丸みのある体型にするための運動を励行することで目的は達成される。

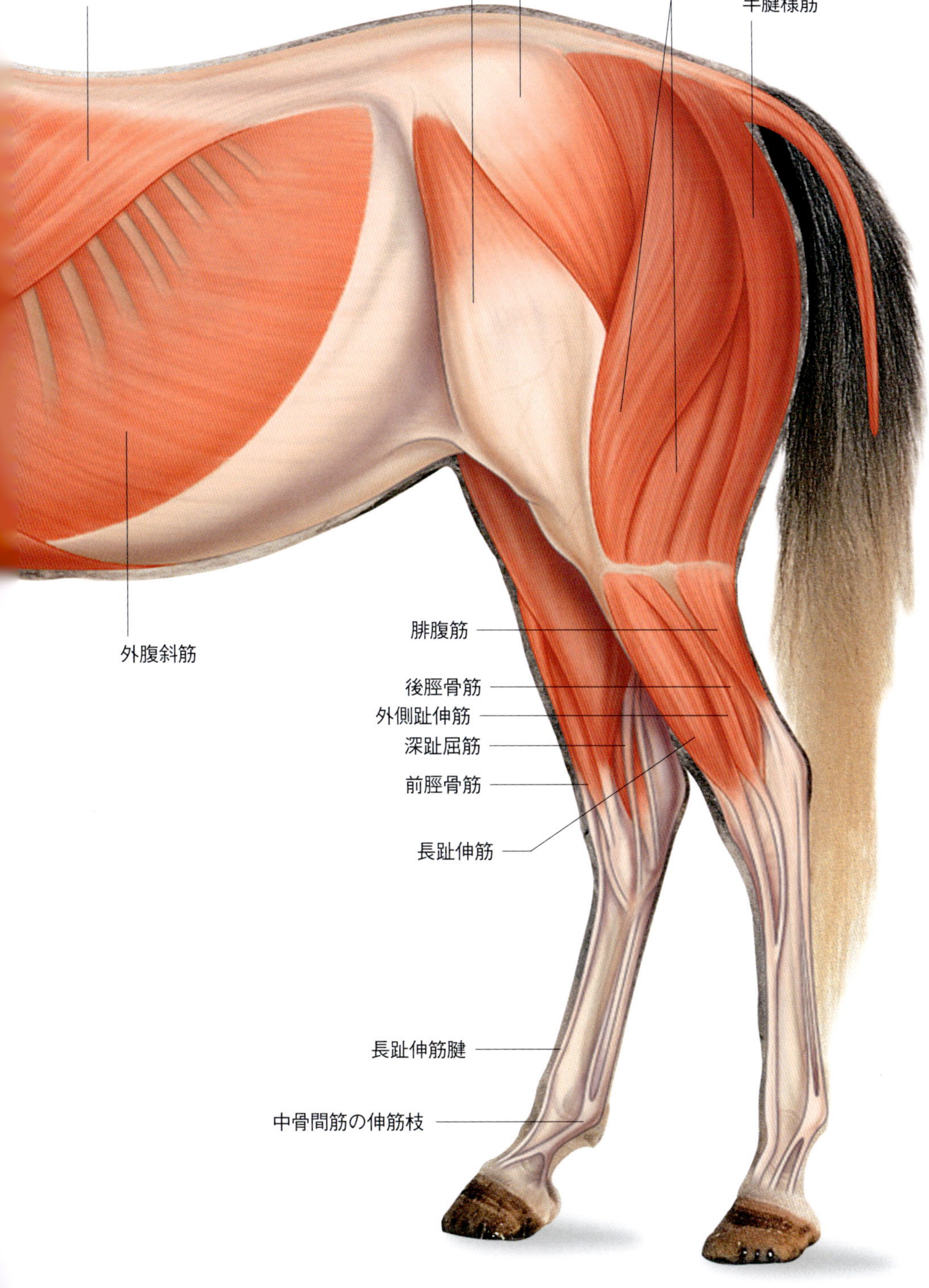

広背筋
大腿筋膜張筋
浅殿筋
大腿二頭筋
半腱様筋
外腹斜筋
腓腹筋
後脛骨筋
外側趾伸筋
深趾屈筋
前脛骨筋
長趾伸筋
長趾伸筋腱
中骨間筋の伸筋枝

筋肉の発達

筋肉が正しく発達した馬であれば、背に人を乗せたときでも最小限の労力で動くことができる。そうでない馬は、頭を上に向けたり、後肢を後ろに引いたりして、ぎこちなく背をへこませる。要するに、機能的でない姿勢となり、不快感をおぼえさせるばかりでなく、馬体に強い緊張を強いることになる。

調教の目的や方法がよくわからないまま、不適切な調教や騎乗がつづけられると、効率的な動作を妨げるような筋肉が発達してしまう。

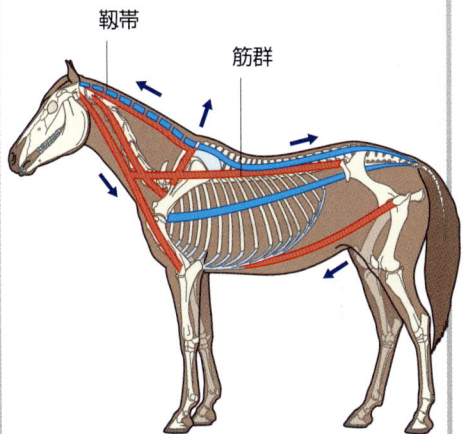

靱帯
筋群

緊張の及ぶ方向

上図は、主要な筋群（赤）および靱帯（青）を示している。矢印は緊張の及ぶ方向を示しており、適切な基礎調教と正しい騎乗法によって強化される。

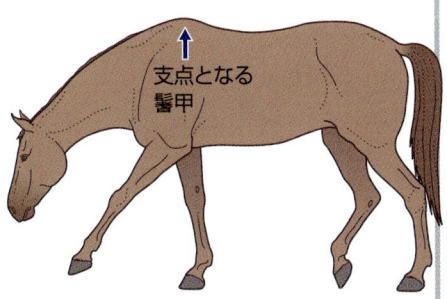

支点となる鬐甲

頸部靱帯

頸を伸ばして背中を丸めるように仕向けることにより、項（うなじ）から背中に沿って伸びる頸部靱帯が鬐甲を支点にして伸張し、トップラインを構成する筋肉が増強される。

馬の分類

便宜上、馬は軽量馬、重量馬およびポニーの3種類に分類される。これらの分類法は、用途や環境によって形成された体型のちがいを基準にしている。しかし、それぞれの特性、場合によっては特殊な能力によって、おびただしい数に分けることも可能である。

軽量馬は、「乗用タイプ」または軽い「輓用タイプ」の馬をさす。アラブやサラブレッドはもちろん、アメリカ大陸原産の特殊歩法の馬、繋駕速歩競走馬、ハクニー、中間種の馬のグループまで、すべて軽量馬に含まれる。そのため、軽量馬の体型は、馬全体をカバーするほどではないにしろ、かなり多様性に富んでいる。

輓馬として用いられる品種で、かつてのヨーロッパ森林馬の子孫は、すべて重量馬に分類される。大きさや細かい点でばらつきはあるが、基本的な体型は共通しており、今後もプロポーションはほとんど変化しないと考えられる。

ポニーは大部分、それぞれ固有の発達をとげたもので、体型はその環境や用途と密接に関係している。英国の山間部や荒野に生まれ育ったポニーはまさにその典型である。実際、「マウンテン」とか「ムアランド（荒野）」と呼称されるポニーも多い。なみはずれた能力をもつアイスランド・ホースはもちろんのこと、ハフリンガー、フィヨルド、ゴトランドなど、ヨーロッパ原産のポニーの一部にも同じこと

品種の坩堝（るつぼ）

A. アラブは世界の品種の基礎ともいえる軽種である。
B. サラブレッドは東洋の馬から生み出された軽種の嚆矢（こうし）といえる。17～18世紀にかけて英国でスーパーホースとしてつくり出され、200年以上ものあいだ、純血種として維持されてきた。
C. 中間種とは軽種の血を引く馬で、軽種と重種の混血である。
D. 重種は体重の重い馬をさし、かつての森林馬の子孫である。
E. ポニーは、環境に適応した小型の中間種である。

A. アラブ

B. サラブレッド

C. 中間種

D. 重種

E. ポニー

がいえる。

かつては馬とポニーとを150cmで機械的に区分するのが慣例で、この高さ以上であれば馬で、それ未満であればポニーとされていた。しかし実際には両者の区別はもっと複雑で、サイズだけでなくプロポーションも関係している。

全般にわたって、ポニーのプロポーションは馬に比べて寸詰まりといえる。真の"在来"ポニーの体型は生まれ育った環境によって形づくられたもので、その動作も環境の影響を色濃く反映している。肩の傾斜や上腕と肩の位置関係は、結果的に四肢を挙上したり膝を屈曲しやすくしている。地面がでこぼこしていて起伏のある土地で生活するポニーにとっては、低くて歩幅の広い歩様は実用的とはいえないのである。

さらにやっかいな問題もある。アラブは150cmに満たないことが多いにもかかわらず、必ず軽量馬とみなされ、同様にアイスランド・ホースがポニーと呼ばれることもない。ポロ・ポニーのほとんどは150cm以上であるが、ポニーと呼ばれている。

アラブはプロポーションはユニークだが、体型的には軽量馬といえる。しかし、アイスランド・ホースはそうとはいえない。またポロ・ポニーは、実際のところ小型のサラブレッドである。

軽種、重種、中間種

馬を軽種、重種および中間種に分ける方法もある。

軽種は、現代の軽量馬の源ともいえ遺伝的影響力のきわめて強いアラブ(この品種は3000年にわたって純系を保ってきた)と、アラブから生まれ、同じく純系で強い遺伝的影響力をもつサラブレッド、ならびに両品種の混血馬であるアングロ・アラブを意味している。

重種は、軽種の血が混じっていない重量馬に対して用いられる。このなかにはポニーも1〜2品種含まれているが、オーストリア原産のハフリンガーは特にきわだった存在である。

中間種は、ある割合で軽種の血を含む馬に用いられる。血量1/2、血量3/4などといわれるが、なかには血量7/8という馬もいる。通常、この血量は遺伝的にサラブレッドが占める構成比率を意味している。一方、"混血種"には、軽種以外の品種の血が混じることが認められている。

世界の軽量馬およびポニーの育種に軽種の及ぼした影響は絶大であるが、それ以外にも

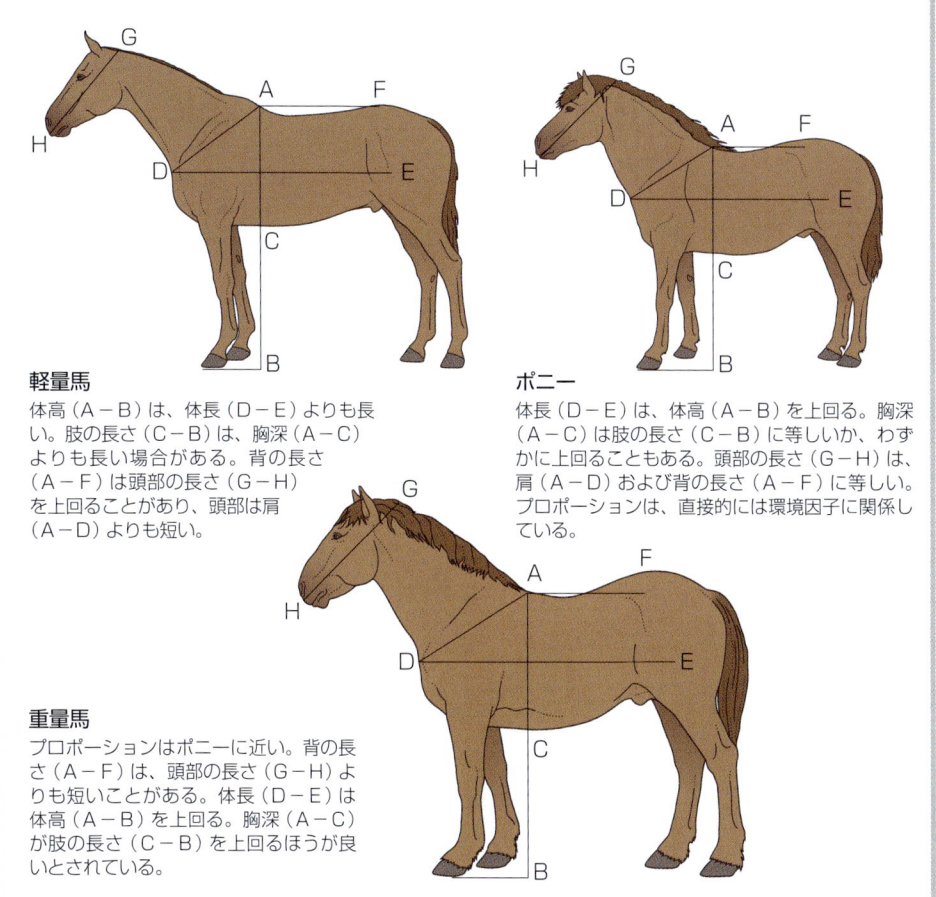

プロポーション

サラブレッドの血量の比率が高い軽量馬、重量馬、ポニーのあいだではプロポーションに明らかなちがいがみられる。サラブレッドの血が混じると四肢の長い、スピードが出る体型となる。一方、重量馬はこれとは正反対で、四肢が短く太めの体型のため、力は強いがスピードは出ない。ポニーは重量馬との共通点が多い。

軽量馬
体高(A-B)は、体長(D-E)よりも長い。肢の長さ(C-B)は、胸深(A-C)よりも長い場合がある。背の長さ(A-F)は頭部の長さ(G-H)を上回ることがあり、頭部は肩(A-D)よりも短い。

ポニー
体長(D-E)は、体高(A-B)を上回る。胸深(A-C)は肢の長さ(C-B)に等しいか、わずかに上回ることもある。頭部の長さ(G-H)は、肩(A-D)および背の長さ(A-F)に等しい。プロポーションは、直接的には環境因子に関係している。

重量馬
プロポーションはポニーに近い。背の長さ(A-F)は、頭部の長さ(G-H)よりも短いことがある。体長(D-E)は体高(A-B)を上回る。胸深(A-C)が肢の長さ(C-B)を上回るほうが良いとされている。

基礎となった馬として、スペイン馬とバルブの存在を無視することはできない。馬学に関心のある学生が、これらの品種を軽種のカテゴリーから排除することを疑問に思うのも無理からぬことであり、現に両品種の愛好者は、現在の軽種の定義に異議を唱えている。

しかし、バルブは品種としての位置づけがなされていないほど、その起源は混沌としている。サラブレッド作出の初期とその前後数世紀にわたってバルブという品種名が使用されたために混乱状態がつづいた。もちろん、バルブの及ぼした影響は大きいが、純系を維持しているなどの理由では、バルブが軽種であるという主張の根拠にはならない。アメリカ大陸での馬の歴史の大部分を金脈のようにつらぬくスペイン馬も軽種には含まれない。

スペイン馬は長年にわたって"ヨーロッパ最高の馬"とされてきたが、馬の専門家(スペイン人またはイベリア・ファンでない限り)は、この品種を現在では「軽種」とはしていない。スペイン馬は、多くの点でうらやましいほどの遺伝的影響力をもっていた。アラブほどではないものの、16世紀から約200年間にわたって、ヨーロッパで多大な影響を与えた。

しかし、この馬の故郷であるイベリア半島は、8世紀にイスラム教徒が侵入する前は400年以上ものあいだ、ローマ人、バンダル人、西ゴート族などに占領されていた。

どの民族も、自分たちの馬を土着の馬と交配させた。ムーア人は北アフリカから多数のバルブを持ち込んだが、そこでは常にアラブが主流であった。コルドバ地方には特にアラブの数が多く、初代エミールは、グアダルキビル川の側にある王家の厩舎で、少なくとも200頭の種馬を飼育していた。

ムーア人による馬の移入がスペイン馬に影響を与えなかったとは考えにくい。今後も議論はつづくであろうが、このような馬が果たした役割の重要性に異論はないはずである。

基本歩法

馬は生まれつき4種類の歩法を有しているが、そのほかに側対歩を基本としたいくつかの特殊な歩法もみせる。この歩法は、米国原産の特定の品種、すなわちテネシー・ウォーカー、サドルブレッド、スタンダードブレッドで認められる。またアイスランド・ホースもそういった歩法をみせる。

着地順序

馬の基本歩法は常歩、速歩、駈歩、襲歩の4種類である。

常歩の着地順は、まず左後肢から始まったとすると、1）左後肢、2）左前肢、3）右後肢、4）右前肢の順で着地する。その際、4ビートのはっきりした規則正しいリズムをきざむ。

速歩は2ビートの歩法で、対角線上にある一組の肢が同時に着地し、一拍おいて逆の二肢が着地する。2ビートに聞こえるが、最初の音は左後肢と右前肢が着地した音で、短いインターバルのあとに反対側の一組の肢が着地する二番目の音が聞こえる。

駈歩は3ビートの歩法である。もし左後肢から始まったとすると、順序は1）左後肢、2）左前肢と右後肢が同時、3）右前肢となる。この場合、右前肢は手前肢と呼ばれる。右回りの場合には、手前肢は内側の前肢、すなわち右前肢となり、左回りの場合は、着地の順序は逆で、左前肢が手前肢となる。左回りを右手前で回ったり、その逆だったりした場合は「逆手前」とか「手前を誤る」といわれる。しかし、上級クラスの反対駈歩の調教では、このような「逆手前」の訓練も行われる。

襲歩は普通4ビートの歩法だが、着地順序はスピードによって変化する。

たとえば、右手前の4ビートの襲歩の着地順を例にとると次のようになる。1）左後肢、2）右後肢、3）左前肢、4）右前肢で、このあと四肢とも地面を離れて宙に浮いた状態になる。

歩法の発展

現代の馬場馬術では、馬の歩法を分解して、ある特徴を発展させて表現することが要求されるが、これは襲歩とは対極にあるものともいえる。常歩と速歩両方とも4種類の歩法に発展される。

中間常歩では体はほどほどに伸長するが、その場合には後肢の着地点は前肢の着地点よりも前になる。それに対して収縮姿勢をとった常歩では、歩幅はより狭くエネルギッシュで、肢を高く挙上する。また、後肢の着地点は前肢のそれよりも後方になる。伸長常歩では、顎と頭を伸ばしたときには、馬体が地面に覆いかぶさるようにさえ見えるが、四肢ははっきりとした4ビートのリズムを維持している。また、後肢は前肢の蹄跡の前に着地する。自由常歩では、4ビートのリズムを保ちながら体をよく伸長させて歩く。これは休息しているときの歩き方ともいえる。

尋常速歩は中間速歩と収縮速歩とのあいだに位置するが、どちらかというと後者に近い。中間速歩は、伸長速歩と収縮速歩の中間型だが、前者のほうに近く、後肢と前肢の着地点は重なる。駈歩は速歩と同様な分類がなされる。

定義

馬場馬術における完璧な基本歩法を理解するためには、特有の基準もしくは定義を知っておく必要がある。リズムとは簡単に表現すれば、規則性すなわち速度が正確にきざまれることをいう。テンポとは完歩あるいは着地の速度を示す。歩調（カダンス）とは、歩様の質、表現、動きを指す。

通常の歩法

4種類の自然な歩法は、蹄音がはっきり聞きとれるような規則正しいものでなくてはならない。襲歩では蹄音は重なって聞こえてしまうことがある。調教がされていない馬では動きに規則性がみられず、蹄音も調教を受けた馬のような歯切れの良さはない。よく調教された馬だけが、自然の歩法を発展させた特殊な歩法を示すことができるようになる。収縮した歩法では、頭部をほぼ垂直に保ち尻を下げ、馬体が前後に詰まった姿勢が要求される。

ガウチョによる襲歩
ガウチョが乗った馬が、四肢を前後に伸ばした17～18世紀の英国のスポーツ画の様式で表現されている。エドワード・マイブリッジによる連続写真（1885年）が、その誤りを証明した。

速歩（はやあし＝トロット）。心地良い揺れの伴う中間速歩。気持ち良さそうに頭を動かし、特に馬体の下で後肢のあしさばきが良い。

駈歩（かけあし＝キャンター）
気持ちの良い、左手前のなめらかな3ビートの駈歩。馬銜（はみ）をきちんと受け、バランスもよくとれている。

襲歩（しゅうほ＝ギャロップ）
襲歩は最もスピードのある歩法で、四肢がすべて地面を離れる瞬間が必ず存在する。

常歩（なみあし＝ウォーク）
この連続写真は拳と脚で上手に馬を制御して自由常歩をさせているところである。常歩は規則的な4ビートをきざむ。

特殊歩法

特殊歩法はアメリカ大陸原産の品種に多くみられるが、アジア原産の品種でも認められる。米国西部原産の馬は別として、特殊歩法は、対角線上の二肢ではなく、同側の前後二肢を同時に動かす側対歩が基本となっている。

歩法の伝統

ロシア原産の品種には自然に側対歩で歩く馬が多い。ただし、速くて滑らかな側対歩であるランニング・ウォークを得意とする馬の故郷はスペインで、その存在はヨーロッパ全土で知られていた。最も有名だったのはガリシア産の馬で、その子孫であるメキシコのガリセニョは、生まれたときからこの歩法を示すことで、今でもよく知られている。

インド西部のカチアワリとマルワリは、生まれつき速くて快適なレバールと呼ばれる側対歩をみせるが、この歩法が洗練され完成したのはアメリカ大陸においてである。南アメリカではペルビアン・パソがこの歩法を受け継いだ典型とされているが、最もユニークな馬のグループは北アメリカに存在している。

世界最速の側対速歩馬である繋駕速歩競走馬のスタンダードブレッドのほか、サドルブレッド、ミズーリ・フォックス・トロッターおよびテネシー・ウォーカーの3品種の特殊歩法馬が存在している。これらの馬の動作は、一見して卓越したものとわかり、その演技は最高の技術から生み出されたものである。

人為的な操作

これら3品種の特殊歩法馬のうち、ミズーリ・フォックス・トロッターだけは、品種協会によって人為的な操作を加えることが禁じられている。

蹄に極端なおもりをつけることのほか、挙上動作を促す目的で球節の周りにチェーンをつけることも許されない。

一方、それ以外の2品種では、動作を強調するために、多くの人為的な器具を使用しており、尾の整形が行われることもある。

使役馬

サドルブレッドは、おもに競技会に出場し、不自然とも思える見事な動作をみせるが、元来は実用的な馬だった。そのため、普通に削蹄すれば、すぐにでも使役馬として用いることができる。

同様にテネシー・ウォーカーも、もとはプランテーションで働く使役馬として、忍耐とスタミナを目標に育種された馬で、そうした仕事では、今のような人工的な補助具を装着する必要はなかった。

歩法の継承

アメリカ大陸で継承されてきた馬の資質は、世界的にみて最も広範で変化に富み、かつ多彩であるといえよう。たとえば、西部の開拓に用いる使役馬として必要とされる仕事や、その仕事を行う土地（たいてい地面はでこぼこだった）にぴったりと合った歩法を有した馬を選抜育種したということは大変ユニークなことだし、そうした実用的な歩法を示す馬の集団を慎重に維持してきたことも貴重である。おおむね、このような歩法は継承されてきており、馬術競技場でみられる不自然ともみえる動きは、生来の歩法を強調しているにすぎない。

サドルブレッド
ラック。5種類の歩法をもつサドルブレッドは、馬本来の歩法に加えて、"スロー・ゲイド"ならびに全速力での4ビートの"ラック"で移動することができる。

クォーターホース
ロウプ。ウエスタン歩法に特徴的なのはジョグと滑らかで乗り心地の良いロウプである。ロウプは、駈歩をウエスタン馬術流に翻案したもので、片手で騎乗する。

テネシー・ウォーカー
ランニング・ウォークは軽やかに滑るような歩法として知られている。時速6〜9マイル（9〜14km）のスピードを保ち、反動をまったく感じさせないとも評される。

歩法の強調

蹄を長く伸ばしたり、楔パッドをつけた重い蹄鉄を装着したりすると、動きや挙上動作が強調される。鎖を同じ目的で球節の周りに巻くこともあるが、馬に痛みを与えかねない。

テネシー・ウォーカー（上）
特別の形をした楔パッドとまっすぐな蹄は、ランニング・ウォークを美しくみせる。

スタンダードブレッド（上）
長く伸ばした蹄は、競技用の馬を特徴づけるもので、挙上動作を強調するために重い蹄鉄をはかせる。

スタンダードブレッド

この世界最速の繋駕速歩競走馬は側対速歩馬で、同側の二肢を同時に動かす。スタンダード（標準記録）は1マイル（1.6km）145秒と決められている。

特徴と毛色

毛色は、各品種の馬がもっている遺伝子によって決められる。遺伝子は染色体上に存在するが、馬は32対の染色体を有している（両親からそれぞれ半分ずつ受け継ぐ）。それぞれの染色体上の遺伝子の組み合わせで、毛色はもちろん、個体のさまざまな特質も決定される。

毛色の発現

いくつかの遺伝子は優性、すなわち劣性の遺伝子の働きを覆い隠す作用をもっている。

芦毛は青毛、鹿毛、栗毛に対して優性であり、鹿毛は青毛に対して優性、栗毛は他のすべての毛色に対して劣性である。すなわち、鹿毛の遺伝子と栗毛の遺伝子の組み合わせの場合、鹿毛の遺伝子が優性のため、生まれた子馬は鹿毛となる。もしそういう遺伝子をもった馬同士を交配した場合は、劣性の栗毛の遺伝子を対（両親からひとつずつ）でもつ子馬も生まれるが、その場合は栗毛になる。栗毛の馬は栗毛の遺伝子しかもたないので、栗毛の両親からは栗毛の子しか生まれない。

馬は、毛色ならびに他の特徴で個体識別が行われる。ただし、毛色は一生のあいだで変化することがある。リピッツァナーは生まれたときは黒いが、成長すると芦毛になる。判断に困る場合は、鼻梁の毛の色で判断する。

ぶち毛の馬
米国原産のピント（ペイント）の毛色は2色である。特に変わった馬では2色以上の毛色がパッチ状に広がる。ピントには白色の部分が大きいトビアーノとその逆のオベロ（p.182〜183参照）が存在する。アングロサクソン系の分類では白と黒のぶちをピーバルド、黒以外の毛色の上に白が広がるのをスキューバルドと呼ぶ。ちなみにバルドとは、白面の馬の古い呼び方である。

毛色

芦毛（あしげ）
皮膚の色は黒、白と黒の毛が混在している

パロミノ
被毛は黄金色で尾とたてがみは白。わずかに黒が混じることもある

鹿毛（かげ）
赤っぽい被毛で尾、たてがみ、四肢の下部は黒である

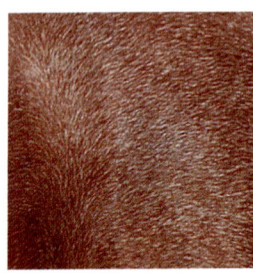
栗粕毛（くりかすげ）
栗毛の地毛に白い毛が混じる

小斑（しょうはん）
この被毛は、普通アパルーサの毛色として知られている

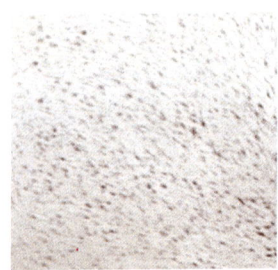
フリービッテン
芦毛の地毛に褐色か黒色の小さな斑点がある

栗毛（くりげ）
薄い金色から赤に近い金色までさまざまなバリエーションがある

黒鹿毛（くろかげ）
黒と褐色が混じっており、肢、尾、たてがみは黒である

青粕毛（あおかすげ）
黒あるいは褐色の地毛に一定量の白が混じる

ぶち毛
有色の地に大きな白斑がある

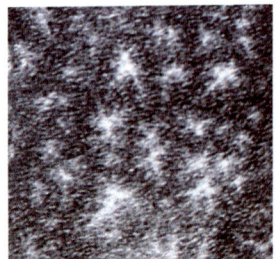
連銭芦毛（れんせんあしげ）
明灰色の地毛によく目立つ灰色の模様がある

栃栗毛（とちくりげ）
栗毛の最も暗い色である

青毛（あおげ）
全体に黒い。白徴のある場合もある

河原毛（かわらげ）
色素の多寡により黄色から青っぽい灰色までの変異がある

青ぶち毛
一般的に黒と白の大きな斑が不規則に存在している

特徴と毛色

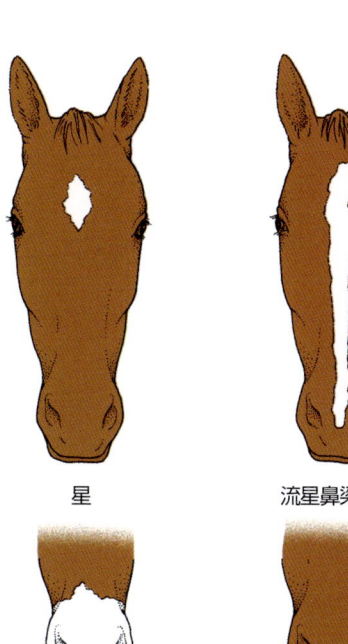

星　　流星鼻梁鼻白 　　作 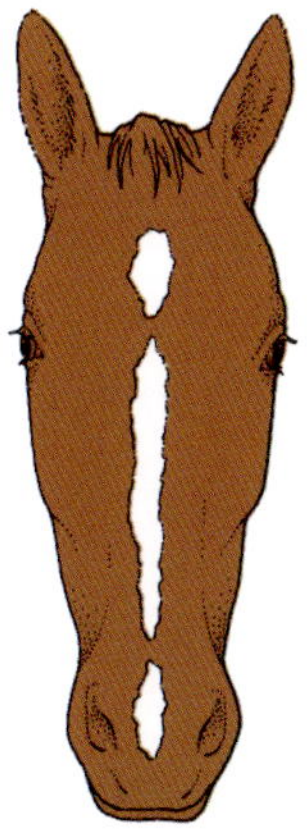　　流星断鼻梁断鼻白 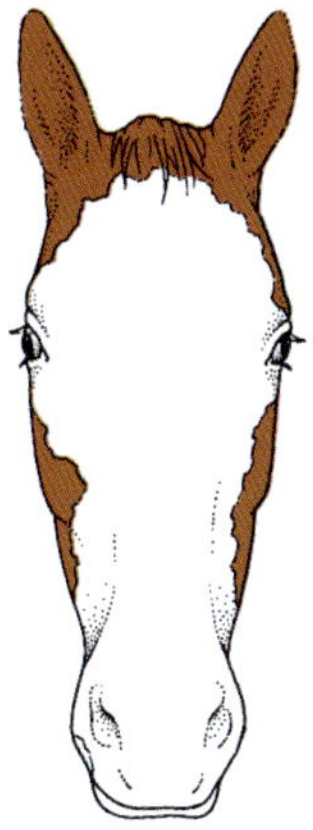　　白面

白面は額、顔の前面、口唇にかけて白い場合をいう。耳の付け根、鼻梁全体が白い場合もある。

鼻大白唇大白　　唇白

生まれつきの特徴
生まれつきの白徴は普通、顔や四肢にあるものをいい、背や体幹にあるものは異毛斑という。

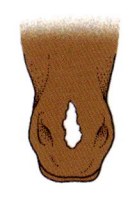

鼻白

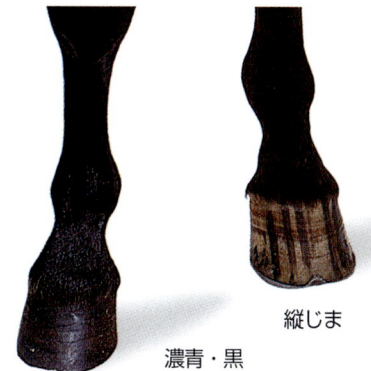

濃青・黒　　縦じま

蹄の色
蹄の色も変異に富み、個体識別に利用することができる。左の蹄は濃青ないし黒であり、右は縦じまが入っている。ほかにもっと明るい色や白色の場合もある。

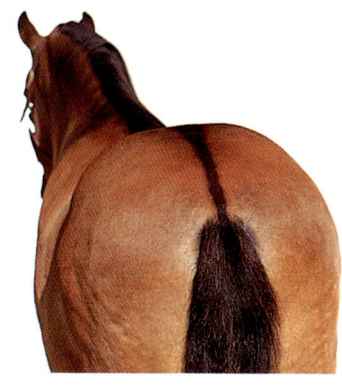

後天的な特徴
後天的な特徴も個体鑑別のために用いられる。烙印はもちろんだが、鞍痕や腹帯の痕にも白い毛が生えることがある。

烙印
烙印は馬を識別する際に有効である。ある群れに所属していることを示す場合や、厩舎、ときには群れのなかの番号を意味していることもある。

凍結烙印
凍結烙印は盗難防止で使われる確実な個体鑑別の方法である。どの馬なのかをその番号からただちに特定することができる。

鰻線（まんせん）
鰻線は河原毛の馬との交配によりしばしば認められる。タルパンやモウコノウマなど改良の進んでいない古代の馬の特徴を残した馬にみられる。

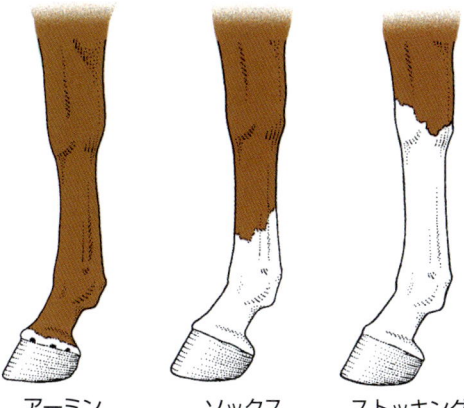

アーミン　　ソックス　　ストッキング

四肢の白徴
これには3つのタイプがある。アーミンは蹄冠部を取り巻くようにみえるが、白地に有色の部位が認められる。白徴が膝下までならソックス、膝を覆っていればストッキングという。

横じま
肢の横じまは原始的な馬がカモフラージュのために備えていたものの名残である。フィヨルド（p.254～255参照）やハイランド（p.230～231参照）など古代馬の子孫でみられる。

感覚機能

馬の習性は、長い進化の過程で獲得してきたさまざまな本能的行動の集合ともいえる。馬には人と同様、味覚、触覚、聴覚、嗅覚、視覚のいわゆる五感が備わっている。馬ではこれら5つの感覚は人よりはるかに優れている。そのうえ、まだ未知な第6番目の高度な感覚が馬にはあるらしいが、この感覚を有している人はめったに存在しない。

前方の音を聞いている

周囲の音を探索している

後方の音を聞いている

聴覚

聴覚は馬の感覚機能のなかでは特に発達している。馬の頭部はあたかもサウンドボックスのように働く。大きくてよく動く耳は、あらゆる方向に向けることができ、どこからくる音でもとらえることができる。耳の動きと眼の動きは連動している。一方の耳が前方に注意を向けられると、そちら側の眼も興味をひかれた対象に焦点を合わせる。両耳が近づけば近づくほど前方への視点も一致する。

味覚

馬の味覚についてはあまり知られていない。ただし互いに触れ合ったり、相互にグルーミングをしたりするときに味覚が重要な役割を果たすことが知られている。

馬は甘いものが好きだと信じられているため、飼料会社は馬の嗜好性を高めるべく甘味料を添加したりするが、甘いものが好きであるという明確な証拠はない。多くの馬は灌木の下や更新していない牧草地に生えている苦みのあるハーブを口にする。チコリは馬の好物だし、ヒレハリ草もそうである。

触覚

触覚はよく理解されている感覚のひとつで、この感覚は馬同士のコミュニケーションではもちろん、人と馬とのコミュニケーションでも利用される。グルーミングはその良い例である。乗馬ではさまざまな命令が扶助という形で触覚を通して伝達される。たとえば脚で馬のひばらに軽く圧力を加え、拳の動きを手綱、馬銜を通して馬の口元に伝える。

口唇に生えている毛は、たとえば飼葉桶の中の餌など、馬の視野に入らない物に触れることでそれを識別することができる。見た目を良くするためにこの毛を切ってしまう慣習が存在するが、この行為は馬が本来もっている機能を奪うことにほかならない。

フレーメン（右図）

口唇をまくりあげるフレーメンは、雄が発情中の雌のにおいを嗅いだり、さわったりしたときにみられる。また刺激的あるいは未知の味やにおい、たとえば、コショウ、レモン、酢などに対してもこの反応がみられる。

嗅覚と触覚

馬同士の絆は、さわったりにおいを嗅いだりすることで築かれていく。相手の鼻に息を吹き込んだりもする。子馬は本能的に母馬のにおいを識別し、母馬も同様に子馬を嗅ぎわける。群れの仲間は共通のにおいで識別し合っているらしい。

聴覚

馬の聴覚は人よりもかなり優れている。実際、頭部は大きなよく動く耳を備えたサウンドボックスのようにもみえる。この耳はどの方向からくる音でもとらえることができる。

馬はとりわけ人の声によく反応するが、おそらくこれは調教する際の助けになっていると思われる。励まし、気分を落ち着かせてくれる愛撫（触覚）とあいまって、人の声は馬をなだめたり安心させたりするのに効果的である。鋭いが大きくはない声は、怠けようとしたり勇気が喪失しかかった心を鼓舞することができる。

嗅覚

馬は嗅覚も鋭敏で、聴覚と同様、身を守るための重要な役割を担っている。嗅覚によって仲間を識別したり、おそらく環境の変化を察知したりできるものと考えられる。また馬の帰巣本能、すなわち自分の住み場所へ戻る道を見つける本能に嗅覚が関係しているとも考えられている。

馬は人のにおいを識別し、世話をしてくれる人の感情まで読みとってしまう。血液のにおいには特に敏感で、屠殺場の近くに来ると神経質になったり冷静さを失ったりする。さらに嗅覚は性行動に際して大きな役割を担う（p.32～33参照）。

視覚

馬の視覚には変わった点が多く認められる。馬の眼球は他種の動物、たとえば豚や象などに比べて大きい。このことは馬が視覚に依存している動物であることをうかがわせる。

また馬は、人や他種の動物のように水晶体の厚みを変えるのではなく、頭部を上げたり下げたりして対象物に焦点を合わせる。前方にある物体に焦点を合わせようとするときには、眼の位置が重要となる。重量馬では眼球が頭部の真横についているが、この場合、広い視野は得られるが、前方向の視界は制限される。乗用馬の場合、こういった構造は明らかに不利となる。

どんな馬でも身を守るために広い視野をもっており、左右の眼を別々に動かすことができる。実際、馬は草をはんでいるときには頭部を動かさなくてもほぼ全周を視野に収めることができる。また騎乗者の挙動も眼に入っている。夜行性ではないが、眼球が大きいこともあって夜目はよく効く。

第六の感覚

馬について、ほとんど説明がつかないような行動を示した例が数多く報告されてきた。幽霊が出ると噂されている場所を通ることを馬が嫌がったという話はよく聞く。

また、馬が危険を予知する能力をもっていたり、取り扱い者や騎乗者の感情まで読みとることができるという説もある。

触覚

馬は見知らぬ物があった場合、鼻や蹄でさわって確認する。この場合、触覚と嗅覚が使われることになる。馬は調教中、障害を飛び越す前によくポールに触れてみたりする。

行動とコミュニケーション

馬は、精妙な"コミュニケーション言語"をもっている。それは、たとえば耳を後ろに倒したり、相互にグルーミングをし合ったりといった体の動きや接触、すなわちボディーランゲージのことを意味している。また、においも重要なコミュニケーションの手段となる。さらに、皮下にある腺でフェロモン、いわばにおいのメッセージを分泌し意志の疎通を図る。

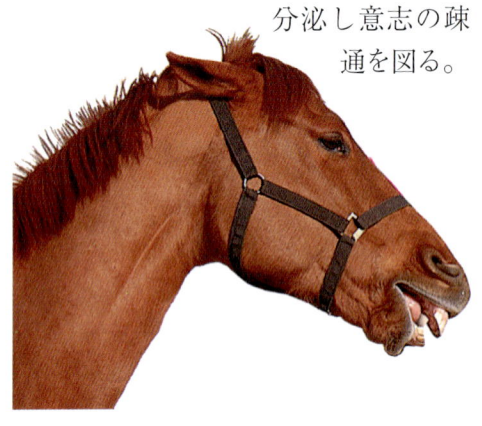

耳と眼（上図）
馬の耳は感情や意志を明確に表す。いらいらしたり攻撃的になっているときに、馬は耳を後ろに倒すが、そのとき白眼を見せることが多い。

嗅覚の重要性

子馬は本能的に母馬のにおいを嗅ぎわける。さらに群れは共通のにおいによって自分の仲間を識別している。また、嗅覚は性行動の際に重要な役割を果たす。発情期の雌から分泌されるフェロモンは、交尾の準備ができていることを雄に伝えるメッセージである。雌は動作でもメッセージを発信する。たとえば外陰部を開閉したり、尾を片側に寄せて交尾姿勢がとれるところを見せたりする。雄を受け入れる準備ができていないときには、反対に歯をむき出したり蹴ったり咬みつこうとしたりして、明らかな意思表示をする。また悲鳴をあげて不快感を示すこともある。

馬は他の動物種でみられるようなテリトリーは形成しないが、雄は自分の行動域に尿やため糞でにおいづけを行う。さらに雄は自分の群れの雌の尿や糞に自分の尿をふりまいて、その雌が群れのメンバーであるというメッセージを他馬に伝える。

フレーメン

雄は雌の外陰部や尿のにおいを嗅いで性周期をチェックする。雌が発情期に近くなると、雄は興奮し性衝動にかられる。雄は雌のにおいを嗅ぎ、接触して刺激を雌に与える。このとき、口唇を後ろに巻き上げるフレーメンを伴うことが多い。ただし、フレーメンは性的興奮に伴ってのみ発現するわけではなく、また雄にだけみられるわけでもない。ニンニクやレモン、酢など、刺激が強く珍しいにおいや味に出会ったときには、雌、雄共にフレーメンを示す。

ヴォーカル・コミュニケーション

馬は音声（ヴォーカル）によるコミュニケーションも行うが、その種類は限られている。悲鳴とうなり声は攻撃の際や興奮したときにしばしば発せられる。特に興味をひかれたものや、危険を感じさせるものを見たり、そのにおいを嗅いだりしたときに鼻を鳴らす。

また、馬は遠くに離れてしまった仲間に対していなないて呼びかけたり、興奮していなないくこともある。母馬は自分の子に対してやさしく呼びかける。雄も雌も餌を欲しがっているときにいななく。給餌が遅れた場合に、大きな声でいなないくことで人の注意をひくことを学習してしまう馬もいる。

人とのコミュニケーション

人は自分が発散するにおいで無意識に馬とコミュニケーションをしているらしい。おどおどしている人や叱りつけようとしている人は、その精神状態を表すにおいを感受性の高い馬に対して発散している。その結果、馬は性格によって、びくついたり攻撃的になった

相互グルーミング（上図）
相互グルーミングは仲間同士の絆を深めるのに役立つ。母馬はこのようにして自分の子とグルーミングをする。また、雄が雌を性的に刺激したいときにもグルーミングをする。

群れの本能（左図）
馬は野生状態では群れで生活する。群れの仲間は共通のにおいで互いに識別し合ってもいる。

模擬闘争行動

若い馬は成長の過程で模擬闘争行動をみせる。この行動を通して、お互いの社会的順位も決まる。こういった行動のなかで、両者がけがをすることはめったにない。

りする。「勇気ある者は勇気ある馬をつくる」といわれているが、このことは馬の感受性が優れていることを言い表していると同時に、人と馬のコミュニケーションを示しているともいえよう。馬は乗り手の気分を敏感に感じとり、それに応じて対応を変化させる。

味覚と触覚

馬はまた、味覚と触覚を緊密に連携させてコミュニケーションを行う。互いにグルーミングをし合いながらコミュニケーションをとり、友情を築く。

人は馬にさわったり軽くたたいたりして、コミュニケーションしたり挨拶したりするが、本当は馬がするように相手の鼻の中に息を吹き込んだほうが効果的かもしれない。グルーミングは馬同士が心をかよわせ合うもうひとつの方法といえる。この行為により2頭の馬の絆は強まる。

サインを理解する

馬が後肢を1本休ませ、頭をだらんとさせて耳を後方に倒し、下唇をたるませ、目を半開きにしているのがリラックスしている状態であるということはすぐにわかる。同様に緊張した状態もすぐに察しがつく。馬房に入ってきた人に対して、馬は尻を向けることで、確かなメッセージを送る。後肢を踏みならし、頭を上下に動かしたり、尻尾を振ったりするのは、いらいらしている証拠である。

耳

馬の耳はきわめてわかりやすいメッセージを発信する。13個もの筋肉で動きが支配されている耳を、馬は自分の意志通りに自在に動かすことができる。

そして耳の状態は、馬の気分を表現している。前方に向けて耳をぴんと立てているのは、特定の対象物に対して強く興味をひかれているときで、騎乗者への注意はおろそかになっている。リラックスしているときや、まどろんでいるときには、馬は耳を締まりなく下向きにさせている。

後方にぐっと倒しているのは、馬が不愉快な気分で、攻撃的になっていることを示している。耳をよく動かすということは、馬が周囲に注意を払っていることを意味し、騎乗者には安心感をもたらす。

後肢立ち

馬は驚くと後肢で立ち上がることがある。また、ふざけて立つこともあるし、優位性を誇示するために立ち上がることもある。自由を束縛されて興奮したり、いやなことを強要されたときにも立ち上がる。特に雄はこうした理由で立ち上がることが多いが、立ち上がるという行動を悪癖として身につけてしまう馬もまれに存在する。

妊娠と出産

牝馬は通常、生後15〜24か月で性成熟を迎えるが、これより遅いこともある。2歳馬でも出産することは可能だが、3歳馬のほうが望ましい。

発情期の到来

初春から始まり秋になるまで、牝馬は通常18〜21日間隔で発情を繰り返す（フケがくるともいう）。発情は5〜7日間つづく。この期間中は、牝馬は牡馬を受け入れる。発情と明らかにわかるサインは数多くみられる。

ただし、それらの発情兆候は必ずしも同時に出現するわけではない。牝馬は苛立ちや情緒不安定な様子をみせ、普段よりも仲間のそばにいたがるようになる。尻尾を激しく頻繁に振り下ろし、陰核（外陰部にある小さく、感覚が鋭敏な器官）を突き出す。少量の尿を頻繁に排出し、膣の周辺部には粘液が認められる。

直腸検査で、牝馬が発情周期のどの時期にあるかを診断することは可能だが、牝馬が交尾可能かどうかを知る最も確実な方法は、牡馬を近づけてみる、すなわち当馬をしてみることである。

馬の生産牧場では、普通、牝馬をパッドで覆った仕切りの一方につなぎ、仕切りの反対側に牡馬を連れてくる。この仕切りは馬がお互いにけがを負わないようにするためのものである。牡馬を受け入れる準備ができていれば、牝馬は交尾の姿勢をとり、尻尾を片側に寄せる。準備ができていないときは、牝馬は牡馬に向かって歯をむき出し、咬んだり蹴ったりしようとする。

妊娠と出産

牝馬の平均的な懐胎期間は11か月と数日である。明らかに個体差が認められるが、一般に雄の子馬の在胎期間のほうが雌よりも長い。雄の子馬がおよそ334日、雌の子馬は332.5日だが、これらの日数には前後9.5日の変動がある。

妊娠末期には、サラブレッドのような改良の進んだ品種に対しては、自分で何でもできるポニーなどよりも注意を払う必要がある。改良の進んだ品種の馬の出産は、監視テレビカメラ付きの分娩専用の馬房で行われることが多い。

ポニーなどはたいてい野外で出産し、問題が生じることもめったにない。ポニーの出産は短時間で済んでしまう。まるで出産が長引くと天敵に襲われる危険が増す野生下の出来事のようである。

交尾
交尾により、精液は膣から子宮に入り、発情期の終わる2〜5日前には輸卵管に達する。

胎内での子馬の成長

2か月（右図）
2か月目の胎児は、頭の先から尾までの長さは約3〜3.75インチ（7〜10cm）である。四肢が形成され始め、性別が判断できる。

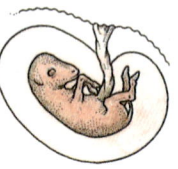

4か月（左図）
胎児の体重は約2ポンド（1kg）で、体長は8〜9インチ（20〜23cm）である。わずかだが体毛が唇のあたりに生え始める。蹄が形成される。

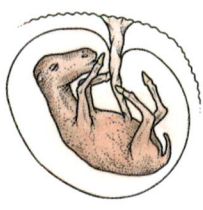

6か月（右図）
体毛が全体に生える。外部生殖器が形成される。体長は22インチ（56cm）、体重は12.5ポンド（5.7kg）になる。

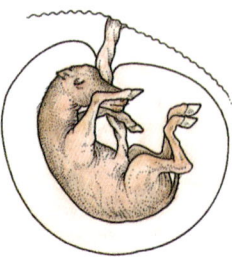

妊娠した母馬
妊娠5か月になると子馬が胎内にいることがはっきりわかり、6か月目からは子馬の動きが観察できる。妊娠の終わりが近づくにつれて母馬の下腹部が下がってくる。出産の前には乳房が肥大し、乳頭の先端にワックス様の物質が分泌する、といった兆候が認められる。

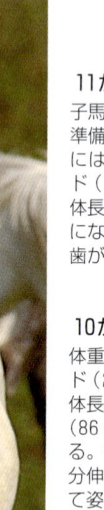

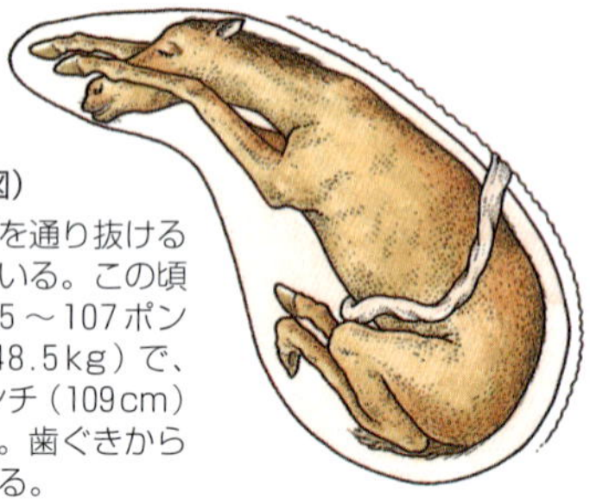

11か月（右図）
子馬は骨盤帯を通り抜ける準備ができている。この頃には体重は85〜107ポンド（38.5〜48.5kg）で、体長は43インチ（109cm）になっている。歯ぐきから歯が見えてくる。

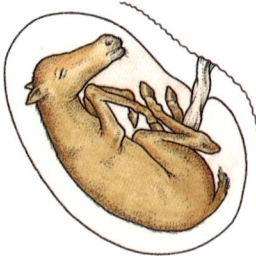

10か月（右図）
体重は64〜74ポンド（29〜33.5kg）、体長34〜37インチ（86〜94cm）になる。被毛や長毛が十分伸び、出産に向けて姿勢を変える準備ができている。

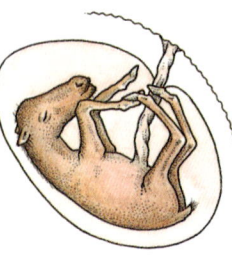

8か月（左図）
子馬は仰向けの状態でいる。たてがみと背中周辺の体毛が伸びる。体重は36〜42ポンド（16〜19kg）、体長は27〜29インチ（69〜74cm）になる。

陣痛と出産

陣痛は次の3つの段階に分けられる。1）胎児が娩出の態勢に入ると、不意に子宮は収縮し、子宮頸部などが弛緩する。2）子馬が骨盤腔に移動し、子宮頸部を通り抜け、娩出される。その際、母馬は力む。3）子馬を出産後、胎盤を娩出する。子宮が収縮する前やその最中、母馬は落ち着きがなくなり、繰り返し立ち上がったり横になったりする。陣痛の最中、収縮はより頻繁に起こり、最後は数分ごとに収縮するようになる。この状態は、破水し尿膜内部の液体が膣から流れ出るまで約6時間つづく。

1 破水が起こると、母馬は横になり陣痛の痛みが増すごとに、ひどくもがきつづける。また、ときどき大きくうなり声をあげ、出産の瞬間が近づくにつれ、大量の汗をかく。

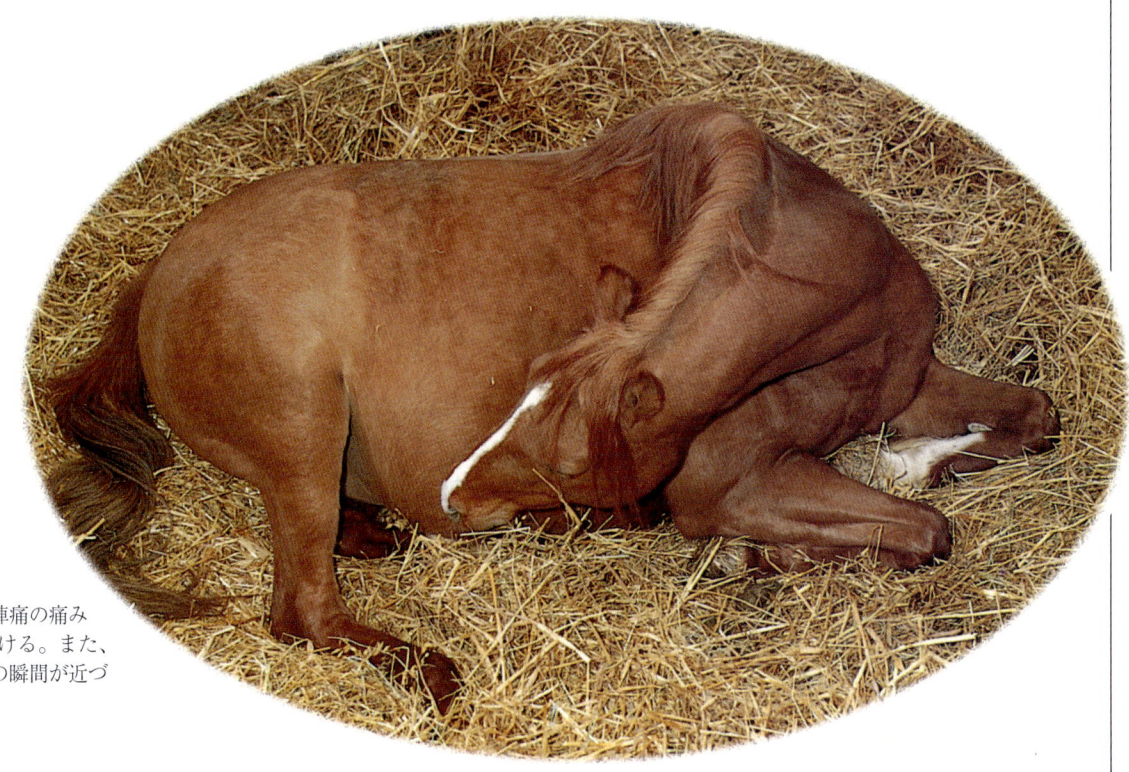

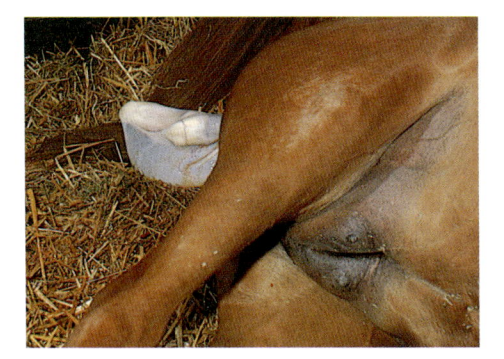

2 正常分娩では、弛緩した外陰部から子馬の前肢がまず現れる。前肢は透明な膜で包まれており、出産が進むと破れてしまう。

3 頭部は伸ばした前肢の上に乗って出てくる。肩が現れると、最も重い部分が出たことになるため、残りの部位は楽に出る。この時点で鼻を包んでいた膜が破れ呼吸を始める。

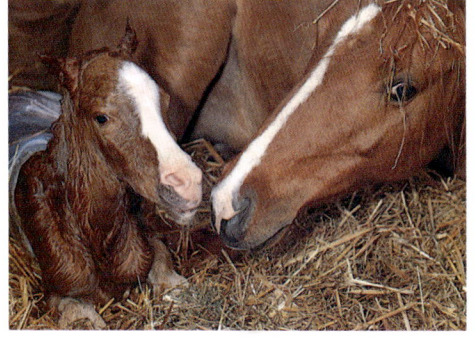

4 子馬はすっかり母馬の体内から外に出てしまう。この時点でへその緒が切れることもある。自然の「血液弁」が閉じる。これにより胎盤から子馬への血液の流れも、その逆の流れも止まる。

5 出産後まもなく、母馬は立ち上がる。へその緒がまだ切れていない場合でも、このときには切れてしまう。30分程度、母馬は子馬をなめつづける。母馬は自分の子をそうやって温める。

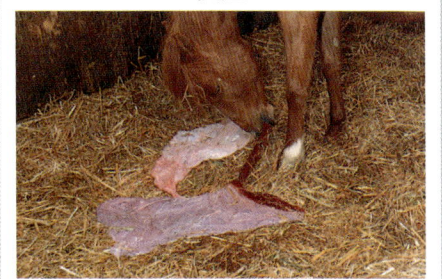

後産

後産は、出産の4時間後までには排出される。この時間に排出されないときは獣医師による診察が必要である。もし後産が母馬の体内に残っていると、敗血症を起こすことがある。

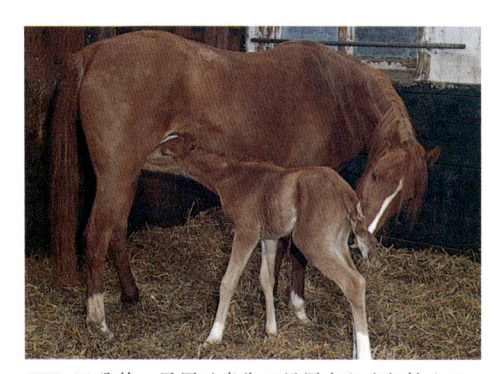

6 30分後、子馬は鼻先で母馬をさぐり始める。初乳（子馬が最初に飲む乳）は非常に重要である。この乳は抗生物質としての働きをもっている。また腸の蠕動運動を起こさせることで、胎便の排出を促す。

子馬の発育

子馬は生後30分ほどで立ち上がり、母乳を飲み始める。発育は人に比べると著しく早い。馬房の中で生まれた子馬は、天気が悪くない限り、次の日には母馬とともに外に出すことができる。寒くて湿度の高い日など、母馬と子馬は、夜間は舎飼すべきである。

出生初期

子馬と人との関係は出産と同時に始まる。たとえば、出産時には子馬の鼻孔から粘液や薄膜を取り除いてやる必要があるし、最初の24時間以内に子馬病や破傷風の予防注射をしなければならない。

最初、母馬は、介助をしようとする人と子馬のあいだに立ち、子馬を守ろうとする。賢くて従順な母馬ならすぐに了解し、妨害をやめる。そして、母馬が人を信頼している様子をみせれば、子馬もすぐに人に慣れる。

ハンドリング

子馬のハンドリングを始めるのは、屋外よりも厩舎内のほうが良く、終わるときにはいつも短い時間、必ず母馬を参加させる。この頃には、子馬は促されなくても自発的に母馬の後についていく。

子馬が生後3日以内のときは、誰かに母馬を持ってもらって子馬のハンドリングをしたほうが良い。母馬を馬房の壁のそばに立たせると、子馬は無理にし向けなくても母馬のもとへ歩み寄る。ハンドラーは、右腕を子馬の尻に回し、左腕を胸前に回す。

数日で子馬は、自分が母馬のそばにいて脇腹が母馬に触れている限り、不安な様子をみせずに、抱いている人の腕の中で静かに立っていられるようになる。

次のステップは、子馬を引いて歩かせることである。これも最初は馬房内だけで行う。母馬を静かに引いて回ると、子馬は本能的に母馬を追うようにして後ろをついていく。そのとき、右腕で子馬をやさしく前方へ押してやると、子馬は躊躇せずに母馬に従おうとする。その際、子馬が突然暴れて走り出さないように左腕で押さえておく。

1日程度で、左腕の代わりに手入れ用の柔らかい布を子馬の頸の周りに巻き、短い時間ではあるが、そのままパドックと厩舎のあいだを往復することができるようになる。

子馬は、人が胸や背中、後軀を撫でてやると安心する。というのは、この動作は普段母馬が子馬の体を愛撫しているときと同じ感覚を呼び起こすからである。

1週間ほどで、子馬用の革頭絡を装着することができるようになり、母馬からそう離れない限り、手綱で引かれるのに違和感をもたなくなる。頭絡は最初は厩舎内で装着する。頭絡を無理に子馬の鼻から装着しようとすると嫌がってけがをすることがあるので、子馬の体を後ろからやさしく押してやり、子馬が自分から鼻先を頭絡の中に入れるようにさせる。

2週目以降、子馬は、人に体中をさわられたり撫でられたりすることにすっかり慣れる。蹄を数秒間、人が持ち上げることもできるよ

生後2週目

2週間たてば、子馬は人の存在に慣れる。

休息

子馬は休息をたくさん必要とし、長時間横たわった姿勢で過ごす。

生後6週目（上図）

6週間たつと、子馬には力強さが備わってくる。それに伴い自立心も出てくる。この頃になると、母馬と同じ餌を口にすることもあるが、まだ母馬からの授乳（右図）も必要とする。

れば、2か月齢までの子馬の栄養は、母乳と牧草で十分足りる。2か月齢の終わりには、子馬は母馬の濃厚飼料も食べるようになる。

5～6か月齢までの子馬には、目安として1日1ポンド（0.5kg）の濃厚飼料を与える。エンバク、亜麻仁を煮たもの、オオムギなどに加えて、粉乳入りの飼料を1日2オンス（60g）から8オンス（230g）与える。そして骨の発育のために肝油も与える。

冬期には子馬に柔らかい乾草をたっぷりと摂取させる必要がある。そうしたものなら、子馬のまだ未成熟な歯と消化器官に負担はかからない。こうした栄養面のほかに、子馬には人間の幼児と同様、十分な睡眠と遊び回るための十分なスペースが必要である。

牡子馬は種牡馬として残すつもりがない場合は、普通離乳期に達する前に去勢手術を行う。去勢手術はもっと後でも施されるが、牡が2歳まで去勢しないでいると、手がつけられないほど乱暴になってしまうことがある。

子馬の寄生虫の駆除は、離乳をする前に実施する重要な仕事である（抗破傷風薬の投与はその後に行う）。

離乳

離乳は、4.5～6か月齢の、子馬の産毛が暗い色に変わり、飼料だけで成長できるようになってから行う。実際上、離乳はどうしても避けることのできないステップである。しかし、子馬・母馬の双方にストレスとなるため、慎重に行わなければならない。

子馬は離乳の準備として短い期間、母馬から引き離すのが良い。子馬が仲間と馬房に残り、餌を与えられているあいだ、母馬のほうは調教することもできる。

最終的に離乳するときは、親子は最低4週間は、別々にしておかなくてはならない。この間、可能であれば、子馬を敷料を厚く敷いた安全な馬房に収容し、母馬は遠くに連れていってしまうほうが良い。1週間後、近くで母馬の姿が見えず声も聞こえないような環境であれば、短時間放牧してもかまわない。

子馬の自然な発育には、良質な飼料と自由に動き回れる環境が不可欠である。子馬が2歳になるまでは、1日7ポンド（3kg）以上の濃厚飼料と、食塩やミネラル添加物、肝油などを与える。乾草は自由に食べられるように、また清潔で新鮮な水をいつも十分に飲めるようにしておく。

子馬を適切に管理することは、成長した後でその馬に課せられる使役作業やトレーニングに応え得る、丈夫で健康な体をつくることにつながる。また、精神的な成長に関しても同じことがいえる。適切な世話をし、温かい目で自然な成長を見守るなかで、子馬は人に対する従順性も学んでいく。

ヨーイドン！
子馬は生後30分で立ち上がり、驚くほど短い時間で、母馬の後ろについて歩けるようになる。この能力は野生では不可欠だった。

うになる。これは子馬が3か月齢になった際、装蹄師が削蹄するときのための練習にもなる。

3～4か月齢になると、子馬は母馬といっしょに馬運車の荷台やトレーラーへ乗ることを学ぶ。トラブルを起こさず乗せるコツは、まず子馬を先に乗せることである。2人で両腕を広げて子馬を囲い込み、押し上げるようにしてゆっくり進む。母馬は子馬を気づかい、離れないようにすぐに後ろについてトレーラーに乗り込んでくる。

飼養管理

牧草が豊富で、母馬が栄養を十分とれてい

2～6か月齢
（左図）子馬の柔毛や乳白色の体毛は、2か月齢になると抜け始める。
（上図）5～6か月齢になると、子馬は母馬から離乳してもよいほどに力強くなる。

6か月齢
離乳後の子馬は、四季を問わず、少なくとも日中は放牧されることで、より健康に成長する。

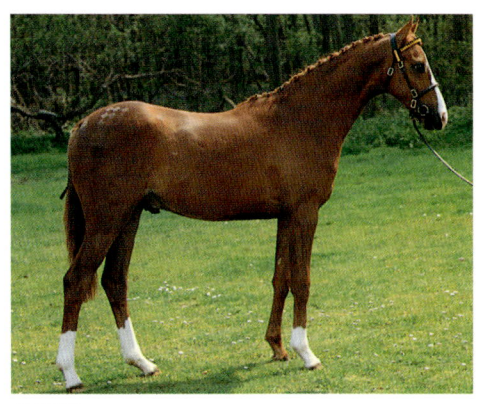

2歳馬
2歳では、このような欠点のない馬になることが期待されている。

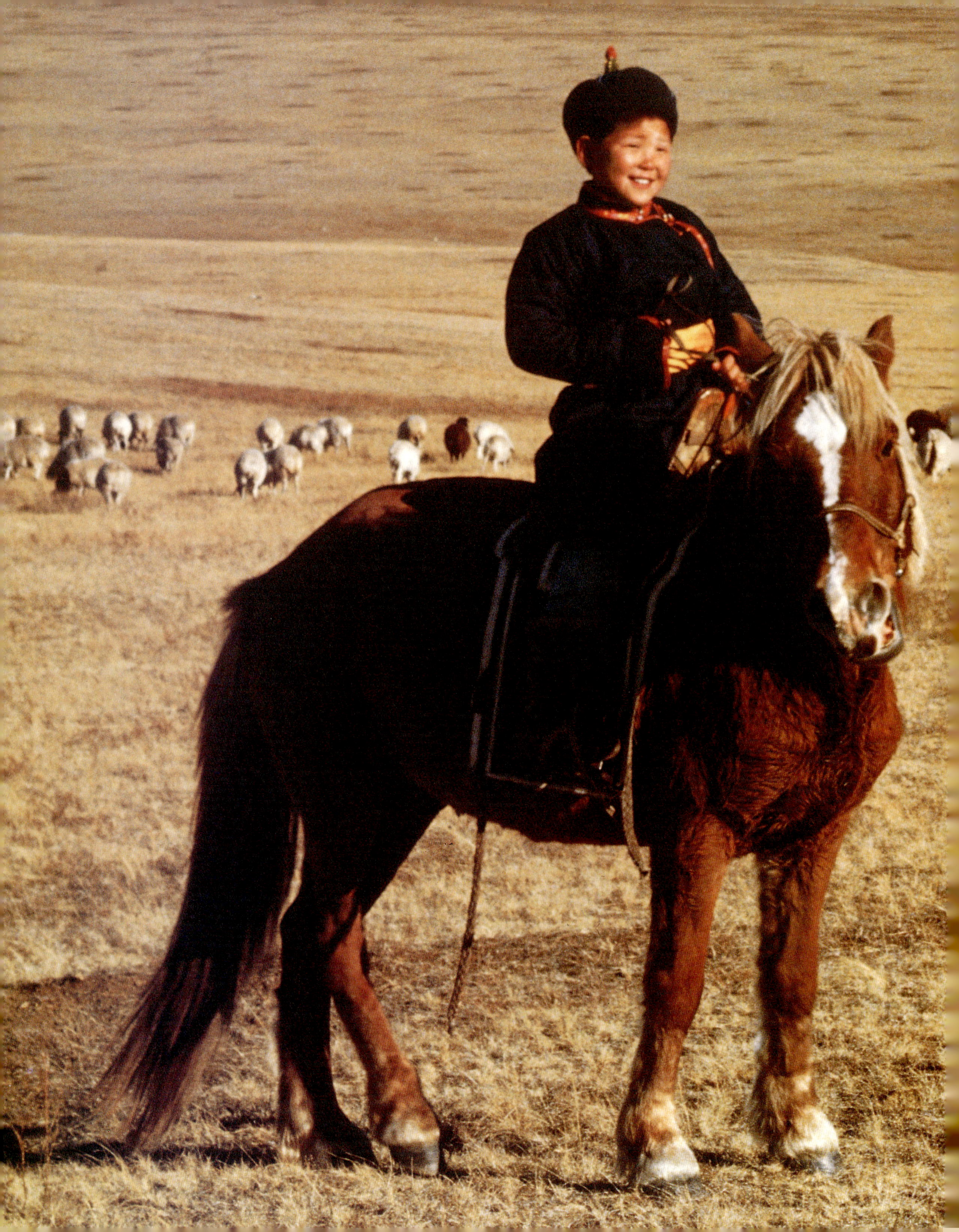

品種

　もともと、馬の品種やタイプは、生息していた環境に対応するとともに、特定の地域の馬の集団内での血縁関係がもととなって徐々に形づくられてきたものである。

　しかし、馬がいったん家畜化されると、人は特殊な品種やタイプをつくり出したり、変化させたりした。最も良い形質を有したものだけを選択的に繁殖させるために牡馬を去勢する習慣は、馬の質を高め、その動物の目的に最も合った特性を強めるという結果をもたらした。

　また、農業が進歩したことによって、より栄養価の高い飼料が生産されるようになった。もっとも、かなり早い時期から中東のチャリオットに乗っていた戦士は、自分たちの馬に穀物を与えていた。栄養価の高い飼料が与えられた結果、馬はそれぞれの利用目的に応じて、大きく、強く、速くなっていった。

　世界の軽量馬のあらゆる品種が、その基礎は、東洋原産馬の遺伝的影響を広範に受けている。

　影響力の強い馬のなかでも特に重要なのは、品種の水源とも称されるアラブである。次に、北アフリカのバルブがあげられる。さらに、アラブから産み出され、東洋原産馬の影響を強く受けているサラブレッドも重要といえる。最後に、世界に広く分布していったスペイン馬があげられるが、この馬自身はバルブの影響を強く受けていた。

馬上の生活
　この幼いモンゴル人の少年は、典型的な草原の遊牧民の格好をしている。彼の人生は、生活全般を支える馬の存在なくしては考えられない。

アラブ
Arab

おそらくアラブは、世界の馬のなかで最も美しい品種とすることができると思われる。その性質、体型共に申し分がない。またこの馬は、何千年ものあいだ、注意深く育種が行われてきている点で、すべての品種のなかでも、最も純粋で最も古い馬とすることができる。

影響力

アラブの影響は世界の品種の大部分に認められる。また、この馬はサラブレッドの基礎となったことでも知られている。サラブレッドは、体の大きさ、スピードではその祖先を上回っているが、丈夫さとスタミナという点でははるかに劣る。

由来

アラブの正確な由来は不明だが、美術品などの証拠から、品種として固定された「アラブ」の馬は、少なくとも紀元前2500年にはアラビア半島に存在していたと考えられる。

この"砂漠の馬"と最も関係の深いベドウィン（遊牧民）の口伝では、この馬とのつき合いを、曖昧なところもあるが、紀元前3000年の牝馬のバズと牡馬のホシャバにまでさかのぼるとしている。バズはイエメンでバックスによって捕獲されたとされている。ちなみに、バックスはノアの末裔であり、野生馬を手なづけるのが大変上手だった。

世界中にアラブの血が広まったのは、イスラム教徒の遠征に負うところが大きい。この遠征は、7世紀に教祖マホメットによって開始されたが、象徴である緑の旗とこの砂漠の馬は、イベリア半島を通って、キリスト教下のヨーロッパの国々へ浸透していった。

体高
アラブとして理想的な体高は142〜150cmである。

鬐甲
頸のラインは均整のとれた鬐甲へと優雅につづいており、肩はしっかり付着している

頸部
アラブのはっきりとした特徴は、ミットバーである。これは頭部と頸部との角度をいう。この部位が特有の弓形の曲線を示すが、これにより頭部をあらゆる方向へ自由に動かすことができるのである

たてがみ
たてがみと尾はきわめて美しく絹のような手ざわりである

鼻部
小さく、尖った鼻口部は非常に柔らかい

頭部
頭部は見まちがえようがなく、また忘れがたいほど印象的である。洗練された短頭で、明らかな鮫頭である。鼻口部と眼はきわめて大きく、他の品種に比べて両眼は離れていて低い位置についている。耳は小さく美しく、ときとしてやや内側にカーブしている。また両耳から鼻骨にかけての、ちょうど両眼のあいだがひさし状にやや突き出ている。この点はユニークである。

アラブ／ARAB

持久力
現代のアラブは長時間乗りつづけることができる馬で、持久力は生まれつき優れているが、明らかに長距離走以外の競技には向いていない。それでも、この馬は世界中ですばらしく献身的な馬として飼育されており、現在でも他の品種の改良に用いられている主要な馬である。

骨格
アラブの外見は独特の骨格構造によって決定されている。アラブは、他の品種が胸部・背部、腰部、尾部にそれぞれ18本、6本、18本の背椎があるのに対して、胸部・背部には17本、腰部には5本、尾部には16本の背椎を有している。この形態の差が、尾が高く持ち上がった体型をもたらしている。

体幹
アラブの背は短く、わずかにくぼんでおり、腰は力強く、尻は長くて水平である

毛色
栗毛、芦毛、写真の鹿毛、青毛などがアラブに認められる毛色である

マレンゴ
この絵には皇帝ナポレオンが、1815年のワーテルローでの彼の最後の戦争で、愛馬マレンゴにまたがっている姿が描かれている。ナポレオンは必ず芦毛の馬に乗っていた。彼は自分が乗るための馬として何頭もの芦毛のアラブを所有しており、アラブをフランスの王立牧場で生産することを大いに推進した。

尾
尾は臀部の高いところに付着している。動くときには尾は弓なりに高く持ち上げられる

四肢
アラブの四肢は丈夫ですっきりしているが、前肢の管骨は長すぎはしない。腱は明瞭で蹄は形も大きさもほぼ完璧といえる。アラブの後肢はながらく欠点を指摘されてきているが、生まれつき頑丈で、歩様は非常に柔軟性に富んでいる

スタミナ
アラブのスタミナは信じがたいほどである。この馬の持久力に関しては、数えきれないほどの記録が残されている。19世紀には砂漠での長距離走がしばしば行われたが、なかには3日間にわたる競走もあった。

歩様
歩様は"浮かんでいる"と表現されるが、この品種は、まるでバネの上に乗っているように走行する。アラブは情熱的で勇猛であると同時に、なみはずれてやさしい気質も備えている。

エンデュランス競技

エンデュランス競技の発展は著しく、現在では国際馬術連盟（FEI）規則のもとで運営されるヨーロッパ選手権および世界選手権において、FEIの競技種目のひとつにまでなっている。エンデュランス競技は、20世紀初頭に騎兵をテストする目的で開催された軍事騎乗に端を発しているが、その発展は、1919年に実施された米国での騎兵テストに負うところが大きい。

市民による競技

ドイツと旧オーストリア・ハンガリー帝国で行われていた軍事騎乗では、その壮烈さから馬が犠牲になることもあった。それとは対照的に、米国での競技は、アラブとサラブレッドの新馬の能力評価のために行われたので、注意深い監視が徹底され、優れた馬管理技術のモデルともなった。

初めての市民による競技会は、1936年に開催されたバーモント100マイル競走で、これがきっかけとなって、全米各地に山道騎乗競技連盟が結成された。今日では毎年500以上の競技会が開かれている。

米国の競技会のなかで最も有名なのは、1955年にウェンデル・T・ロビーによって始められたテービス・カップである。テービス・カップは、ネバダ州、タホ・シティからシエラネバダ山脈を越え、カリフォルニア州のオーバンまでのコースで行われるが、その間の地形は険しくて危険な箇所が多い。ロビーがアラブに騎乗して3度の優勝を果たしたことで、アラブが優れたエンデュランス競技馬であることがよく知られるようになった。

オーストラリアでも、エンデュランス競技は高い人気を保っている。この国で行われるトム・キルティーは、テービス・カップと同じくらい過酷な競走で、険しい山道を走破しなければならない。

ヨーロッパにおいても現在の様式の長距離騎乗は、アラブを中心に発展し、1920年代に、英国アラブ・ホース協会によって組織的に実施されるようになった。この協会は現在でも大きな影響力をもっており、毎年独自の競技会を開催している。

初期のエンデュランス競技で、騎兵用に馬を生産する場合、アラブが適していることが証明された。馬は13ストーン（82.5kg）の荷物を背にして、300マイル（480km）のコースをわずか5日間で走り抜いた。

英国での最初の100マイル競走は、1937年と1938年に開催された。現在、英国ならびに他のヨーロッパ諸国では、25マイル（40km）までのプレジャー競技、それよりも速いスピードで行われる山道騎乗競技、50〜100マイル（80〜160km）のエンデュランス競技など、すべての種目が実施されている。

どの競技会でも獣医師による厳正な審査が条件とされており、呼吸、心拍数、回復の程度があらかじめ設定された範囲を超えた場合には、ペナルティが科せられることになっている。

砂漠でのエンデュランス競技

ドバイの統治者であるマクトゥーム家は、競馬事業に加えてエンデュランス競技にも巨費を投じてきた。シェイク・モハメドとその息子たちはとりわけ熱心で、競技選手としても成功を収めている。世界最初のエンデュランス競技センターは、アラブ首長国連邦に開設された。

自らの足で走る（上図）

　筋肉の硬直や痛みを和らげ、馬の負担を減らすために、エンデュランス競技の選手は、馬から下りてコース途上のある区間を自らの足で走ることも多い。騎手はヘルメットはかぶっているが、その他の服装は形式にとらわれることなく、外見よりも着心地と安全性を主眼に置いたものとなっている。

人馬双方に求められる体力（最上図）

　選手と馬双方に、無理なく全行程を走りきる体力が求められる。使い心地の良い馬具を、細部までぴったり合わせておくことが重要で、そうすることによって、馬は楽なリズムを保ちながらリラックスして走ることができる。

砂漠でのエンデュランス競技（左図）

　良馬にまたがっているドバイの王族マクトゥーム家のメンバー。彼らは、自国で行われる砂漠での競技大会やヨーロッパ全土で開催される競技大会に定期的に出場し、すばらしい成績を収めている。

バルブ
Barb

バルブは、世界の馬の品種の基礎となった存在だが、アラブに対してのみ一歩を譲る。アラブと同様、バルブも砂漠の馬だが、容姿や特徴からみてつながりは薄いと思われる。この馬の原産地は、北アフリカのモロッコである。また、バルブは氷河期を逃れた野生馬の生き残りであるとする説もある。この説が本当だとすると、バルブはアラブと同じくらい、あるいはもっと古い品種ということになる。

由来

現在のバルブには、かつてアラブとの交配が行われたことから、一部アラブの血が入っている。識者のなかには、家畜化される前のこの馬は、アハルテケに非常によく似た砂漠(アラブ)の競走馬の系統に属していたと考えている人もいる。いずれにしろ、この品種は多くの影響力の強い遺伝子をもっている。バルブの長く丸みのある体形や、なだらかな臀部および低い位置にある尾などから、アラブの影響は最小限のものと考えられる。

影響力

バルブはアンダルシアン(p.50～51参照)の作出に重要な役割を果たしており、またこのため、世界の馬の品種に幅広い影響を及ぼしている。とりわけサラブレッドに対する影響は大きいが、数多くのヨーロッパ原産の品種とも強いつながりをもっている。数が少ないことや、外見的にアラブに比較して見劣りがすることから、バルブは受けてしかるべき評価を得てはいない。

モロッコの祭

イスラム教徒を勝利へ導いたベルベル人の子孫であるモロッコの騎兵は、自分たちの乗馬技術の巧みさを、荒々しくライフルを発砲しながら突進するというスタイルで表現する。これは北アフリカの祭の特徴ともいえる。

ビクトリア女王への贈りもの

この絵は1850年4月号の「イラストレイテッド・ロンドン・ニュース」に載ったもので、モロッコのサルタンがビクトリア女王へ贈ったバルブが描かれている。

尾

アラブとは異なり、バルブの尾は普通、なだらかに傾斜した臀部の低いところに位置している。また、臀部の形もアラブのそれとはまったく異なる

後軀

バルブの後肢と臀部は、決して模範的とはいえないが、短距離を非常に速く走ることができ、そのスタミナと持久力は計り知れないほどである

スパイ騎士団

全体として軽いつくりの品種で、馬格も体型も特に印象的とはいえないが、素朴できわめて力強い。フランスの有名なスパイ騎士団の騎兵は、バルブの牡馬を古くから用いてきた。

四肢

四肢は細く、たしかに完全とはいえない。また蹄も狭い馬が多い。しかし、バルブほど丈夫で粗食に耐える馬はいない

バルブ／BARB 45

頭部
アラブとの交配によって頭部は改良されたが、兎頭の馬が多く存在する。この形状は、祖先の遺伝子が発現した結果といえる

鬐甲
鬐甲は適度に明瞭であるが、肩は平らで、このような敏捷性をもつ馬としては驚くほど立っている場合が多い

頭骨
バルブの頭骨は若干素朴で、明らかに幅が狭い

体幹
背は短く非常に堅固で、しばしば目立つ形をした尻に向かってせり上がっている。また、胸は深いのが普通である

毛色
本来、バルブの毛色は鹿毛、黒鹿毛および青毛であったと思われるが、アラブの血が混じったために芦毛の馬が増えた。このバルブは青毛である

北アフリカの騎兵
北アフリカの騎兵は何百年ものあいだ、バルブを戦闘に用いてきた。彼らはスペインに侵攻したが、732年ポアティエにおいてカール・マルテルとその配下のフランク族によって撃退された。

歩様
バルブは短距離を走らせたときに速いことで有名である。この馬は、アラブのような軽やかで浮かんでいるような歩様はみせないが、持久力に富み、健康的でタフである。

体高
バルブの体高は142〜152cmである。

サラブレッド
Thoroughbred

サラブレッドは、世界で最もスピードがあり、最も高価な馬である。この馬をめぐって競馬ならびに生産という巨大な産業が形成されている。この品種は、17世紀および18世紀に英国に輸入されたアラブの種牡馬と在来種の"ランニング・ホース"と呼ばれていた馬とを交配させてつくり出された。

由来

　ヘンリー8世以来つづいた専制のあいだ、王家の馬屋が設けられ、そこでスペインならびにイタリアからの輸入馬をアイリッシュ・ホビー、スコティッシュ・ギャロウェイと交配することで"ランニング・ホース"がつくり出された。これに引きつづき、東洋の馬の血によって能力の強化が行われた。さらにチャールズ2世が1660年に即位し、ニューマーケットを競馬の本拠地として以来、その勢いは加速された。

　この品種には根幹となった3頭の種牡馬が存在している。すなわち、バイアリー・ターク、ダーレー・アラビアン、ゴドルフィン・アラビアンである。

　バイアリー・タークは、ロバート・バイアリーがブダの戦いで手に入れ、1690年のボインの戦いでは、彼が騎乗した。この馬の直系の子孫から、サラブレッドの4大血統を築き上げることになる4頭の馬、すなわちヘロド、エクリプス、マッチェム、そしてヘロドの子であるハイフライヤーが生まれた。

　ダーレー・アラビアンは、1704年にアレッポから連れてこられ、ヨークシャーで繁養されていた。この馬は最初の偉大な競走馬であるフライング・チャイルダーの父であり、エクリプスの系統の一方の始祖でもある。マッチェムの系統には1728年に英国へ連れてこられたゴドルフィン・アラビアンが大きな貢献をしている。

胸
胸が深ければ肺活量は増える。このことは、優秀な競走馬としての必須条件である

前軀
形の良い鬐甲へとつづく長く優雅な頸と、長くなだらかに傾斜した肩がサラブレッドの典型的な体型である

眼
眼は大きく利発そうである

鼻孔
鼻孔は大きい

頭部
　サラブレッドの頭部はすっきりしていて細く、そして非常に美しく、皮膚は下の静脈が透けて見えるくらい薄い。横顔は、祖先であるアラブとはちがって直線的である。眼は大きく利発そうで、鼻孔も大きい。下顎に余分な肉はなく、耳は敏捷でよく動く。

体高
競走用のサラブレッドの平均体高は160〜162cmだが、これよりも高かったり低かったりする馬もしばしば見受けられる。

サラブレッド／THOROUGHBRED　47

イロクォイズ（左図）
この版画は、1881年のエプソム・ダービーの勝馬で、米国生まれのイロクォイズにフレッド・アーチャー騎手がまたがっているところが描かれている。彼は伝説的な騎手で、13歳で騎手になり、13シーズンにわたってチャンピオン・ジョッキーに輝き、通算2748勝した。1886年、29歳のとき、彼はニューマーケットで自殺し、その地に埋葬された。

体幹
体幹の長さはサラブレッドを特徴づける点で、スピードを示している。しかし、背、腰、臀部にも力強さが要求される

被毛
サラブレッドは品の良い体型と被毛を有している。いずれも美しいものだが、特に被毛は薄く、絹のような手ざわりがする

毛色
サラブレッドのおもな毛色には、黒鹿毛、ここに示した鹿毛、栗毛、青毛、芦毛などがある。芦毛は17世紀の馬であるオルコック・アラビアンに由来している

気質
サラブレッドは肉体的にも精神的にも強い忍耐力を有している。非常に勇壮で、他の馬ならあきらめてしまうような場面でも走りつづける。また、非常に興奮しやすく神経質で感受性豊かで気むずかし屋である。

早熟な品種
現代のサラブレッドは若くして成熟に達するように育種されており、馬は2歳で競馬に出走する。この慣習には無理があり、多くの若駒が過労から故障を起こしてしまう。この慣習は、主として経済的理由によりつづけられてきている。

歩様
サラブレッドは歩幅が広く、重心が低く、無駄のない動きを示す。後肢、特に尻から飛節までが長く、襲歩時に後肢が可能なかぎりの推進力を発揮する。

セコンド
セコンドはデボン侯爵によって1732年に生産された。彼は偉大なフライング・チャイルダーと、バイアリー・タークの子のバストを父にもつ無名の牝馬とのあいだに生まれた。この馬は、168ポンド（76kg）もの重さの騎手を乗せて2マイル（3.2km）競走と4マイル（6.4km）競走を走破したのである。
この絵は、ジェームズ・シーモア（1702～1752年）によって描かれたものである。

競馬

現代の競馬は、サラブレッドの出現（p.46〜47参照）に端を発しているが、その形成期にあった17世紀とそれにつづく18世紀のあいだ、イングランドの君主制と歩みを共にしてきたことから"王様のスポーツ"とも呼ばれている。それ以来、英国流の競馬は世界中に継承されてきた。

世界規模の産業

英国は、未だに国際競馬産業の中心的存在であるという姿勢をくずしていないが、21世紀に世界的に最も大きな影響を与えたのはドバイの王族で大富豪のマクトゥーム家による競馬事業である。

マクトゥーム家のゴドルフィン事業は、英国競馬の中心地であるニューマーケットを基盤にしながらも、ドバイには世界最大級の競馬複合施設をつくり、国際的に最も評価の高いレースを開催している。

このスポーツでは、発祥のときから賭け事が中心的要素であったので、一流の競走馬をめぐっては、想像を絶するほど高額での取引が行われている。

クラシック競走

競馬開催国であればどの国でも、多かれ少なかれ英国競馬での基準を踏襲したクラシック競走を開催している。

3歳馬のための英国のクラシック競走には、セントレジャー、2000ギニー、1000ギニー、ダービー、オークスがある。3冠競走は競馬のなかで最も栄誉のあるもので、セントレジャー、2000ギニー、ダービーの3競走を指す。

米国で、英国のクラシック競走に匹敵する競走としては、ケンタッキー・ダービー、プリークネス・ステークス、ベルモント・ステークスおよび米国オークスがあげられる。このうち最初の3つは、米国の3冠競走とされている。

冬期の競馬

冬は伝統的に障害競走（スティープル・チェイシングおよびポイント・ツー・ポイント）の季節だが、発祥の地は英国とアイルランドである。

スティープル・チェイシングはプロによる競走だが、ポイント・ツー・ポイントはアマチュアのために開催される競走で、許可を受けている狩猟家によって競われる。

世界最大のスティープル・チェイシングは、1839年に始まったグランド・ナショナルで、エイントリーで開催される。この障害競走は、4マイル856ヤード（7.22km）のコースを走破する。30基の障害が設けられているが、その一部は着地側に大きな段差がある。

最もよく知られている障害は、"恐怖のビーチャーの川"と呼ばれ、競走中にこの障害を2回飛び越さなければならない。この障害で落馬したマーチン・ビーチャー大佐の名前をとってつけられたが、今もそこで脱落する者が絶えない。

グランド・ナショナルは国際的に最も有名な競馬だが、スティープル・チェイシングの中心はチェルトナム・ナショナル・ハント・フェスティバルで、そこでは最高の栄誉であるゴールド・カップが開催されている。

ヨーロッパで最も厳しいレースは、チェコ共和国のグラン・パルデュビスで、4マイル（6.4km）のコースには自然の地形を生かした飛越のむずかしい障害が多数存在している。

栄誉ある勝利（上図）
　泥まみれになった騎手の姿には、勇敢な馬に乗って大きなレースを制したときの喜びがあふれている。一方、馬は耳をぴんと立て、走り終えた喜びを静かにかみしめているようにみえる。

最高のレース（最上図）
　グランド・ナショナルは世界で最も有名な障害競走で、国家的な行事となっている。第1回目は1839年に開催されロッテリィが優勝した。このエイントリーでの障害競走の最高の騎手はレッド・ラムで、1973年、1974年および1977年の3回のレースで優勝を飾った。

ブルーグラスでの競馬（左図）
　ケンタッキーのブルーグラス・カントリーの中心部にあるキーンランド競技場で行われた初日の最初のレース。この競技場の周辺には、世界でも有数の種馬牧場がいくつもある。

アンダルシアン
Andalucian

現代のさまざまな品種をつくり出すにあたって、最も強い影響を及ぼしたのはアラブであり、その次がバルブである。サラブレッドの歴史がおよそ200年にしかならないことを考えると、競馬における第3の、いわば"影の実力者"の存在が浮かび上がってくる。その馬こそが、何百年ものあいだ、スペイン馬の名で知られてきたアンダルシアンである。

由来

アンダルシアンの飼育の中心は、スペインの、太陽がさんさんと降り注ぐヘレス、コルドバ、セビリアである。これらの地域では、カルトゥジオ修道会の修道士たちが献身的にこの品種を純血のまま保護してきた。しかし、このような古い品種の正確な由来を立証するのはむずかしい。

氷河期以前、現在のジブラルタル海峡は陸続きでスペインと北アフリカはつながっていた。バルブがそこを渡ってスペインにやってきた可能性もある。イベリア半島がイスラム教徒によって占拠されていた時代、すなわち711～1492年のあいだに、そこにいた在来馬としてはソライア・ポニーがあげられる。この馬はバルブと血縁関係のある未改良の馬だった。この在来馬と多頭数持ち込まれたバルブとの交配によって、スペイン馬がつくり出された可能性がかなり高いと考えられる。

頭部
すばらしい頭部はしばしばその横顔が鷹に似ているが、これは多分にバルブ（p.44～45参照）の影響といえる。この容姿は必ず人を魅了する

毛色
普通、毛色は鹿毛およびここに示したような陰影のある芦毛、そして非常に印象的で特徴的な赤みがかった黒などである。昔のスペイン馬には小斑のある馬やぶち毛の馬がいた。米国のアパルーサやピントの毛色は、16世紀にメキシコとペルーを征服したスペイン人によって持ち込まれたスペイン原産の馬から受け継いだものである

カルトゥジオ修道会の影響
17～18世紀にはより大型の馬をつくろうと、重種との異系交配という誤った努力がなされ、アンダルシアンはほぼ消滅しかかった。しかし、ヘレスのカルトゥジオ修道会の修道士は、アンダルシアンを選択的に育種していた。現在、最高とされる血統は、カルトゥジオ修道会の馬に由来している。

騎馬闘牛士
スペインの騎馬闘牛士（p.54参照）が乗る馬であるアンダルシアンに、祭日用の飾りがつけてある。

影響

リピッツァナーは、アンダルシアンの直系の子孫といっても過言ではない。この気高い馬の血を引いているのは、ほかにフリージアン、フレデリクスボルグ、クラドルーバー、コネマラ、クリーブランド・ベイ、ウェルシュ・コブがあげられる。アルテ・レアルとルシターノとは兄弟関係にある。また米国原産の品種は、ほとんどスペイン馬の子孫である。

バビエカ

スペインの国民的英雄であるルイ・ディアス、すなわちエル・シッド（1040～1099年）が20年にわたって愛用したバビエカは、40歳まで生き、カルデナの聖ペドロ修道院に埋葬された。その栄誉をたたえていまも記念碑が立っている。

後軀
後軀の力強さと後肢の関節との調和がとれていることから、アンダルシアンは、特に高等馬術に適しているということができる

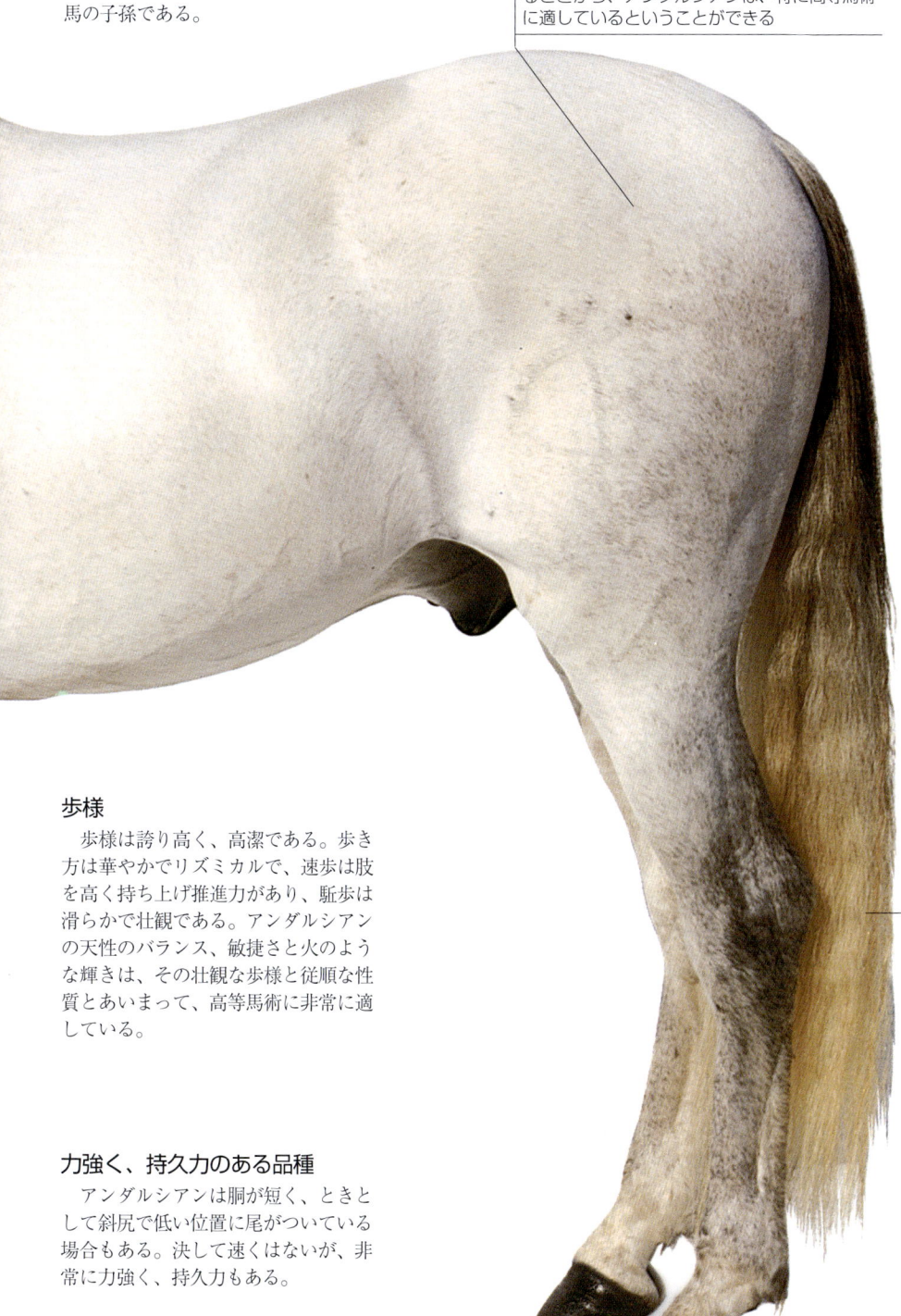

ソライア・ポニー

ヨーロッパで最初に馬の家畜化が起こったのはイベリア半島であった。古代の馬の原始的な特徴は、ソライア・ポニーやそれよりは改良の進んだポルトガル原産のガラノに認められる。ソライア・ポニーは、おそらくモウコノウマならびにタルパンの末裔であり、特に後者に非常によく似ている。

このポニーの体高は120～130cmで、容姿は魅力的である。頭部は大きく、典型的な未改良馬の特徴である凸状の横顔をしており、肩はまっすぐで尾は低い位置にある。毛色は芦毛、黒斑のある河原毛である。特に河原毛の場合には背中に鰻線があり、また原始的な馬の特徴であるシマウマのような横じまが肢に生じる。

大昔の祖先と同様、ソライア・ポニーも信じられないほどタフで頑健であり、寒さにも暑さにも強く、やせた土壌の草でも丈夫に育つ。

歩様

歩様は誇り高く、高潔である。歩き方は華やかでリズミカルで、速歩は肢を高く持ち上げ推進力があり、駈歩は滑らかで壮観である。アンダルシアンの天性のバランス、敏捷さと火のような輝きは、その壮観な歩様と従順な性質とあいまって、高等馬術に非常に適している。

力強く、持久力のある品種

アンダルシアンは胴が短く、ときとして斜尻で低い位置に尾がついている場合もある。決して速くはないが、非常に力強く、持久力もある。

尾
アンダルシアンの特徴のひとつとして、長く、豊かでウェーブのかかっている尾とたてがみがあげられる。これにより生来の容姿が強調される

体高
一般的にアンダルシアンの体高は152cmとされる。

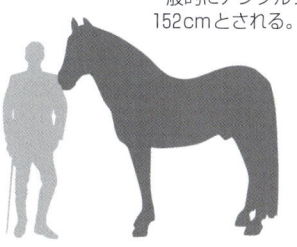

ルシターノ
Lusitano

ルシターノは、イベリア地方の馬のポルトガル・バージョンといえる。イベリア地方原産の品種には少しずつちがいがみられるが、これは品種改良の際の考え方のちがいに起因するものと考えられる。とはいえこの品種は、見た目も性質もイベリアの馬である。ルシターノは、野生の黒牛を集める牧童（カンピーノ）がまたがる馬として、また闘牛で牛と闘い威圧する闘牛士（カヴァレイロ）が乗る馬としても有名である（p.54～55参照）。

歴史と気質

正確な起源や歴史にはいくつか不明な点があるものの、ルシターノは何世紀ものあいだ、そのときどきの利用目的に合わせて、ポルトガルで改良されてきた品種である。ただし、ルシターノ（古代ラテン語のポルトガルを意味するルシタニアに由来する）という品種名が公式に認められたのは1966年にすぎない。

ルシターノは、この国で軽い農作業、普段の乗馬、人目をひく鞍用馬など、さまざまな用途に用いられてきた。またポルトガルの騎兵隊の馬としても利用された。しかし何よりも、ポルトガルの闘牛において闘牛士が乗る、よく調教されたきわめて勇敢な馬として有名である。

しかしポルトガルでは、スペインの闘牛のように牛を死にいたらしめることはなく、また馬にけがを負わせることは不名誉なこととされている。

このきわめて危険な"スポーツの形式"は、18世紀にポルトガルの偉大な指導者で才人でもあったマルキ・ド・マリアルバ（1713～1799年）によって整えられた。

頸部
頸は短く、太くて筋肉質である。肩と完全に一体化している

肩
肩はきわめて力強く、この賢い馬のはつらつとした動きをきわだたせている

四肢
前肢は筋肉に富み、全体のプロポーションからすれば長めだが、動きの美しさを損なうことはない

体高
ルシターノの体高は150～160cmである。

後姿
たっぷりとしたウエーブのかかった尾が、後軀のわずかに下側に付着している点は、イベリア地方原産の馬の特徴である。後軀と大腿部は力強く注目に値する。

ルシターノ／LUSITANO 53

胸部
胸の深さは十分とは言いがたい。しかしこの馬の敏捷性には見合っている

性質
この馬には生まれもった積極性があり、穏やかだが反応性は高い。賢く、驚くほど勇気があり、きわめて敏捷性に富む。

毛色
芦毛と鹿毛が最も一般的な毛色で、栗毛は存在しない。これはアラブとの異系交配を示唆する。河原毛はあまり多くなく、非常に印象的な赤みがかった黒の毛色が出現することがある

頭部
頭部は小さく洗練されており、よく目立つ耳と小さめの口吻を有する。横顔は直線的か、鼻梁にかけてややふくらみを認める。

体幹
背は短く、腰にかけて力強さが感じられる。この後軀の力強さは賞賛に値する

馬術競技
ルシターノは、闘牛場で馬場馬術で求められるすべての動きをこなすが、馬場馬術の競技馬としての評価はあまり高くない。徐々に受け入れられつつあるとはいえ、そのすばらしい動きも、馬場馬術競技用馬として育種されたヨーロッパの中間種の力強い動きの後塵を拝している。

イスパノ・アラブ
この品種は、スペイン馬とアラブもしくはアングロ・アラブとを慎重にかけ合わせてつくり出された洗練された元気の良い乗用馬である。アラブの面影が特に頭部などに強くうかがえるが、スペイン馬の力強い背と後軀も受け継いでいる。

闘牛

闘牛は人を感情的にさせる面があり、誤解を招くことが多い。闘牛は、人間と荒々しい黒毛の牡牛とのあいだで繰り広げられる、いわば本能に根ざした競技である。闘牛士は馬に乗っている場合もあれば、自らの足で立っている場合もある。いずれにしてもスペインとポルトガルに深く根づいている、古くからの伝統行事のひとつである。ただし、この2つの国の闘牛には重要なちがいがあることを知っておく必要がある。

スペインの闘牛

古代ギリシャと古代ローマの円形競技場では、馬に乗った人間が牡牛と闘った。スペインで最初に牡牛と闘ったのはジュリアス・シーザーであったと言われている。

誇り高きスペインの騎馬闘牛士（レホネアドール）は、高等馬術の最高レベルにまで調教されたアンダルシアンに騎乗する。騎馬闘牛士は、そうした優れた馬に乗り、レジョンという短い鉄の刃のついた槍を牡牛の頸に突き刺していく。レジョンにつづいて、バンデリラという、槍よりは短い銛を打ち込む。最後に"死のレジョン"と呼ばれる長い剣で牡牛を死にいたらしめると、感動の極地である"真実の瞬間"に達する。

スペインの闘牛では、騎馬闘牛士入場前に、槍をもった槍方がキルトの覆いで守られた馬に乗って登場する。槍方は、先に牡牛を弱らせて、騎馬闘牛士の入場に備えるのである。

騎馬闘牛士はスペイン闘牛の評価を高めている特徴のひとつといえる。しかし、体に密着した"光の衣装"と呼ばれる闘牛士服に身を包んで地面に立ち、牡牛に闘いを挑んで死にいたらしめるのは、マタドールと呼ばれる闘牛士である。マタドールこそが闘牛場の英雄でありスターなのである。

ポルトガルの闘牛

ポルトガルの闘牛場では牛を死にいたらしめることがないため、槍方もマタドールも存在せず、"真実の瞬間"もない。よって、馬がけがをするのはもちろんのこと、突っかけられただけでも不名誉なことと考えられている。

飾り気がなく機能的な服装をしたスペインの騎馬闘牛士とちがい、ポルトガルの騎馬闘牛士（カヴァレイロ）は、多くはルシターノに騎乗し、ビロード、レース、金モールで飾られた18世紀のコスチュームを華やかに身にまとい、豪奢な三角帽子をかぶって登場する。カヴァレイロとその誇り高き馬は、まさに馬術の頂点ともいうべき技を披露し、その美しさ、芸術性、勇敢さで観客を陶酔させる。

死と隣り合わせという緊迫感のために、興奮が最高潮に達した局面で、馬が命をも失いかねない速さで牛の横をかすめるときにも、完璧なバランスが維持されている。

これらすべては、ポルトガルの古典的な闘牛の第一人者だったマルキ・ド・マリアルバ4世（1713～1799年）によって定められた規則にのっとった儀式として行われる。ここの闘牛は、彼の名にちなみ、"マリアルバの芸術"として知られている。

共通の土壌

スペインとポルトガルに共通しているのは牛と闘うという点である。そこで発達した馬術は、同じくらい古くからあるヨーロッパ諸国の実践的な馬術や、古典馬術を教える乗馬学校に影響を与えてきたばかりでなく、もっと歴史の古い乗馬学校にも影響を与えた（p.96～97参照）。

クライマックス（上図）
　ポルトガルの騎馬闘牛士が、ぎりぎりまで牛に近づいて回り込み、片手で馬を制御しながら銛を打ち込む。この場面は、有名で迫力に満ちたスペイン闘牛の"真実の瞬間"に最も近いものである。

スペインの騎馬闘牛士（最上図）
　騎馬闘牛士は、スペインの馬乗りたちが使う、地味な伝統的な服装を身につけて牛に突進する。馬はバネのように張りつめているが、恐るべき猛襲を予測しながらも平静さを保っている。

最後の銛（左図）
　ポルトガルの騎馬闘牛士が、牛が全速力で自分に向かって突進してくるときに、最後の銛を正確に打ち込むために狙いを定めている。人間の服装も馬の装飾も、いずれも注目に値する。

アルテ・レアル
Alter Real

アルテは、ポルトガルのアルテ・ド・シャンという町の名前に由来するもので、1748年にこの町にあった王立牧場（レアルと呼ばれる）で最初に誕生した。この牧場は、馬車用の馬以外にも、高等馬術用の乗馬と闘牛用の馬を王室の厩舎に提供していた。

悲惨な異系交配

ポルトガルの激動の歴史のなかで、アルテ・レアルが思慮を欠いた異系交配の実験の犠牲になったのは一回だけではなかった。みじめな結果を招いたアラブの大規模な導入のほか、ハノーバー、ノルマン、英国原産馬などとの交配が重ねられた。

このアルテ・レアルを救ったのは、19世紀後半以降に行われた純血のアンダルシアン（p.50〜51参照）の導入であった。特に、有名なザパテロの系統から複数の牝馬の導入に成功し、20世紀初頭に2頭の卓越した種牡馬を用いた系統交配が行われたことと相まって、非常に印象的な現代のアルテ・レアルの誕生にいたった。この馬は、18世紀当時のアルテ・レアルに大変よく似ているとされている。

特徴的な外観

この品種が、他のイベリア地方原産馬と明らかに異なる点として、特に背の形状ならびに繋、管、前膊の長さの比率、胸部がなみはずれて広くて深いことなどがあげられる。アルテ・レアル特有の大きな動作や膝の曲げ方は、このような体型的特徴によるもので、いずれも古典的なバロック様式の馬術にはうってつけの体型といえる。

アルテ・レアルは体型と機能が高等馬術に適しており、ポルトガル乗馬学校では好んで用いられている。

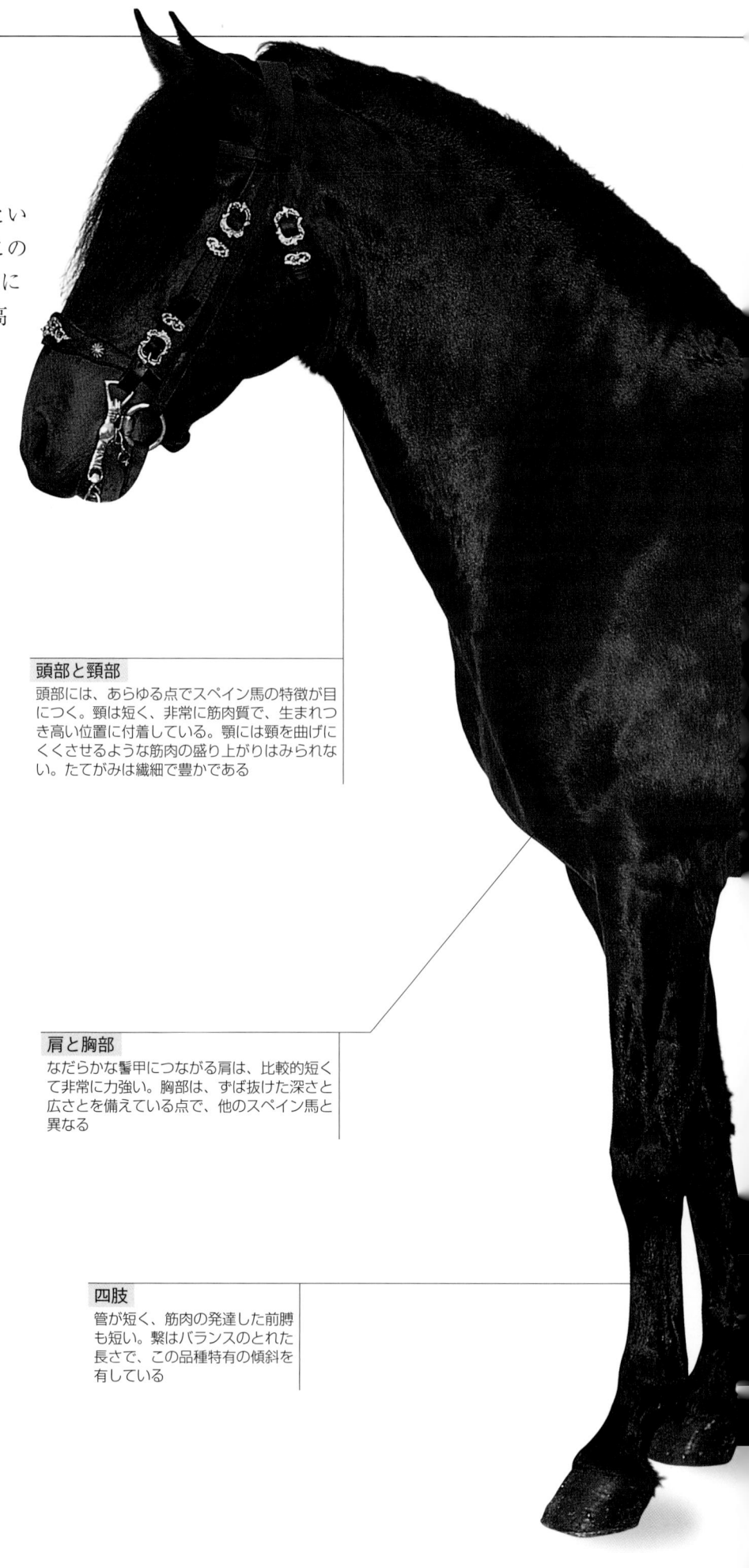

頭部と頸部
頭部には、あらゆる点でスペイン馬の特徴が目につく。頸は短く、非常に筋肉質で、生まれつき高い位置に付着している。顎には頸を曲げにくくさせるような筋肉の盛り上がりはみられない。たてがみは繊細で豊かである

肩と胸部
なだらかな鬐甲につながる肩は、比較的短くて非常に力強い。胸部は、ずば抜けた深さと広さとを備えている点で、他のスペイン馬と異なる

四肢
管が短く、筋肉の発達した前膊も短い。繋はバランスのとれた長さで、この品種特有の傾斜を有している

アルテ・レアル／ALTER REAL 57

背
低い位置にある尾と特徴的な傾斜を示す尻を含むトップラインは、アルテ・レアルに特有のものである。特に腰部は力強い

後軀
腰は幅広く、後軀全体に十分な筋肉がついていて力強い。脛部の発達はきわだっている

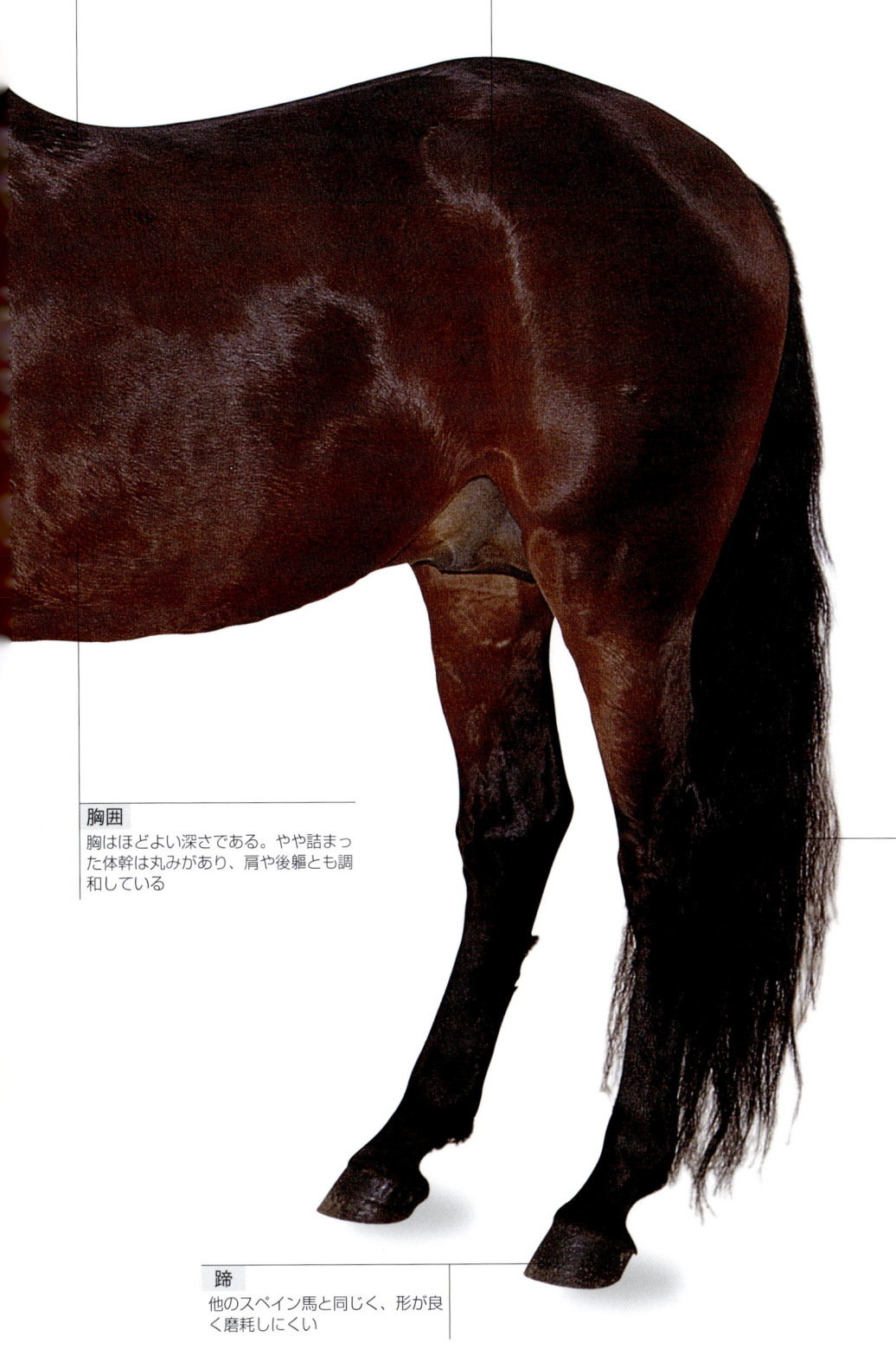

胸囲
胸はほどよい深さである。やや詰まった体幹は丸みがあり、肩や後軀とも調和している

蹄
他のスペイン馬と同じく、形が良く磨耗しにくい

飛節
馬が高等馬術の高度な運動の厳しさに耐えるには、飛節は丈夫で無駄がなくすっきりとしており、できるだけ大きく曲がる形状を有している必要がある

優雅な馬車
　アルテ・レアルは、18世紀にアルテ・ド・シャンにある王室のヴィラ・デ・ポルテル牧場で誕生した品種で、乗馬に使われたり闘牛場でマリアルバ馬術を披露したりするだけでなく、荘重で品格のある馬車用馬としての需要も高かった。アルテ・レアルは強さ、バランス、高貴さを兼ね備えているため、どの目的にも適している。

体高
アルテ・レアルの体高は150〜160cmである。

アングロ・アラブ
Anglo-Arab

アングロ・アラブは英国原産だが、他の国々、特にフランスで生産されてきた。フランスでは150年にもわたって専門的なオールラウンド・ホースの生産に多大な努力が払われてきた。英国、フランス両国では、この品種は複数の品種を合成してつくられた馬と考えられている。この品種のスタンダードは未だに規定されていない。

由来

英国では、アングロ・アラブはサラブレッドの種牡馬とアラブの牝馬、その逆の交配、およびそれらの産駒との交配によって生産されるものとしている。血統にはこれらの2品種しか出現しない。

フランスではさまざまな組み合わせが許されており、血統書に載せるには、アラブの血が最低25％入っており、祖先はアラブ、サラブレッドあるいはアングロ・アラブでなくてはならない。かつてアングロ・アラブの繁養されていた地域には多くの東洋の血を引いた在来馬が飼われていた。

理想的には、アングロ・アラブはアラブとサラブレッドの最良の部分の組み合わせでなければならない。アラブから丈夫さ、忍耐力、持久力を、サラブレッドからは体型とスピードを受け継ぎ、サラブレッドの興奮しやすい気質は受け継いではいけない。

フランスにおけるアングロ・アラブの生産

フランスの中心的な生産施設としてポー（上図）、ポンパドゥール、タルブ、ゲローがあげられる。フランスではアングロ・アラブの系統だった育種は、1836年、E.ガヨーがポンパドゥールの知事だった時代に始まった。根幹となったのは2頭のアラブの種牝馬、マッスーとアスラン（トルコ馬）ならびに3頭のサラブレッドの牝馬、デール、コモン・メール、セリム・メールであった。

鬐甲
アングロ・アラブの鬐甲はアラブの鬐甲よりも突出しており、アラブよりも長くて形の良い頸を有している

体の大きさに対する交配の影響

英国では一般的にアラブの種牡馬とサラブレッドの牝馬が交配されるが、この場合には子が両親のいずれかよりも大きくなることが多い。サラブレッドの種牡馬とアラブの牝馬を交配させると、純粋なアラブよりも価値の低い小型の馬が生まれてしまうと考えられている。

たてがみ
たてがみは尾や被毛と同様に美しく、絹のような手ざわりである

頭部

頭部はアラブよりもサラブレッドに近い。横顔は直線的で、耳はよく動き、眼は表情が豊かである。規定された基準はないが、アングロ・アラブは全体的な外観がアラブよりもサラブレッドに似る傾向がある。フランス南西部で生産されるアングロ・アラブは、より軽くて、この品種だけが出走する競馬に使われる。

アングロ・アラブ／ANGLO-ARAB　59

丈夫な馬
ポンパドゥールのアングロ・アラブは、より大きく筋肉質で、優れた障害飛越競技馬として特に有名である。競馬、障害飛越、クロスカントリー、馬場馬術などの競技に出場できるタフで優秀な乗用馬を生産することが目的とされている。

体幹
アングロ・アラブの背は通常短く、胸は深く、肩は非常に傾斜しており、力強い

後軀
臀部は長く、水平になる傾向がある。体型は体重と調和しており、サラブレッドよりがっしりしている

ブライトンの道で馬車を駈るジョージ4世
この銅版画には、ジョージ4世が彼の所有していた優雅な馬車「Q夫人」でブライトンへの道を行く様子が描かれている（1800年制作）。馬車を引いている2頭の馬は、おそらくサラブレッドである。当時は、この馬は東洋の影響を著しく誇張したスタイルで描かれていた。

毛色
この優雅な乗用馬の毛色は変異に富む。この写真に示したような栗毛と鹿毛が一般的だが、黒鹿毛の馬もいる

歩様
アングロ・アラブのスピードはサラブレッド（p.46〜47参照）には及ばない。しかし、優秀な馬は非常に敏捷で活動的であり、歩様の正確さはきわだっている。

四肢
四肢は丈夫で、総じてすばらしい。骨の軽さは、その密度と質の良さで補われている

体高
アングロ・アラブの体高は160〜163cmである。

シャギア・アラブ
Shagya Arab

オーストリア・ハンガリー帝国は、20世紀初頭に崩壊するまでは広大な領土を有し、ヨーロッパにおける馬生産のリーダーであった。19世紀の終わりには、この国には200万頭以上の馬と、世界で最もすばらしい牧場がいくつもあった。ハンガリーの最も古い牧場であるメツェヘギーは1785年に設立され、1789年にはバボルナの牧場が開設された。ハンガリーはその華麗なアラブで有名であり、バボルナはアラブの繁殖の中心となった。

由来

1816年以降、バボルナの牧場は純粋な"砂漠の"アラブとアラブ・レイスと呼ばれる交雑種の生産を集中的に行っていた。

アラブ・レイスは純粋アラブの種牡馬を、非常に東洋的な容姿をしたスペイン、ハンガリー系統の馬およびサラブレッドの牝馬に交配してつくられたものである。こういった方法により、最終的に現在ハンガリーならびに中央・東ヨーロッパでも飼育されているシャギア・アラブができあがった。

この品種はケヒル／シグラビの系統の馬で、1830年にシリアで生まれ1836年にバボルナに輸入されたアラブの種牡馬シャギアを基礎にしてつくり出された。この馬はクリーム色の毛色の馬で、152.5cmとアラブにしては大型だった。この馬は、後に名声を得た多くの馬の父であり、その直系の子孫はバボルナのほか、ヨーロッパ各地の牧場に繋養されている。

シャギア・アラブにはアラブの馬の特徴が諸処に認められる。たとえば近年の"直線的な"エジプト・タイプよりは骨量が豊かで充実した体型をしている。この馬は乗用にも鞍用にも適した実用的な馬である。

毛色
よくみられる毛色はここで示した芦毛だが、アラブのもつすべての毛色が生じる可能性がある。第二次世界大戦後、バボルナで繋養されていた2頭の種牡馬、"ハンガリーの黒い真珠"と呼ばれたオー・バジャン8世とその子は、いずれもアラブでは最もまれな青毛であった

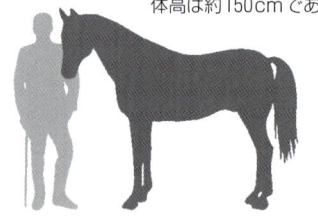

四肢
アラブは後肢が貧弱であるというまちがった評価が広く行きわたってしまった。しかしシャギア・アラブの後肢は非の打ちどころがなく、この点については批判のしようがない

烙印
ヨーロッパでは臀部あるいは肩に烙印を押す習慣がある。これは血統と、その馬の出身牧場を示すために行われる。

体高
体高は約150cmである。

シャギア・アラブ／SHAGYA ARAB

アウトライン
シャギア・アラブのアウトラインは、純粋アラブときわめてよく似ており、忘れようがない。しかし、一般的にシャギア・アラブはアラブよりも大型で、がっしりしている

頭部
根幹馬である種牡馬のシャギアは、その頭部の美しさで特筆されたが、その子孫はこの偉大な長所を受け継いでいる。横顔は明らかにくぼんでおり、鼻口部は尖って小さく、皮膚は特に美しい。一方、非常に大きな眼も卓越した部分といえる

体幹
シャギア・アラブは純粋アラブと同様、他の馬の背椎が、胸部・背部18個、腰部6個、そして尾部18個なのに対して、それぞれ17個、5個と、16個の背椎をもっている。高い位置にある尾と、特色のある背中のラインは多分にこの影響によるものである

肩
乗用馬として品種改良された結果、シャギア・アラブの肩は傾斜したものとなったが、そのため自由な動きと、歩幅の広い動きが可能となった。鬐甲はどちらかというとアラブ系統の馬と比較して突き出ている

管囲
実用的な乗用馬であるシャギア・アラブでは、管囲が7.5インチ（19cm）よりも細いことはまれである

歩様
シャギア・アラブの歩様は、他のアラブ系統の品種と同様、独特である。自在で柔軟性に富み、まるでバネの上を跳ねているようである。

蹄
シャギア・アラブの蹄は、大部分のアラブと同じく、形も大きさもほぼ完璧に近く、またそうでなければならない

自然放牧
シャギア・アラブの故郷であるバボルナの牧場では、慣習的に牝馬の小群にしばしば種牡馬を加え、1年の大部分を放牧で飼養する。もちろん監視は怠らない。

ベルギー温血種
Belgian Warmblood

ベルギーは、伝統的にブラバント（ベルギー重輓馬，p.208～209参照）のように体の大きい重量馬をもっぱら育種してきた。しかし最近は、競技用乗馬への需要の高まりに応じ、他のヨーロッパ諸国の競技馬を手本とした中間種の生産に重点が置かれるようになってきた。現在では、このベルギー温血種の年間の出生頭数は平均4500頭を上回っている。ベルギーの馬産は、わずかな期間でかなりの成功を収めたといえよう。

目標を定めた品種改良

この品種の基礎は、1950年代に重量感のある乗用馬をつくり出すために、ベルギーの農用馬のなかで比較的体重の軽い馬をヘルデラント（p.112～113参照）と交配させることによって築かれた。このときつくられた馬は、どっしりとした信頼感のある馬だったが、これといって優れた才能や運動能力を持ち合わせてはいなかった。

その後、ヘルデラントに代えてホルスタイン（p.82～83参照）の種牡馬や、運動能力のより優れたセル・フランセ（p.72～73参照）が交配に使われるようになったが、どちらもサラブレッドの影響を色濃く有した、著しく動きの良い品種といえる。最良の競技馬をつくり出すために、最終的には純血のサラブレッドが導入された（p.46～47参照）。

その後、好ましい性質を固定するために、アングロ・アラブ（p.58～59参照）とオランダ温血種（p.68～69参照）との交配も行われた。その結果、体高が約162cmで、力強く、まっすぐな歩様の馬が誕生した。この馬は優れた四肢、健康な蹄、トップクラスの競技用馬に不可欠な穏やかな気質に加え、敏捷性を兼ね備えている。

新たに中間種の仲間入りをしたベルギー温血種は、事実上、馬場馬術競技馬および障害飛越競技馬を目標に作出された品種とすることができる。サラブレッドに比べて短いストライドと高い歩様は、腰から生み出される力とともに、いずれの競技においても有利といえよう。

頸部と頭部
頸は比較的短い。スピードは出せないが、力強いので馬場馬術競技や障害飛越競技に適している。頭部は地味だが職人的で、知性を感じさせる

肩
両肩の位置は短めの頸に調和し、スピードよりも力を出しやすい構造になっている。胸部は大きく広く深く、両前肢間に幅を与えている

四肢
丈夫で短い四肢は、形の良い関節と量感のある骨を備えており、蹄とともにベルギー温血種の特徴のひとつとなっている。蹄は広く、傾きがあり、大きさが揃っている

ベルギー温血種／BELGIAN WARMBLOOD

遺伝的交雑
ベルギー温血種は、原産国のベルギーではいたる所で飼育されているが、特に昔からの馬産地として知られるブラバントに多くみられる。異系交配には近縁の品種が巧みに利用されてきたが、他の中間種と同様、サラブレッドの遺伝的影響が不可欠な要素といえる。

後躯
腰幅があり、後躯は力強い。強い筋肉が脛部に向かって走行しており、腰部の強さはきわだっている

尾
後躯の傾斜は魅力的で、尾は高い位置にしっかり付着している

記録
ベルギー温血種は、国際的な障害飛越競技会で驚異的な成績をあげているが、こうした栄光は比較的短期間で成し遂げられるようになった。現在のベルギー温血種は、ずば抜けた運動能力を有している。また気性が安定している点は、大きな大会でみられがちな興奮の渦のなかでも非常に有利となる。気質の安定化は、調教プログラムにも組み込まれている。

大腿
非常に力強くて短い脛は、総じて後肢の評価を高め、強さを印象づけている

体幹
十分な丸みをもち、胸には適度な深さがある。鬐甲は、写真の馬よりはっきりしていることもあるが、おおむね小さい

後肢
四肢はコンパクトな体幹にぴったり収まっている。写真の馬の飛節は、すっきりしているとは言いがたい

体高
ベルギー温血種の体高は約162cmである。

ウェルシュ混血種
Welsh Part-Bred

ウェルシュ混血種は、大部分のヨーロッパの中間種よりも古くから存在していた。しかし、競技馬として見直され、限られた範囲とはいえ積極的に起用されるようになったのはつい最近のことである。

頑健な体

ウェルシュ混血種が、これまでヨーロッパ大陸の中間種として影が薄かった理由として、英国の競技馬繁殖業界の沈滞、改良目標の欠如、政府からの支援不足をあげることができる。

とはいえ、この馬は非常に優れた競技馬で、多様な能力を有し、非常に活動的で、生まれつき頑健であるばかりか、勇敢でもある。

ウェールズの馬は、何世紀にもわたって、品種改良の際に導入する頼りになる馬として利用されてきた。そして子孫にはポニーとしての力強い体型と聡明さとを伝えてきた。

ライディング・ポニー（p.236～237参照）は、サラブレッドの作出以降、「馬の歴史上で最も注目すべき選択的交配の偉業」として広く知られている。

望ましい交配

競技馬として生産する場合、サラブレッドとウェルシュ・コブ（p.224～225参照）を交配するが、その産駒にもう一度サラブレッドを交配することによって、スピードと臨機応変な動きをもたらすことができる。

サラブレッドの特徴を表に出させたい場合は、通常、コブの牝馬にサラブレッドの種牡馬を交配する。逆の組み合わせの場合でも、その産駒にさらにサラブレッドを交配すれば、優れた子馬を生ませることができる。

頸部
頸は、体に合った手綱の長さより長めのほうが好ましい

頭部
頭部は良い形をしており、大きくて表情豊かな眼をもち、知性的で、上品さを備えている

肩
強靭な肩は、はっきりとした鬐甲から模範的な前膊まで、適度な傾斜を示している

勇敢な競技馬
このウェルシュ混血種は、サラブレッドを2回交配して生まれた馬で、バドミントンの競技会（p.66～67参照）をはじめ、数々の国際大会で優勝した。生まれつき健康で、スピードと力強さを併せ持っているため、豪快で勇敢なジャンプをみせる。一方で、本来ポニーの有する"自己防衛の感覚"も持ち合わせている。

ウェルシュ混血種／WELSH PART-BRED 65

背
この馬の背はほどよい長さである。尻にかけて滑らかなラインをつくり、腰の上部は力強い。魅力的なトップラインは、この背の形状によるところが大きい

後軀
後軀全体のラインは美しく、寛骨から飛節までの長さも適切で、腰幅も広い。こうした体型は、後肢を最大限に働かせることができることを意味する

体調の維持
写真の馬は、サラブレッドの種牡馬とウェルシュ・コブの母馬から生まれた馬である。母馬からはパロミノの毛色を受け継いでいる。ギャロップには向かないが、障害飛越競技や馬場馬術競技にはぴったりのプロポーションをしている。実際、この馬は格の高い馬術競技大会で活躍してきた。古馬だがすばらしいコンディションを保っており、四肢はすっきりとしていて丈夫である。

尾
尾は後軀のちょうど良い位置にあり、長さもほどよく、後ろに垂れ下がるということはない

大腿部と飛節
下腿部は筋肉質で、長さも適当である。飛節はすっきりとしていて鮮明で、ぶよぶよした感じはまったくない

体幹
小型で全体の均整がとれており、胸も十分に深い。肋骨の張りは特に良い

四肢
四肢は形が良く、筋肉質である。関節はどれも申し分ない

蹄
ウェールズの馬は、丈夫で形の良い蹄を必ず子孫に伝える

多才な馬
サラブレッドとウェルシュ・コブとの交配で生まれた馬はきわめて丈夫で、病気とは無縁であり、頑強で、長生きである。ウェルシュ・コブの障害飛越能力と歩様の確かさを受け継いでおり、勇敢にクロスカントリーをこなす一方で、聡明さも備えている。

体高
ウェルシュ混血種の体高は152〜161cmである。

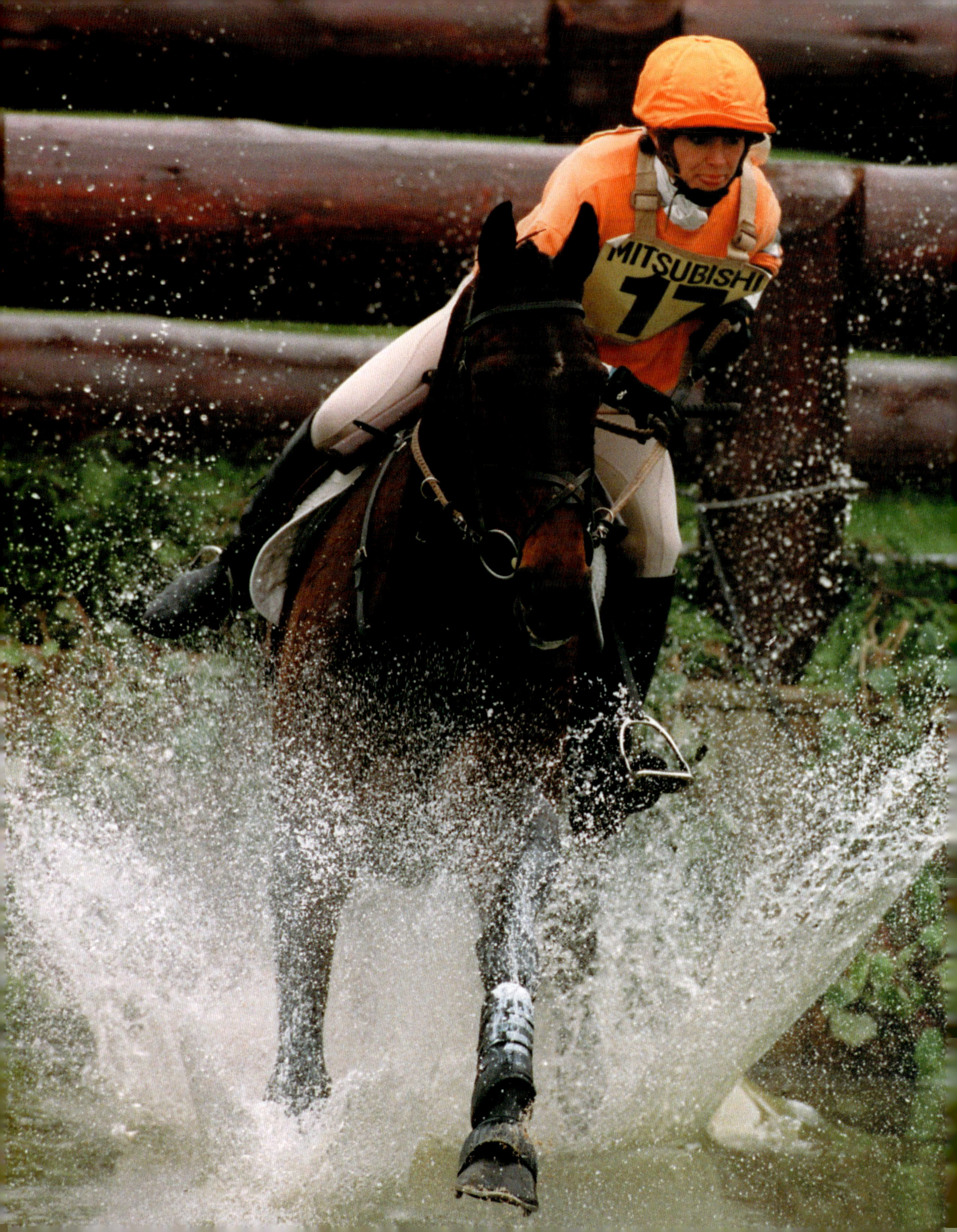
MITSUBISHI
17

総合馬術競技

総合馬術競技は最も馬術の鍛錬を要する競技で、フランスではこの競技をコンコース・コンプリート（完璧さを競うもの）と表現する。この言葉は、馬と騎手双方のきわめて多面的な技量が試されると考えられる総合馬術競技を的確に表現している。この競技は、多くの馬術競技と同じように、19世紀の軍事教練から始まった。

3種類の競技

総合馬術競技に一般市民が参加するようになったのは、第二次世界大戦以降のことである。この競技はめざましいスピードで発展し、多くの女性馬術家をとりこにした。英国からの参加者が最も多く、うらやましいほどのチーム成績を残している。

近年は、オーストラリアならびにニュージーランドが団体でも個人でもきわだった成績を収めているが、馬に関しては依然として英国とアイルランドの影響が強く残っている。

総合馬術では3種類の競技が3日間にわたって開催される（そのため、3日競技ともいわれる）。

すなわち、馬の素直さと従順性が披露される「馬場馬術」の部、運動性、勇気、スタミナを測るためにつくられた固定障害のある「クロスカントリー（スピードと耐久力）」の部、クロスカントリーという激しい競技後も馬が"余力"を残していることを確認する「障害飛越」の部の3種類である。

3種類の競技は、馬場馬術3、クロスカントリー12、障害飛越1の割合で評価される。しかし、この比率については、常に見直しが行われている。

競技馬は実績に応じてグレード分けされる。初心者向きの1日競技クラスから3日をかけて行う選手権クラスにいたるまで、注意深く分類されている。

総合馬術競技の世界選手権は、オリンピックの年を除いて毎年開催されている。

バドミントン

総合馬術競技が最も大きく発展するきっかけとなったのは、ビューフォート公爵のバドミントン領で1949年に初めて開催されたバドミントン総合馬術競技大会だった。バドミントンは、現在でも各国で行われる総合馬術競技会のなかでも傑出した存在で、そのほかの国際的な総合馬術競技会の標準とされている。

バドミントンでは、耐久力の部で約16マイル（25.6km）のコースを1時間半で走破する。最初のロード・アンド・トラックは3.5マイル（5.6km）、2番目は6マイル（9.6km）である。2回のロード・アンド・トラックのあいだに2マイル（3.2km）を超すスティープル・チェイスを走るが、4分30秒という時間制限があるため、このコースでは平均時速25マイル（時速40km）を必要とする。10分間の強制的な休息をとったあと、参加者は4.5マイル（7.2km）のクロスカントリー・コースに挑むが、そこは変化に富んだ地形で32個以上の障害が置かれている。多くの障害がコンビネーション障害なので、実際には馬は32回よりも多くの回数を飛越することになる。

安全性

馬術競技団体は常に安全性に配慮してきたが、1999年に一連の死亡事故が起こったことで、これまで以上に"馬にやさしい"コースにすることを重視せざるを得なくなっている。

ロード・アンド・トラック（上図）

このコースで求められるのは9マイル（14.4km）を走破することのみだが、時間制限が設けられている。2回のロード・アンド・トラックのあいだには、2マイル（3.2km）を超すスティープル・チェイスを走行する。ロード・アンド・トラックとスティープル・チェイスの後には、この総合馬術競技の中心となる4.5マイル（7.2km）のクロスカントリーが行われる。

強制的な休息（最上図）

2番目のロード・アンド・トラックの後、10分間の強制的な休息時間が設けられており、バックアップチームによって過酷なクロスカントリーに備える。

水壕障害（左図）

水壕はすべてのコースに設けられている。水壕が設けられた障害は常に壮観な見せ場となっていて、その飛越には馬と騎手双方の高度な技術と勇敢さが要求される。

オランダ温血種
Dutch Warmblood

ヨーロッパの中間種のなかで、オランダ温血種ほど巧みに喧伝されてきた馬はいない。また、その作出にあたっても巧みな方法が駆使された。何頭かの優れた競技馬、たとえば障害飛越競技馬のカリュプソーや、非凡な能力をもったミルトンの父である不朽の名馬マリウスなどがこの品種から生まれた。また、ダッチ・カレッジのような馬場馬術競技馬も含まれる。

由来

オランダ温血種はオランダ原産の2品種、すなわちヘルデルラント（p.112～113参照）とそれよりも重いダッチ・フローニンゲンを基礎としている。サラブレッドの血を導入して洗練し、さらにフランスとドイツ原産の中間種とを交配した。ヘルデルラントは、人々の要求に敏感なヘルデル地方のブリーダーによって、19世紀に作出された品種である。

より大型のダッチ・フローニンゲンは、フリージアンおよびオルデンブルグからつくられた。この品種は後軀は力強いが、前軀はヘルデルラントほど良くはない。この2品種を交配し、その産駒を異系交配して、競技用馬の基礎となる馬をつくり出した。

鞍用馬特有の歩様と牽引に都合が良かった長い背は、サラブレッドの血を導入することによって消失した。また、気質上の問題点は近縁の中間種と交配することで矯正された。

ダッチ・カレッジ

オランダ温血種を有名にした功労者の1人として、英国の馬術家ジェニー・ロリストンクラークがあげられる。彼女はダッチ・カレッジとともに優れた成績を収めた。この写真のような長手綱での演技ならびに騎乗しての演技により、この品種の英国での評価が高まった。

活動的な馬（上図）

オランダのブリーダーは、人々の要求に合った馬をつくるのが上手だった。この上品で典型的な19世紀の馬車を引いているのは、驚くほど活動的な小型の馬である。

後軀

昔のフローニンゲン農用馬が荷を牽引するために必要だった力強い後軀は、サラブレッドを長期にわたって交配したことによって洗練されたものとなった

毛色

どんな毛色でも許されるが、ここで示した鹿毛、ならびに黒鹿毛がおそらく最も一般的な毛色といえよう（一時ヘルデルラントには、白と茶のぶち毛の系統が出現したが、オランダ温血種には出現しなかった）

能力

オランダ温血種は、すでに障害飛越競技ならびに馬場馬術競技に優れた能力をもっていることが証明されている。しかし、他の多くの中間種と同様、クロスカントリー用にはあまり向いていない。一部その血が入っているヘルデルラントは、国際大会でも注目されるすばらしい馬車競技用の品種である。

四肢

オランダのブリーダーは、形の良い頑丈な四肢および蹄をもち、骨格がしっかりし、充実した馬の作出に成功した。短い管骨はきわだった特徴である

オランダ温血種／DUTCH WARMBLOOD

頸部
現在のオランダ温血種は、乗用馬に典型的な頭部を有しているが、この点は軽い輓用馬とは明らかに異なっている

背
オランダの在来種で馬車用馬として有用だった長い背は、改良のために導入されたサラブレッドに大きく影響された結果、短く力強いものに変わった

耳
尖ったよく動く耳および注意深そうな表情は、サラブレッドの影響によるところが大きい

前軀
ヘルデルラントは輓用馬だが、肩と前軀の発達が良いことで知られている。この特徴はその流れを汲むオランダ温血種にも受け継がれている

選抜過程
オランダ温血種は体型、動作、気質の良い馬だけを選んで繁殖に供して、厳格に選抜淘汰が行われてきた。この比較的新しい競技用馬を統括しているのはオランダ温血種協会である。

頭部
オランダ温血種の頭部は、現在では改良のために用いたサラブレッドとはほとんど区別がつかない。乗用馬としての体型の良さが、オランダ温血種の品種改良のおもな淘汰基準だったが、従順さと賢さは後回しにされた。

蹄
オランダ温血種は良い蹄と丈夫な四肢をもっているが、他の中間種は必ずしもそうではない

体高
平均体高はおよそ160cmかそれ以上である。

馬場馬術競技

馬場馬術競技（ドレッサージュ）という言葉は、フランス語の"dresser"に由来し、馬術用語では乗用馬や馬車用馬の調教を意味する。現代の競技の起源は、軍隊における「最も高度なトレーニングを受けた軍馬」のための試験だが、そのルーツは、ルネッサンス期の古典馬術の形成期にまでさかのぼることができる。

形成期

馬場馬術競技は、1956年まではスウェーデンが君臨していた。もっとも1936年のベルリンオリンピックだけはドイツチームがめざましい活躍を遂げた。

1956年以降、ドイツが世界レベルの競技会の最前線に躍り出てこの競技の主導権を握り、判定基準だけでなく、馬のタイプにまで影響を及ぼすようになった。現在では、この競技用の中間種が生産され高額で取り引きされている。

古典的高等馬術の動作であるパッサージュおよびピアッフェは、1932年のロサンゼルス・オリンピックまで、上級レベルの競技にも導入されていなかった。また古典馬術の跳躍は、現在の馬場馬術競技では行われていない。

馬場馬術競技の成長ぶりは、あらゆる馬術競技のなかでも抜きん出ていると思われる。このことはヨーロッパで目立ち、伝統的な乗馬学校のなかった英国で特にその傾向が強い。

この競技の発展は、専用の馬具や乗馬服などを製造する企業を育成してきたが、専用の調教場を求める声も高まっている。

競技会

馬場馬術競技は、初級クラスのものから究極のグランプリまでいくつものレベルに分かれるが、グランプリには難易度の高い動作がすべて含まれる。

馬場馬術には人目をひくキュアという種目もある。この競技は音楽に合わせて自由度の高い演技をするもので、馬場馬術競技に新たに芸術的要素を盛り込んだものといえる。

キュアのことはさておき、国際競技にはセントジョージ賞典、インターメディエイトⅠ、インターメディエイトⅡおよびグランプリの4種類がある。このような上級レベルの馬術競技は、中級レベルの競技会とともに、どれも大きな競技場で開催される。一方、よりやさしい初級クラスの競技会は、小さな競技場で行われる。

競技での各動作は、達成度を示す10＝優秀、9＝きわめて良好、8＝良好、7＝かなり良い、6＝満足すべき演技、5＝まず可とみる、4＝不十分、3＝やや不良、2＝不良、1＝きわめて不良、0＝不実施の各基準で採点される。現在は、合計点をパーセンテージで表すようになっている。

規則

国際馬術連盟（FEI）は、馬場馬術の目的を「馬の体位の向上と技能調教の進展を調和させながら伸ばしていくことにある」と規定し、その結果「沈着な動き、関節の柔軟性、伸び伸びとした前進性…注意深く敏捷に従い、自信に満ちた演技を見せる」馬をつくり出すとも述べている。

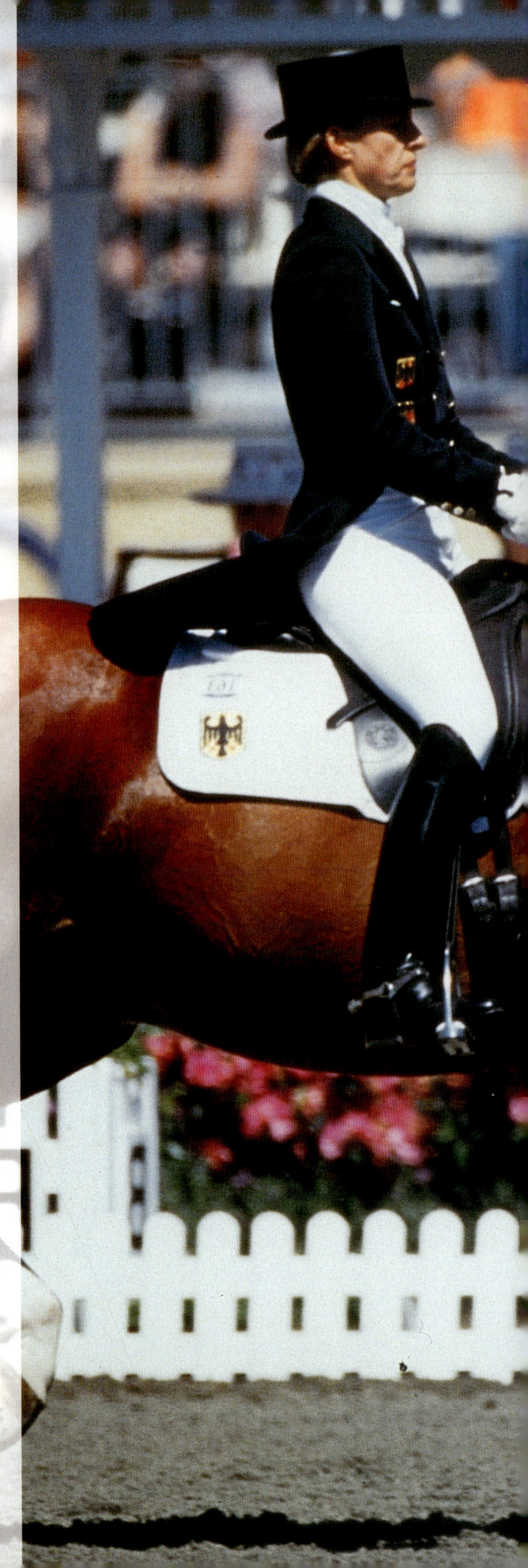

部班演技（上図）
　英国のリッチモンド・ゴードン公爵の庭園にあるグッドウッド競技場で開催された英国選手権大会で呼び物の部班演技を披露する騎手のチーム。

回転（最上図）
　駈歩で内側の後肢を軸にして旋回する高度な演技であるピルーエット。この動作は古典馬術で神聖視されていたこともあり、1920年のオリンピックまで、馬場馬術競技に取り入れられてはいなかった。

伸長歩法（左図）
　驚くべき冷静さで、バランスを保ちながら飛節を可能な限り屈曲させている、見事な伸長速歩。乗り手の拳での制御と頭部の位置には非の打ちどころがない。

セル・フランセ
Selle Français

1958年以来、フランス温血種は、ル・シュヴァル・ドゥ・セル・フランセ（フランスの乗用馬）と呼ばれてきた。トラケーネン（p.76～77参照）と同様に多才なセル・フランセは、丈夫で敏捷である。いくつかの品種が"混血"されているが、スピードのあるトロッターの血量の割合が高い。

由来

19世紀に、賢明なノルマンディーのブリーダーは、英国のサラブレッドおよび中間種の種牡馬を輸入し、自分たちの丈夫ではあるが平凡な、多目的に利用されていたノルマンと交配した。これらの中間種の種牡馬のほとんどは、頑丈なノーフォーク・ロードスターを基礎とした馬であった。彼らは"混血"により2種類の馬、すなわち、後にフレンチ・トロッター（p.102～103参照）となるスピードのある鞍用馬とアングロ・ノルマンをつくり出した。アングロ・ノルマンはさらに乗用と鞍用とに分けられ、その乗用馬がセル・フランセの原型となった。

第二次世界大戦後、スピードとスタミナを兼ね備え、敏捷性も有した馬の生産が促された。トロッター、サラブレッド、アラブがこのタイプの馬の育種改良に貢献した。この馬の主要な用途は障害飛越競技にあるが、AQPSA（"サラブレッドでないもの"の意）の競馬にも用いられる。また、クロスカントリー競走や総合馬術競技にも多くの馬が使われている。

現在飼われている馬のうち、33％はサラブレッドの種牡馬から、20％はアングロ・アラブの種牡馬から、2％はフレンチ・トロッターの種牡馬から、そして45％はセル・フランセの種牡馬からそれぞれ生産されたものである。そのセル・フランセの種牡馬の何割かはトロッターと血縁関係がある。

体高
小型：153cm未満
中型：153～161cm
大型：161cmを超えるもの
重いタイプの小型：160cm以下
重いタイプの大型：160cmを超えるもの

頸部
フレンチ・トロッターよりも優雅で長く上品な頸は、セル・フランセの典型といえる

肩
初期のアングロ・ノルマン、特にトロッターに近いものは肩が立つ傾向があったが、この欠点はセル・フランセでは修正されている

顎
顎に無駄な肉はついていない

頭部
現在のセル・フランセの頭部には、祖先のノルマンにみられた粗野な感じはない。サラブレッドおよびアラブの影響を受けることで、より洗練されたものとなった。上品ではあるが、セル・フランセの頭部は、フレンチ・トロッターの面影も残している。

管囲
セル・フランセの骨は適度な太さで、管囲は8インチ（20cm）以下ではない。かつての膝が小さいという欠点は消えている

セル・フランセ／SELLE FRANÇAIS　73

アウトライン
外観は全体的にサラブレッドに近い。ただし一般的にいって、体幹と四肢にはごつごつしたトロッターの雰囲気が明らかに感じとれる

後軀
後軀はフレンチ・トロッターに非常によく似ている。腰幅が広く、障害飛越競技に非常に向いているといえよう

ル・パンとサント・ロ
セル・フランセの故郷は、ここル・パンの広大な国立種馬牧場ならびにサント・ロの牧場である。最初に種牡馬がル・パンに繋養されたのは1730年である。一方、サント・ロの牧場が設立されたのは1806年だった。サント・ロにあった昔の厩舎は、1944年の爆撃によって破壊されてしまった。

毛色
セル・フランセはどんな毛色でも許されるが、ここで示したような栗毛が最も一般的である

フリオゾー
戦後の最も成功した種牡馬の一頭として、英国から購入したサラブレッドのフリオゾーがあげられる。この馬は、10年連続して種牡馬評価1位の座を守りつづけ、その産駒の多くが国際的な障害飛越競技に出場するという華やかな経歴をもっていた。

四肢
速歩馬の影響が四肢に認められる。非常に強健で、特に前肢が力強いが、これらは乗用馬および速歩馬に共通する特徴である。関節はすっきりしていて発達が良く、まっすぐでなくてはならない

歩様
歩様は活発で、歩幅は広く、しなやかで敏捷な点が特徴的である。飛越能力はきわだっている。また、この品種は他の多くの中間種よりも、はつらつとしている。

配合
すでに述べた以外で、セル・フランセの名に値する質を保つ交配は以下のものである。すなわち、サラブレッド／フレンチ・トロッター、アラブあるいはアングロ・アラブ／フレンチ・トロッター、サラブレッド／アングロ・アラブ（純血のアラブの血が25％以下のもの）である。

デンマーク温血種
Danish Warmblood

デンマークには昔から乗馬の伝統があった。14世紀前半には、ホルスタイン (1864年まで存在したデンマークの公国) のシトー修道院に馬の牧場があり、そこでは北部ドイツ原産の牝馬と、得られるかぎりの最高のスペイン原産の種牡馬とのあいだで、大規模な交配が行われていた。現在のホルスタインならびにそこから派生したフレデリクスボルグのようなデンマーク原産の品種は、この時代の育種方法に基づいて作出されたものである。

由来

上記のような歴史があるにもかかわらず、デンマーク産馬が競技会にデビューしたのは遅かった。1918年にはデンマーク乗馬連盟が結成された。しかし、当初はデンマーク・スポーツ馬の名で知られ、現在ではデンマーク温血種と名づけられているこの国産の乗用馬の血統書が刊行されたのは、1960年代になってからだった。

この品種は、在来の牝馬とさまざまな国の種牡馬を交配させてつくり出されたものである。もととなった在来馬は中間種で、多くはフレデリクスボルグとサラブレッドが交雑したものだった。

改良にはアングロ・ノルマン、サラブレッド、トラケーネンなどとともに、かつてのマラポルスキーやウィールコポルスキーの名で広く知られていたポーランド原産の馬が、種牡馬として用いられた。ただしハノーバーの影響は、現在のデンマーク産の馬にはまったく認められない。

スウェーデン温血種
約300年前のフリンジの王立種馬牧場の馬を起源としており、血統書は1874年に刊行が開始された。この品種は、多くの輸入馬を交配することで作出された。今世紀に入ってから、高資質の馬場馬術用ならびに総合馬術用の競技馬をつくり出すために、トラケーネン、サラブレッド、ハノーバーを多く交配するようになった。

アウトライン
アウトラインは非の打ちどころがなく、競技用馬に求められる特質をすべて備えている。デンマーク温血種は馬場馬術用馬として優れており、自然なバランスを保っている。また、クロスカントリー用馬としてもすばらしい資質に恵まれている。この品種の特質は、競技会においても人目をひくものと思える

毛色
デンマーク温血種にはすべての毛色の出現の可能性があるが、ここで示した鹿毛が最も一般的である

現代の競技用馬
デンマーク温血種は、近年ヨーロッパで作出された競技用馬のなかで最も優れた資質をもった品種のひとつである。すばらしい気性の馬であると同時に、強い意志と勇気を併せ持っている。

蹄
蹄、繋の角度、長さのどれをとっても現代の乗用馬として最高の模範となるくらい好ましいものである

デンマーク温血種／DANISH WARMBLOOD

鬐甲
良い位置にあり適度な高さの鬐甲は、肩の傾斜との調和がとれており、鞍はまりの良い形状をしている

手綱の長さ
この品種では、手綱は模範ともなるようなほどよい長さになる

顎
喉元はすっきりしていて、顎は締まっている

四肢
四肢は力強く、関節は大きく、自身の体重と騎手の体重を支えるのに十分な骨格をしている。前肢は特に優れている。前膊は長く筋肉質で、膝は大きく広くてフラットである

頭部
　頭部は明らかにサラブレッドの影響を受けていることがわかる。温和、賢明、勇敢な印象を与え、常識をわきまえた馬であることが見てとれる。その全体的な印象も美点のひとつといえる。

体高
体高は161～162cmである。

トラケーネン
Trakehner

トラケーネンは、古い品種だが優れた馬である。中間種として知られているすべての品種のなかで、おそらくこの品種は現代の馬術競技用の馬として最も理想に近いといえる。トラケーネンの血は、しばしば他の品種の資質を高めるために用いられる。

由来

トラケーネンは、現在はポーランドの一部となっているかつての東プロイセンが原産地である。13世紀前半に、この地方にはドイツ騎士団による入植が行われた。彼らは在来のシュヴァイケンを基礎としてトラケーネン種馬牧場を開設した。このポニーは粗野で多くは凡庸な馬だが、非常に強健で持久力があった。シュヴァイケン・ポニーは、原始的なタルパンに直接関連をもっていたコニクの血を引いていた。この馬はタルパンが生まれつきもっていた平凡な活力と持久力を継承していた。

1732年、プロイセンのフリードリッヒ・ウィルヘルム1世が王立のトラケーネン種馬牧場本場を設立した。この種馬牧場はプロイセン全土への種牡馬の主要な供給地となった。まもなく、この地は高資質の鞍用馬生産地としての評判を確立した。50年もたたないうちに、軍馬の生産に比重が移った。そこで生産された軍馬は、ヨーロッパで比類ない存在であった。その後、英国のサラブレッドとアラブが導入され、気質と体型の欠陥が調整された。1913年までは、トラケーネンにいた大部分の種牡馬はサラブレッドであった。最も影響を与えたのは、パーシモンの産駒で、1896年英国のダービーとセントレジャーに優勝したパーフェクショニストであった。この馬の産駒で最も優れていたテンペルフーターは、現在のトラケーネンの基礎とみなされている強大な血統を残した。

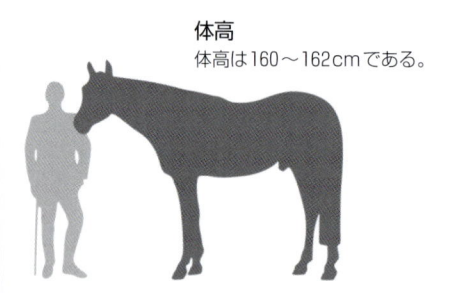

体高
体高は160〜162cmである。

頸部
頸は上品で十分に長い

肩
理想的なトラケーネンは形の良いすばらしい肩を有している

気質
サラブレッドの血が入っているため、トラケーネンには度胸がある。しかし、注意深い育種改良の結果、スタミナと忍耐力、そして模範的な体型は維持された。

耳
用心深くよく動く耳は常に高い評価を受ける

眼
表現力豊かな眼は、互いに離れて位置している

頭部
トラケーネンの洗練された頭部は、英国のサラブレッドおよびアラブの影響を示している。きわめて高い資質を有しており、"高貴な"品種という賛辞を受けている。この形容詞は、ヨーロッパで最も美しい中間種という意味で用いられる。この馬は、見落としようのない風貌と気質を有しているが、そういった資質は他の中間種にも必ず備わっているというものではない。

四肢
形が良く力強い四肢と関節は、トラケーネンの特徴である。肢は長くはない

競技能力

トラケーネンは、国際大会においてすばらしい足跡を残している。1936年のドイツのオリンピック・チームで最も頭数が多かった品種で、そのチームはベルリンでメダルを総なめにした。それ以来、トラケーネンは馬場馬術、障害飛越、クロスカントリー競技の各分野で数多く用いられるようになっていった。

テンペルフューター

有名な種牡馬、テンペルフューターが1932年に死亡したとき、この馬の子孫で種牡馬となっていたものが54頭、繁殖牝馬となっていたものが60頭いた。もうひとつの重要な血統であるディンゴは、テンペルフューターの娘の血を多分に引いている。

ヘラジカの角の烙印

このヘラジカの角の形をした烙印は、イースト・プルシャンとも呼ばれたトラケーネンに伝統的に用いられてきたものである。馬の臀部に押され、頭絡にもしばしばヘラジカの角の模様がほどこされる。

後躯

後躯は特に力強い。興味深いことに、チェコ共和国で行われるグラン・パルデュビスの障害競走に出走するのは、ほとんどがトラケーネンである

毛色

トラケーネンの毛色は単色なら何でもかまわない。写真のトラケーネンは鹿毛である

体型

トラケーネンの体型はすばらしく、全体的に非常にサラブレッドに似ている。骨格もよくバランスがとれており、節骨たくましく、敏捷でどんな歩法のときでも動きに自由さが感じられる。

蹄

他の中間種と比較して驚くほど形の良い堅牢な蹄を有している

放牧地にて

これらの繁殖牝馬は、放牧地で自由を謳歌している。半世紀以上前に、この品種の牝馬は子馬とともにロシアの軍隊から逃れるため、戦争で打撃を受けたヨーロッパを900マイル（1440km）移動させられた。2万5000頭が登録されていたが、生き延びたのはたった1200頭だった。当時の西ドイツで繁殖がつづけられ、1947年には管理母体であるトラケーネン協会が設立された。

ハノーバー
Hanoverian

ヨーロッパで最も成功している中間種は、障害飛越および馬場馬術用馬として世界的に評価の高いハノーバーだろう。この能力は、相性の良い血統同士を細心の注意を払って厳密に選択交配した結果、得られたものである。

由来

ハノーバーは、1735年にハノーバー選帝侯で、英国国王でもあったジョージ2世によって設立されたセルの種馬牧場で作出された。育種の目的は、品種改良の核となる強靭なパワーをもった種牡馬を生産することにあった。ことに在来の重いタイプの牝馬と交配させた場合に、多用途の農用馬が生産できるような種牡馬が望まれた。

最初に、セルの種馬牧場が導入したのは14頭の青毛のホルスタインであった。ホルスタインは在来の牝馬に、東洋、スペインおよびナポリ原産の馬を交配してつくられた力の強い鞍用馬であった。次に、当時はもっと東洋的な面影を残していたサラブレッドを導入した。その結果、鞍用にも、騎兵用にも、また普通の農作業にも用いることのできる、より軽い高資質の馬ができあがった。ハノーバーに対するサラブレッドの導入はつづけられたが、軽くなりすぎないように、注意深い配慮がなされた。

1924年までにセルに繋養されていた種牡馬の数は500頭にのぼった。第二次世界大戦後は、馬術競技用馬の生産に方針が変更された。東プロイセンから避難してきていたトラケーネンを用いて種牡馬の補強を行った。何頭かのトラケーネンとサラブレッドは今でもセルの種馬牧場に繋養されている。

性質

ハノーバーを選抜する際には、基準化された能力検定が実施され、同時に個々の馬の気質も選抜の対象となる。ハノーバーはその穏やかで従順な気質と、信頼感のもてる性質が損なわれないよう、注意深く育種改良されてきた。

頸部
ハノーバーの頸は非常に長くて美しい。この頸は大きくて傾斜のある肩につづいており、鬐甲は特に目立つ

毛色
このハノーバーは明るい鹿毛である。この品種には単色ならすべての毛色が生じる可能性があり、特に優勢な毛色はない。基礎となったホルスタインの種牡馬は青毛だった

頭部
多用途の農用馬だったハノーバーの重くてやや粗野な頭部は、サラブレッドの導入により改良された。現代のハノーバーの頭部はもっと軽快で中程度の大きさで、形は美しく、表情が豊かである。また眼は大きく、陽気な印象を受ける。

ハノーバー／HANOVERIAN

烙印（左図）
1735年のジョージ2世によるセル種馬牧場設立以来、背中合わせの馬を図案化した"H"がこの牧場特有の印となった。毎年8000頭以上の牝馬が、選りすぐられたセルの種牡馬と交配されている。

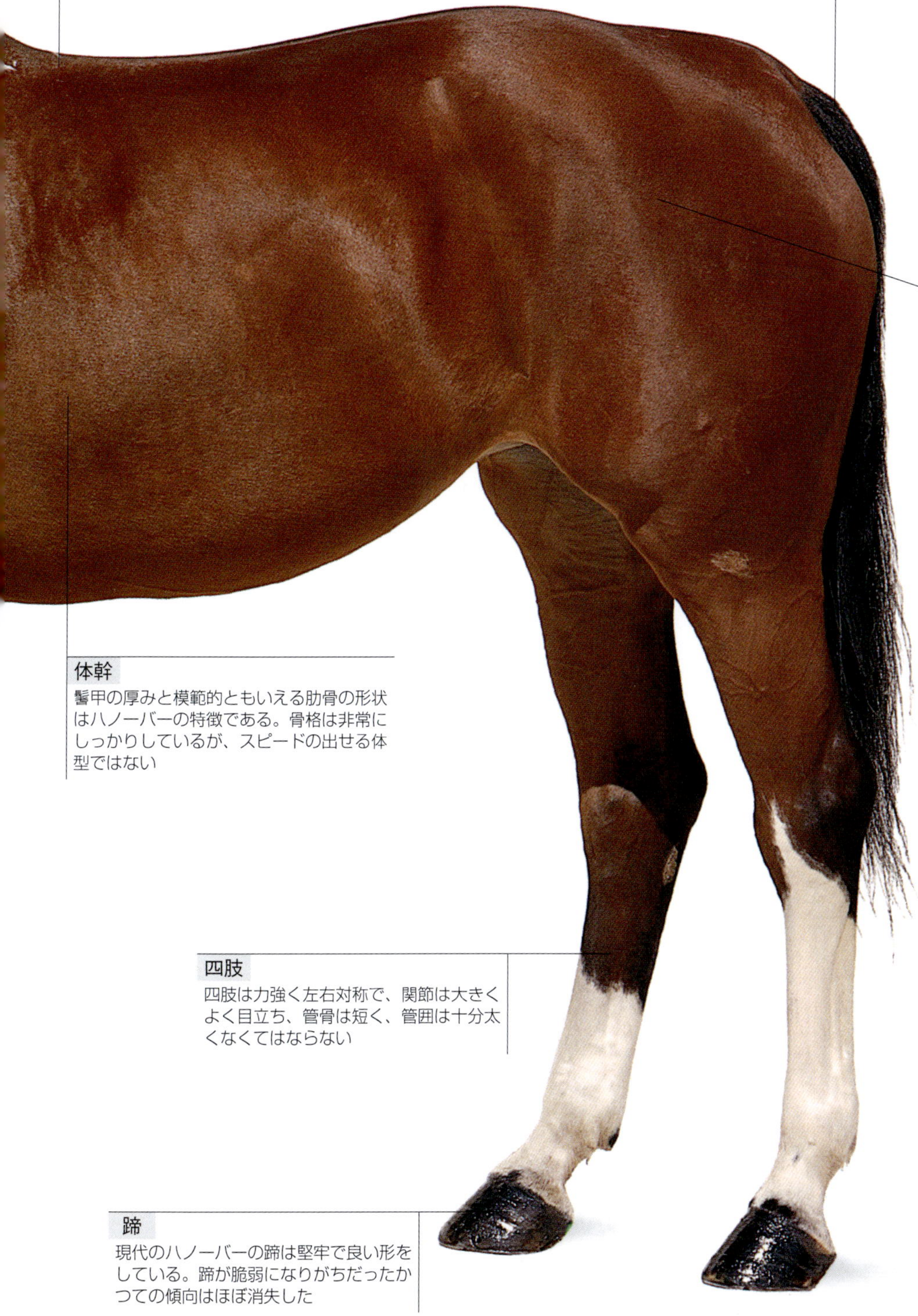

背
背の長さは平均的で強靭な構造をしており、腰は障害飛越馬にふさわしく特に力強い

尾
尾の付着は良く、ときとして非常に高い位置にある

ハノーバーの子馬
この力強い青毛の子馬は英国産で、輸入したハノーバーと英国産の中間種とのあいだに生まれた。この毛色は、セルで本品種の基礎となった青毛の輓用馬ホルスタインの種牡馬を思い起こさせる。ハノーバーのかかった中間種は英国では評価が高い。

後軀
後軀は特に筋肉が豊かで、尻はときに極端に水平である

体幹
鬐甲の厚みと模範的ともいえる肋骨の形状はハノーバーの特徴である。骨格は非常にしっかりしているが、スピードの出せる体型ではない

ウェストファーリアン
ハノーバーはセルとの関係が深いが、ワーレンドルフにおいて別の中間種の系統であるウェストファーリアンを作出する際にも用いられている。ウェストファーリアンは事実上ウェストファーリァで生産されたハノーバーといえる。

歩様
この品種の歩様は印象的である。直線的で正確で非常にエネルギッシュな、柔軟性を強く感じさせる動きをする。膝がふらつくことはほとんどなく、歩幅は広い。

四肢
四肢は力強く左右対称で、関節は大きくよく目立ち、管骨は短く、管囲は十分太くなくてはならない

体高
体高は153〜162cmである。

蹄
現代のハノーバーの蹄は堅牢で良い形をしている。蹄が脆弱になりがちだったかつての傾向はほぼ消失した

障害飛越競技

障害飛越競技は、もともと狩猟家のための試験として考案されたものである。記録に残されている最初の組織的な競技会は、王立ダブリン協会によって1865年にダブリンのレインスター・ローンで開催され、このときは跳躍の高さと幅とが競われた。1900年にパリで開催されたオリンピックでは、障害飛越が競技種目として取り入れられた。

カプリーリ

1903年、チュリンで開かれた第1回国際イピコ競技大会は、障害飛越競技の重大な転機となった競技会といえる。

このときイタリアのチームは、ピネロロにある騎兵隊学校の監督、フェデリコ・カプリーリ（1868〜1907）が考案し確立した「前傾姿勢」で競技にのぞんだ。前傾姿勢による騎乗は従来のスタイルとは大きく異なり、鐙を非常に短くし、拳を中心にして、体を前傾させてバランスを保つ。そのため、騎手の体重は完全に馬の重心の真上にくる。この騎乗法はその後標準となり、国によって多少のちがいはあるものの、世界中に広まっていった。

2つの世界大戦にはさまれた時代、ヨーロッパと米国では国際的な障害飛越競技大会が相次いで開催された。中核ともいうべき競技会として、第1回ネーションズ・カップ大会が開催されたロンドン・オリンピアでの国際馬術大会と、ニューヨークのマディソン・スクエア・ガーデンでの全米馬術大会があげられる。しかし、ルールが国によって驚くほど異なり、複雑でわかりにくかったため、この競技はそれ以上には発展しなかった。

ルール

第二次世界大戦後は国際的なルールが設けられ、評価の要素のひとつとして走行タイムが加えられた。この改正は、障害飛越競技が現在の形に発展する契機となった。国際馬術連盟（FEI）規則は個々の競技会によって若干異なるが、各国で使われている基本的なルールは大変わかりやすいものといえる。

たとえば、英国のルールでは、1回目の拒止で4点減点され、2回目の拒止で失権となる。馬が転倒したり騎手が落馬した場合も失権となる。規定の時間を上回ると1秒ごとに減点1とされる。国内の大会では、1周目は飛越の確実性、2周目は走行タイムが評価の決め手になる。

ピュイッサンス競技とダービー競技

ピュイッサンス（特別大障害飛越）競技では、もはやジャンプの距離はあまり問題とされなくなったが、高さは未だに生きている。ピュイッサンス競技での最終フェンスは巨大な壁で、コースを回るごとに立ちはだかってくる。

ダービー競技は、土塁、乾壕、水濠障害などのある長距離の野外コースで行われるもので、障害飛越競技に新たに刺激的な要素をつけ加えたスポーツといえる。初めて行われたダービー競技はハンブルグ・ダービーで、1920年に開催された。

英国では、ダグラス・バンが1961年のヒックステッド競技会に英国ジャンピング・ダービーを取り入れた。これがヒックステッド競技会の呼び物となり、1969〜1979年のあいだに、馬術が盛んな先進的な国々に同様のコースがつくられた。

ヒックステッドの土塁障害（上図）
　選手がヒックステッド・ダービー競技会で恐るべき土塁障害を見事な姿で駈けおりている。このダービー・タイプのコースは、障害飛越競技にクロスカントリー的要素を取り入れたもので、世界の障害飛越競技界に新しい面をもたらした。観客は、例外なくすばらしい光景を目の当たりにすることになる。

ピュイッサンス競技（最上図）
　ピュイッサンス競技の"意地悪"な最後の障害は、勝敗を決定づけるものといえるが、コースを1周するごとに立ちはだかってくる。この競技では、スタート時点から、人馬双方の敏捷性、飛越力、勇敢さが問われる。

瞬間の動き（左図）
　大きな競技会で、大型で頑丈なすばらしいデザインの障害を飛越した瞬間。跳躍する馬と騎手にはミスの入り込む余地はない。

ホルスタイン
Holstein

ドイツ、ナポリ、スペインおよび東洋原産の馬の血が混じるホルスタインは、ヨーロッパ近隣諸国からの需要が高かった。この馬が尊重されたのは、頑丈で力強いが粗野ではない輓用馬であると同時に、強健な乗用馬でもあったからである。

歴史

ホルスタインに最も影響を与えたのは、英国のサラブレッドとヨークシャー・コーチ・ホースであった。サラブレッドにより襲歩の能力が改善され、ヨークシャー・コーチ・ホースの導入は広い歩幅と高い歩様をもたらした。

第二次世界大戦後、もっとスピードのある、より軽快な競技用馬にするために、サラブレッドが用いられた。現在のホルスタインは資質の高いハンターに近く、障害飛越、馬場馬術、総合馬術競技馬として盛んに利用されている。

前軀
胸は広くて深いが、現在のホルスタインにみられる傾斜のある肩ならびに長くわずかに湾曲した頸は、乗用馬に必要とされる特徴である。この点は育種の基礎となった輓用馬にはなかったものである

頭部
昔のホルスタインは平板で鈍重な感じの頭部を有しており、兎頭も多くみられた。現在のホルスタインの頭部は、サラブレッドの導入によって洗練されたものとなった。資質の高いハンターの頭部ともいえ、表情が豊かで、眼は大きく輝いており、耳も良い位置にある。かつて欠点とされた、下顎が重い感じになるという傾向は、現在ほぼ完全に消失している。

眼
大きく明るい眼はホルスタインの特徴である

管囲
繋は肩の傾斜と調和しており、管囲は8〜9.5インチ（20〜24cm）あることが望ましい

馬場馬術競技馬
気質の良さと端正な歩様から、この印象的な品種であるホルスタインは自然に馬場馬術に用いられるようになった。またドイツ原産の品種のなかでは、おそらく最も総合馬術競技に適している。さらに、フリッツ・シーデマンが乗ったメートルのような戦後最高の障害飛越競技馬も何頭か輩出している。

ホルスタイン／HOLSTEIN　83

歩様
歩様のすばらしさには定評がある。常歩は歩幅が広く、自由で柔軟性があり直線的な動きをする。速歩は躍動的でバランスが良くリズミカルでのびのびとしている。若干、膝の揺れ（輓用馬から受け継いだもの）がみられるが、許容範囲である。駈歩はなめらかで、直線的でバランスもとれている。

体幹
体型は資質の良さとあいまって、強靭さを印象づける。鬐甲は高く乗用馬向きで、胸は厚く、背と腰は力強くて筋肉質である

毛色
すべての毛色が許される。最も典型的な毛色は黒がちの鹿毛と、ここで示したような黒鹿毛である。芦毛もよくみられるが、栗毛はそれほどでもない

タンデムの牽引
19世紀には、ホルスタインは輓用馬として広く用いられていた。この絵には、タンデム（2頭立て馬車）を引いているホルスタインが描かれている。ホルスタインは輓用馬として必要とされる力強さ、存在感、従順さを備えていた。しかし現在のホルスタインでは、かつての膝を強調するような動きはわずかに屈曲する程度にまで減少した。また、いかにも輓用馬らしかった肩の特徴は消失した。

四肢
四肢は模範的ともいえる。膝は大きくてフラット、飛節の形も良く、管骨は短い。前肢の付着は余裕があり、肘はすっきりしている

後躯
尾は常に適切な位置に付着しており、決して高すぎるということはない。臀部は力強く、筋肉質の後膝、大腿部、飛節へとつづいている

蹄
サラブレッドの導入によって、ヨーロッパ原産の輓用馬特有の蹄にみられた欠点は改良された。ホルスタインのブリーダーは、蹄の大きさ、形および緻密さに細心の注意を払っている

体高
ホルスタインの体高は160～170cmである（4歳の牡馬は160cm、3歳半で種牡馬にしようとする馬は161～162cmなくては登録できない）。

オルデンブルク
Oldenburg

ドイツの中間種のなかで最も重いオルデンブルクは、1600年代につくられたが、その作出にはオルデンブルクのアントン・グンター伯爵（1603～1667年）の努力に負うところが大きい。彼は、中間種の種牡馬クラニッヒとフリージアンの牝馬を基礎にして育種を行った。

歴史

基礎となったフリージアンには、スペイン馬、バルブ、ナポリ馬、英国の中間種が交配された。さらに19世紀にはサラブレッド、クリーブランド・ベイ、ハノーバー、フレンチ・ノルマンなどが導入された。その結果、体高が170cmで大型の馬車用の馬ができあがった。

この馬は馬格は立派で、成長が早いことで知られた。重い輓用馬の需要の減少に伴って、この品種は多用途の農用馬として改良が行われた。1945年以降、再び馬の需要動向は変化した。オルデンブルクをより乗用向きにするため、サラブレッドおよびノルマンの血をより多く導入するようになった。

今日では、この馬は多用途の乗用馬とされているが、まだ大型で力強く、輓用馬的な膝の動きが少し認められる。ただし、祖先よりははるかに動きは自由なものとなっている。

印象的で多才な馬

現在のオルデンブルクは祖先よりも軽く、歩様は非常に自在である。大型の印象的な馬で、その素直な性質と正確な歩調から馬場馬術に向いている。また、この馬は力強い輓用馬としての能力も失ってはいない。

頸部
頸は長く非常に力強いが、輓用馬の面影を今なお残している

頭部
頭部は平凡だが誠実な印象を与える。横顔はまっすぐだが、やや兎頭になる傾向もある。ときとして下顎に余分な肉がつく。しかし外観はあくまで素直で誠実で、大胆さが眼から感じとれる。

四肢
大きな馬体を支えるために、四肢は丈夫で短く、関節は大きく発達が良い。管骨は短く、管囲は9インチ（23cm）以上である。肩甲骨に対する上腕の付着位置ならびに上腕骨が長いという関係から、膝をかなり高く挙上して歩くことができる

蹄
種牡馬の繁殖登録の際の検査では、特に蹄に注意が払われる。このように馬格の立派な馬では、踵の開きが良く、馬体に対して申し分のない大きさで堅牢な蹄を有していなければならない

体型
中間種の乗用馬のなかでは、オルデンブルクは最も力強い体型をしている。胸は非常に厚みがあるが、このことは歩様とも関連がある。肩は長さも形もサラブレッドには似ておらず、胸の厚みもあるため、スピードはない。しかし、歩調はリズミカルで、弾力性があり、動きは非常に正確である

後軀
後軀ならびに後肢は非常に力強い。オルデンブルクはスピードが出るような体型はしていないが、力強いジャンパーであると同時に、馬場馬術競技においてすばらしい能力を発揮することで知られている

尾
尾は力強い臀部の非常に高い位置に付着している

ダッチ・フローニンゲン
オルデンブルクから分かれたダッチ・フローニンゲンはオランダ温血種作出の際に用いられた。この品種はオルデンブルク、その近縁の品種で一時期は区別がつかなかったイースト・フリージアン、そしてより重いフリージアンの牝馬とを交配して作出された。この馬は力強く安定感のある鞍用馬で、特に後軀がしっかりしていることで知られていた。農用馬および平凡ではあるけれども有用な大型の乗用馬として用いられた。当時のオルデンブルクと非常に似ていた昔の純粋なタイプの馬は、おそらく今日では存在しないと思われる。

生産者協会
この品種の繁殖を管理し種牡馬を認定しているのは、1819年に制定され、1897年、1923年に改組されたオルデンブルク地方にあるオルデンブルク・ホース生産者協会である。この協会は厳しい育種基準を採用しており、タイプは斉一化されている。種牡馬は4歳の時点で能力検定を受ける。

特徴
特に肩と背の長さにみられた鞍用馬の特徴は、サラブレッドを交配に用いることによって、現在のオルデンブルクからは大部分消失した。しかしドイツのブリーダーは、オルデンブルクの"従順な性格"という長所は残されていると保証している。

毛色
この品種の毛色はほとんどが黒鹿毛、青毛、ならびにここで示した鹿毛である。栗毛と芦毛が出現することもあるがまれである

体高
体高は162～172cmである。

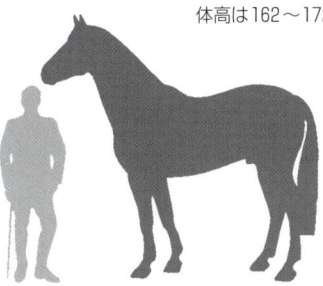

ハンター
Hunter

定義からすれば、ハンターとは狩猟のための乗用に用いられるすべての馬を指すことになる。この呼び方は馬のタイプのことであって、国ごとにそれぞれ求められるものはちがっている。馬格や毛色などで共通の固定された特徴をもつわけではなく、品種として厳格に定義されているわけでもない。

由来

最も良質のハンターはアイルランド、英国、米国で生産されている。これらの国々では、サラブレッド的な要素が重視されている。アイルランドのハンターは、アイルランド輓馬とサラブレッドを交配した馬を基礎としていることが多いが、同様の例は英国でもときどきみられる。どんな交配でも認められているが、良質のハンターには多くの場合、コネマラ、ニュー・フォレスト、フェル、ハイランドまたはウェルシュ・コブなどのポニーの血が入っている。ただし、最高のハンターには常にサラブレッドの血が適度に混じっている。

特性

良いハンターは、健康で馬体の均整がとれていて、トップクラスの乗用馬の長所をすべて備えていなければならない。また、バランス良く、乗り心地の良い快適な歩様で、しかも、狩猟をするのに欠かせないスピードもなくてはならない。一日中野外にいて、さまざまな障害物をクリアするための勇気、敏捷性、スタミナおよびジャンプの能力が必要とされる。ハンターは従順でしつけが良く、また、狩猟の季節には週に2日は遠出ができる強健さがなくてはならない。

体高
ハンターの体高はさまざまである。小型のハンターを除けば、体高の平均は160～162cmである。

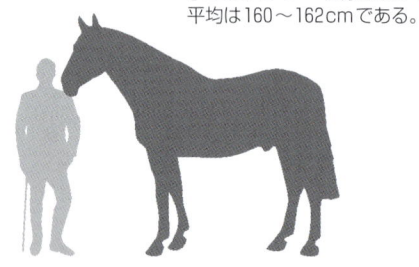

肩
十分な傾斜をもった肩は、良いハンターの必須条件である。こういった肩は不整地を襲歩で疾走したり、さまざまな障害物を飛び越えるのに適している

体型
優秀なハンターは外観、強靱さ、骨格のどの点においても乗用馬の特質をすべて備えている。体型の良い馬は貧弱な馬に比べて、長期間健康でいられる。

毛色
ハンターにはあらゆる毛色が存在する。この馬は黒鹿毛である

狩猟家とハンター
狩猟は300年にわたって自然のなかでのスポーツであった。「どこでもいいから英国の自然が残っていて健康に良い、心のやすまる、そしてとても気さくなイギリス人のいるところへ行ってごらんなさい。そうすれば絶対にわかりますよ！ 馬小屋が本当に家庭生活の中心になっているってことが…」G.B.ショー。

ハンター／HUNTER　87

換え馬（左図）
　この19世紀のエッチングには、換え馬を用いる習慣が描かれている。換え馬の習慣は、英国中部の州の、長距離を襲歩で行ける草地での狩猟では今でもつづけられている。乗り手は午前中にまず最初の馬に乗り、そして午後の猟には元気な馬に乗り換える。従僕や換え馬の世話人は換え馬が必要とされるまで、小道や蹄跡を静かについていくのである。

頭部
　ハンターは必ずしもこの馬のように美しいわけではないが、ある程度は上品でなくてはならず、疲れを知らない従順な馬という印象を与えるほうが好ましい。良質のハンターは、知性と従順さを感じさせる。

体幹
ハンターはコンパクトでかつ十分な肺活量をうかがわせる深い胸をもっている必要がある

四肢
負重に耐える能力は、体型ならびに管囲で決まる

蹄
「行軍は兵の胃袋が満たされていなければままならない。馬は蹄がしっかりしていればこそ、常歩、速歩、駈歩、襲歩はもとより狩猟にも出かけられるのである」

後姿
　ハンターとしての模範的な後姿。臀部と後肢は力強く、関節部はすっきりしていて堅牢、後肢の管骨はまっすぐ伸びている。飛節から下が湾曲していてはいけない。全体的な印象として力強さと襲歩時の潜在能力を感じさせる。

狩猟

ヨーロッパにおいて、最も古い組織的狩猟の伝統を誇っているのはフランスである。フランスには約75の猟犬隊が組織されており、この猟犬集団は、獲物として牡鹿を対象としている場合は、"エキパージュ"、イノシシの場合は"ヴォートレ"と呼ばれる。この国では、渦巻き型のフレンチ・ホルンで特別なファンファーレを奏でながら、見事な装備で行う狩猟がつづけられている。

英国のキツネ狩り

1066年のノルマン人による英国征服（ノルマンコンクエスト）後、狩猟というスポーツは、フランス人により英国に持ち込まれた。当時、好まれた"獲物"は鹿とイノシシだが、場合によっては狼のこともあった。

英国でキツネ狩りが始まったのは17世紀になってからで、19世紀までにはキツネが狩りの獲物として広く認識されるようになった。

英国およびアイルランドでは、狩猟は環境の保全のため、人数（騎馬の狩猟家の数）を制限しなければならないほど、多くの人々を魅了するスポーツである。

フォックスハウンド協会のマスターと呼ばれる狩猟家が狩りを管理しており、それぞれの猟場は明確に規定されている。通常、狩猟に使う動物は、マスターを任命する権限をもつ委員会の所有で、委員会が毎年マスターに予算を交付し、そのなかから犬舎および厩舎のスタッフへの手当が支払われる。

マスターが猟犬を使って狩りをする場合、"角笛を持つ"とされる。実際、角笛を持てるのはマスターだけで、猟犬、猟犬係および猟場にいるメンバーと、特別な吹き方でコミュニケーションをとる。

狩猟は厳しい規制のもとで行われ、数百万ポンドにのぼる産業を支えているにもかかわらず、その存続に対しては、特に英国の都市部で反対意見が強い。アイルランドでも反対はあるが、それによって英国のように狩猟の存続が脅かされるというわけではない。

米国では、より寛容である。この本が印刷に回されたときには、英国では狩猟の今後に関する問題が社会的にも政治的にも一層過敏な状況になっていた。

クリーン・ブーツ

擬臭（本物の獲物が残したものではないにおい）を利用して狩猟のまねごとをするスポーツ（ドラッグ・ハンティング）が、キツネ狩りに代わるスポーツとして提唱されている。この野外スポーツは、キツネ狩りができない地域では人気が高い。猟犬には、多くの場合、動物の排泄物でつけた強烈な"擬臭跡"を追跡させる。犬に人間のにおいを追跡させる「クリーン・ブーツ（きれいな長靴）」というスポーツもあるが、この場合はブラッド・ハウンドを猟犬として用いる。

米国における狩猟

米国では、シーズンを重ねるごとに狩猟の愛好家が増加している。このスポーツが英国で発展していた頃、米国でもバージニア、メリーランドおよびペンシルバニアで、初期の移民が英国の狩猟のやりかたをそっくり真似たスポーツをはじめた。

かつてはアカギツネが米国に輸入されたりしたが、今ではほとんどの狩猟が、米国固有種のハイイロキツネを対象としている。米国西部での狩猟の対象はコヨーテである。

英国諸島で狩猟のときに乗る馬として人気が高いのは依然としてアイリッシュ・ハンターだが、米国では、体が大きくて優美な米国産サラブレッドがこれと肩を並べているようである。

先導役（上図）

マスター（猟場にいるメンバーをコントロールする役目）はフィールド・マスターとも呼ばれ、猟場である田園地帯の地形を熟知していなければならず、障害物があればそれを飛び越える。彼は馬を愛し、勇敢で、優れた馬術家でもある。また、すべてのメンバーを熟知して、あたかも自分の手の甲のしわをたどるように、猟場である田園地帯を突き進んでいかなければならない。

出発（最上図）

ひとりのハンターが猟犬を従え、少し距離を置いてついて来る仲間とともに集合場所を出発する。そして低木の茂みやハリエニシダの藪などの、キツネが潜んでいそうな場所まで導いていく。

ワシントン時代の田園地帯（左図）

バージニア州のキツネ狩りハンターが、伝統的な衣装を身にまとい、1747年にフェアファックス卿によって作出された品種であるフェアファックス・ハウンドを従えている。この田園地帯には、ワシントン大統領時代と同様、キツネが多く生息している。

ハック
Hack

かつて、従僕は狩猟家である主人のハンターに乗り、皆が落ち合う場所へ先に行って待機しており、狩猟家は朝食後、おもむろに猟犬を乗せた荷馬車や1頭立ての2輪馬車であとを追うか、"コバート・ハック"でそこに駆けつけたものである。そうした馬はサラブレッド種の乗用馬で、上品でよくしつけられていた。歩法は"ハック・キャンター"と呼ばれ、乗り心地は快適だった。コバート・ハックは華麗で魅力的な馬で、ハンターよりも軽量だった。この馬で一日中狩りをすることはないため、狩猟の際に必要とされるような筋や骨格は必須条件ではなかった。

パーク・ハック

パーク・ハックはコバート・ハックよりも洗練されており、より華麗で、高度な調教が施されている。ロンドンのハイド・パークのロットン通りで乗馬が最も盛んだった頃には、パーク・ハックに乗ったきちんと正装した紳士が、淑女をエスコートして闊歩していたが、その姿にはしばしば批判的な目が向けられていた。乗り手をよく見せるために、パーク・ハックはあふれんばかりの存在感をもち、いつも軽やかな歩調で、派手で自在な歩様を示した。その歩様と外観は、非の打ちどころがなかった。

現代のハック

現在の競技用のハックでも同様の特質が必要で、理想的な体型をしていなければならない。現在のハックは軽くて優雅だが、虚弱な感じではなく、管囲は8インチ（20cm）以上あることが望ましい。

最近のハックの大部分はサラブレッドあるいはそれに近いもので、より頑健なコバート・ハックよりパーク・ハックにずっと近い。しかし、アラブの混血の場合もあり、アングロ・アラブにも優秀なハックは存在する。

競技用のハックは、小型ハック（142～150cm）、大型ハック（150～153cm）および女性用ハック（142～153cm）に分けられる。女性用ハックには横乗りをする。

競技において、ハックは常歩、速歩および駈歩を行う。襲歩は必要とされないが、表現には個性が求められる。英国における競技会では登録に際して審判による騎乗も行われる。

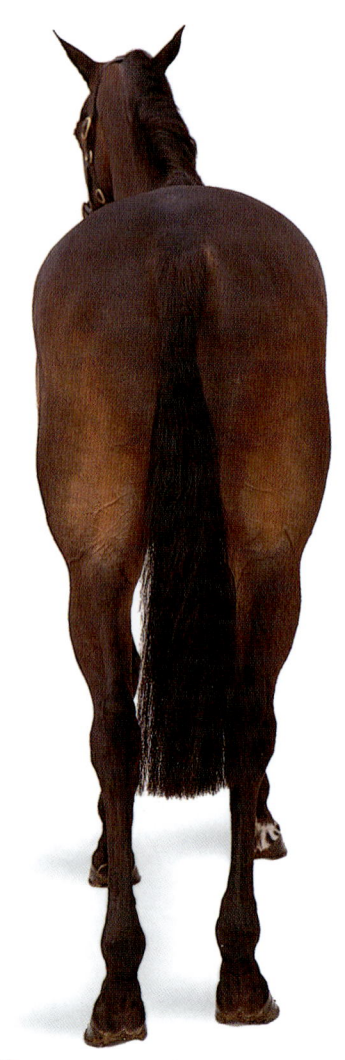

歩様

ハックの歩様は直線的で、正確で、姿勢が低い。膝をゆらせたり高く挙上したりしてはならない。速歩は滑らかで、あたかも浮かんでいるようにみえ、駈歩はゆっくりしているが軽快で、バランスがよくとれている。一連の動きはたいへん見事なものである。ハックはきわめてよく調教されてはいるが、馬場馬術ほどの鍛錬までは期待されていない。

後姿

後ろから見たとき、まず力強さとすばらしい対称性に強く印象づけられる。後肢はまっすぐに伸び、関節の構造にも無駄がない。下腿部の肉付きと臀部の張りは、他のどの馬にもましてハックに求められる点である。蹄もしっかりしていなくてはならない。

ハック／HACK

アウトライン
ハックはサラブレッドのもつ、スピード感のある体型をしている。プロポーションはほぼ完璧で、長い筋肉をもち、決して貧弱だったり厚みがありすぎたりしてはならない

たてがみ
競技会の際には、ハックは頸部がよく見えるようにたてがみを編む。尾はすいて薄くするか、たてがみと同様に編む場合もある

耳
耳はよく動き、周囲によく注意を払う

毛色
ハックは単色なら何でもかまわない。この馬は黒鹿毛である

頭部
上品な頭部は血筋の良い祖先の面影を残しており、ハックの必須条件となっている。凡庸な馬は競技会では勝てない。大きくて勇気に満ちた眼は、よく動く耳とともにこの馬の特徴といえる。

定義
　ハックとは"片手で御すことのできる馬"と定義する人もいる。なぜなら、乗り手が連れの女性に愛撫ができるように。

蹄
動きを強調するためにハックには軽い蹄鉄を装着する

体高
ハックの体高は142〜153cmで、クラスによって異なる。

コブ
Cob

コブはずんぐりした小型の馬で、肉付きが良く、立ち姿は四角っぽい印象を受ける。四肢は力強く、一度見たら忘れられない外観をしている。体型と短くて厚みのある筋肉は、スピードよりは強靭さと牽引能力の高さをうかがわせる。ただし、コブは襲歩も上手にこなすことができ、歩様は高くはなく、むしろ低い部類に属する。

由来

コブというのは認定された品種ではなく、ひとつのタイプである。実際この馬を生産する際の決められたパターンはない。

ある種の非常に良質のコブは、アイルランド鞍馬あるいは大型のハンターとサラブレッドを交配してつくられるが、最近のチャンピオンには純粋なアイルランド鞍馬がなっている。シャイアーとウェルシュ・コブからつくられたコブの例もある。その生産には細心の注意が払われているわけではなく、偶発的にできてしまうことも多い。

特性

英国では1948年に断尾を違法とする法令ができるまでは、コブの尾は切りつめるのが習慣だった。たしかに、断尾によって軽快でスポーティーな外観が得られはしたが、残酷で不必要な習慣ではあった。

コブを形容するのにしばしば"頼もしい"という表現がされるが、この言葉はコブにぴったりである。この馬の仕事は、乗馬を始めたばかりのやや体重のある若い人に、安全で落ち着いて乗馬をしてもらうことである。このため、気質は温和でなければならず、決して"ちゃかちゃか"していてはいけない。実際、コブは非常に賢くて性質の良いものが多い。

かつてコブは乗用馬としてばかりでなく、馬車を引く目的でも用いられていた。今日では、コブは一般的な家族向けのオールラウンドな馬として飼育されており、また、飼育が簡単で経済的なすばらしい狩猟用馬として広く用いられている。

毛色
コブはどんな毛色でもかまわない。アイルランド鞍馬の影響で芦毛が多いが、まれだが、ぶち毛や小斑のあるものでも嫌がられない。この写真のコブは鹿毛である

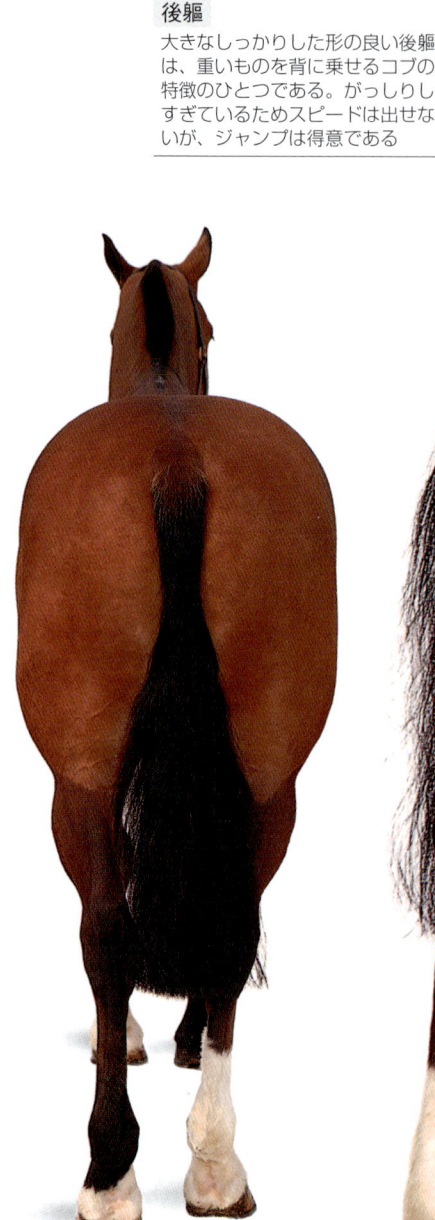

後軀
大きなしっかりした形の良い後軀は、重いものを背に乗せるコブの特徴のひとつである。がっしりしすぎているためスピードは出せないが、ジャンプは得意である

後姿
コブの頭部は必ずしも"貴婦人のメイド"のようではないが、"料理女の下半身"は確かに有している。後肢はスピードは生み出さないが、強靭であることは疑いの余地がない。

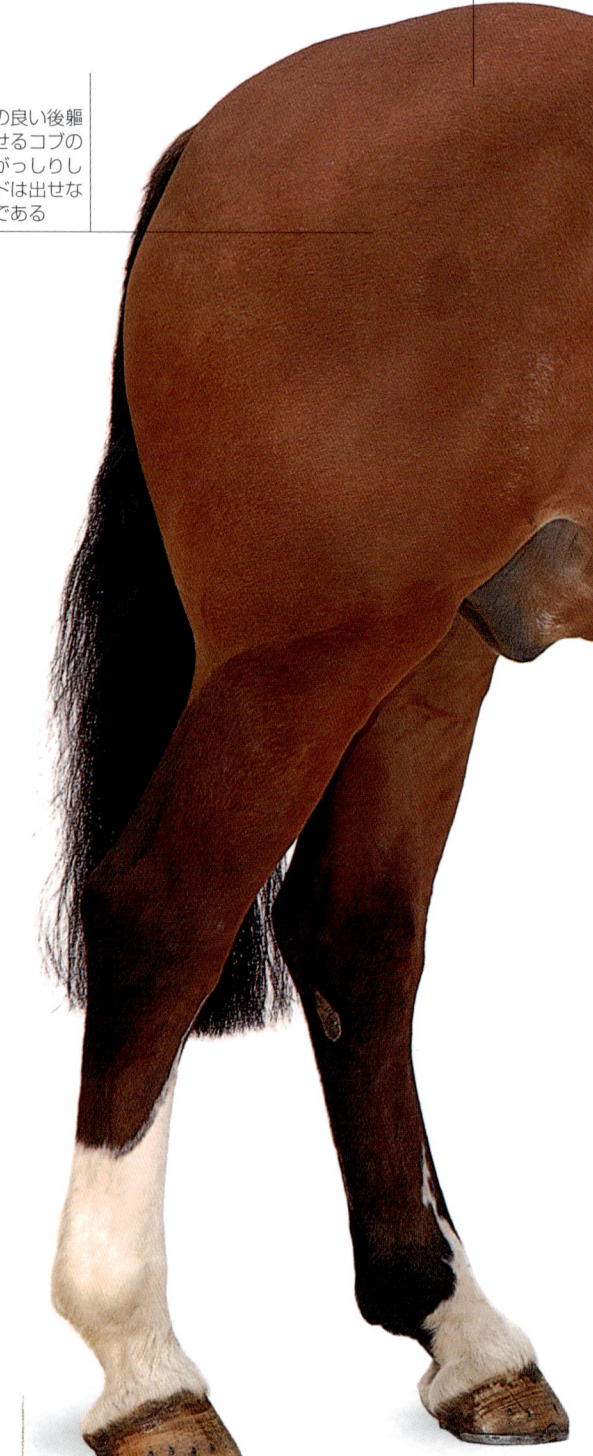

コブ／COB　93

印象
コブは紳士のなかの紳士である。

肩
肩は頑健で、低く無駄のない動きができるように、また膝の動きがおおげさにならないように十分に傾斜しているものが良い

背
背は重いものを乗せるのにふさわしく短くてかなり広く、腰は大きくて力強い。長い背は、腰があまい場合は、コブとしては致命的な欠点となる

頸部
コブ型の馬の頸は体と比較してかなり短い。ただし、湾曲が認められ力強い

たてがみ
たてがみはいつも短く刈ってある

頭部
コブの頭部は上品というよりはむしろ賢そうで、働き者で従順な印象を与える。粗野ではなく知性を感じさせる外観は、よく動く用心深い耳と、間隔の広い寛大そうな眼で強調されている。

胸囲
コブは四肢が短くて力強いが、胸が非常に深いため、実際よりさらに短く見える

肢
管骨は短く、重い物を乗せる能力を左右する管囲は、9インチ（23cm）に達することもある

膝
膝は太くすっきりしており、前肢の肉付きが良い。肘のところで体幹に付着している筋肉も、完全に自由な動きができる

蹄
コブの蹄は広がりがあり、体の大きさに見合っている

体高
コブは体高153cmまで許されるが、競技会では上限が151cmである。この体高なら、あまり運動神経の発達していない人でも簡単に乗れる。

リピッツァナー
Lipizzaner

白馬リピッツァナーは、有名なウィーンにあるスペイン乗馬学校と結びつけてしばしば語られるが、この馬は旧オーストリア・ハンガリー帝国によって精力的に育種が行われた。調教場はオーストリアのグラーツのそばのピーバー牧場に置かれている。また、ハンガリー、ルーマニア、旧チェコスロバキアでも国立の牧場でこの品種を特別に生産してきた。この結果、さまざまなバリエーションが生じている。小格の部類に属するピーバー・リピッツァナーがきわだって優れているというわけではない。たとえばハンガリーでは、より大型で非常に自在な歩様の馬がつくられているが、この馬は他の多くのリピッツァナーと同様、馬車を引くための馬として優れている。

由来

この品種の名前の由来は、旧ユーゴスラビアのリピッツァ（リピカ）で、現在でもそこでは飼育がつづけられている。

1580年、カール2世大公の命により9頭の種牡馬と24頭の牝馬がイベリア半島から輸入され、同時に牧場が建設されたときにこの品種の基礎が築かれた。

大公の目的は、グラーツにある公爵の厩舎およびウィーンにある王室の厩舎へ気品のある馬を供給することにあった。スペイン乗馬学校（スペイン馬を用いたのでこう呼ばれるようになった）は1572年に設立された。王宮に隣接した屋内馬場を擁したこの学校は、貴族に古典馬術を教育することが目的であった。現在の冬宮（屋内馬場）は、カール6世の命により1735年に建設されたものである。

クラドルーバー
馬車用の馬であるクラドルーバーは、スペイン馬を基礎にして育種された品種で、リピッツァナーをつくる際に多大な影響を及ぼした。旧チェコスロバキアのクラドループにある牧場は1572年に設立されたもので、ヨーロッパで最も古い牧場である。

毛色
毛色は芦毛に統一されているが、青毛、黒鹿毛、まれに鹿毛の子馬も生まれる。鹿毛の馬はスペイン乗馬学校に繋養されるのが伝統となっている

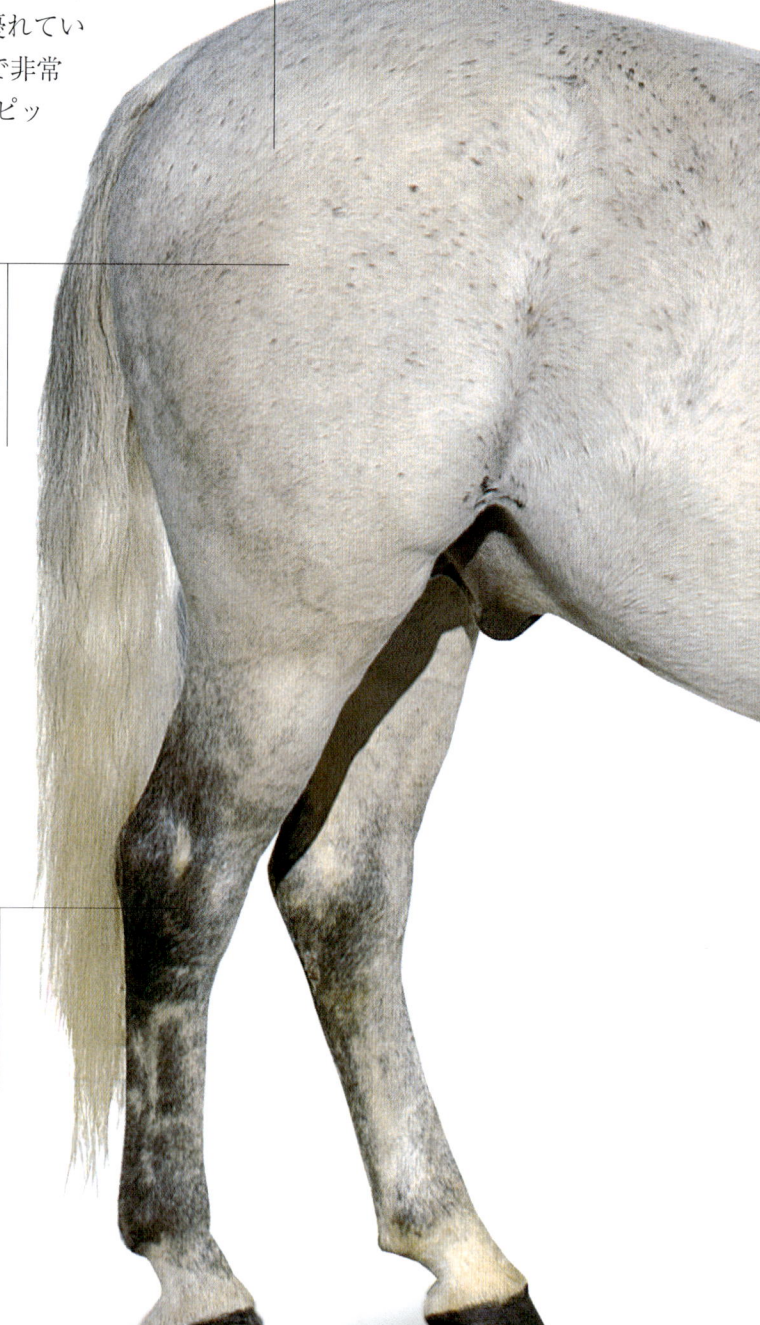

後軀
速度が要求されているわけではないが、リピッツァナーは後軀が力強いので高等馬術の調教には理想的である。美しい絹のような尾は高い位置についている

四肢
フラットな関節をもった短く力強い四肢、緻密な骨、かたい蹄はリピッツァナーの特徴だが、この資質はリピッツァ周辺の石灰岩質の土地が育んだものである

リピッツァナー／LIPIZZANER

肩
鬐甲は目立たない場合が多く、肩は、乗用馬というよりも馬車用馬のような体型のこの品種に調和したものである。したがって、歩様は高く跳ぶような印象を与え、低くて広い歩幅の歩様はみせない

頭部
頭部の形は良い。アラブの影響がしばしば認められるが、昔のスペイン馬のような羊頭の馬もみかける

体幹
体はこじんまりとしていて、厚みがあり、筋肉質で、胸は非常に深い

長寿
リピッツァナーは成熟も遅いが、驚くほど長寿でもある。スペイン乗馬学校の牡馬の多くは、優に20歳を超えても現役で活躍している。

体型
総じて、体型は利用価値の高いオールラウンド・タイプのコブに近いといえる。この点は、特にピーバー・リピッツァナーで顕著である。ハンガリーの馬はサラブレッドの影響がより強く認められ、動きの範囲が広い。

6頭の種牡馬
リピッツァナーには、6頭の根幹となった種牡馬がいる。プルートー（1765年）はフレデリクスボルグだが、祖先は芦毛のスペイン馬であった。青毛のコンベルサーノ（1767年）はナポリ馬で、フェイボリー（1779年）は河原毛のクラドルーバー、ナポリターノ（1790年）は鹿毛のナポリ馬、シグラビー（1810年）は芦毛のアラブであった。また、マエストーソ（1819年）はナポリ馬とスペイン馬とが交雑した馬だった。スペイン乗馬学校ではこれらの種牡馬の血統が現在も維持されており、最初に供用された23頭の牝馬のうち14頭の血統も保たれている。

敏捷で活発
リピッツァナーは敏捷で活動的で、その穏やかな気質は高等馬術の調教に適している。スペイン乗馬学校とピーバーの馬は、第二次世界大戦末期に侵攻してきたロシア軍から、米軍によって守られた。

体高
体高は151〜162cmで変異に富む。

古典馬術

古典馬術の基礎は、ルネッサンス期ヨーロッパのバロック乗馬ホールで築かれた。古典馬術は歴代の馬術家のもとで発展していったが、最初の権威者といえるのは、1532年にナポリ乗馬学校を創設したフェデリコ・グリソーネである。また、古典馬術としての完成は"古典馬術の父"といわれるフランソワ・ロビション・ドゥ・ラ・ゲリニエール（1688〜1751年）の功績に帰することができる。

ゲリニエール伝説

ゲリニエールは、1733年に出版された馬術の聖書ともいうべき「エコール・ドゥ・カバルリ（馬術教本）」の著者で、ウィーンにあるスペイン乗馬学校と、ソミュールにあるフランスの有名なカドル・ノアール（フランス国立乗馬学校）とでそれぞれ実践されている2つの古典馬術の流れに影響を与えた。

どちらの古典馬術もゲリニエールの精神を保とうとはしているが、どこに重点を置くかという点でちがいがあるといえよう。

第3の古典馬術の流れといえるイベリア地方（スペイン、ポルトガル）のいくつかの乗馬学校も同様で、それらの指導者だったマリアルバ4世侯爵（1713〜1799年）もゲリニエールの影響を受けていた。

科学的合理性

1730年〜1751年までのあいだ、ルイ14世の侍従武官だったゲリニエールは、王室の馬術教官とテュイルリー宮殿の調教場の管理責任者も兼務した。彼は仕事を通して、馬術の理念を合理性のある科学ともいうべきものにまで発展させた。「理論のない練習はすべて目的がないに等しい」というのが彼の主張だった。

彼は柔軟性と平衡感覚を高めるために、二蹄跡運動のショルダーイン（肩を内へ）や空中での踏歩変換など、革新的で系統立った調教法を導入した。さらに、彼が定義して広めた古典馬術における騎座は、本質的には今日でも通用する。

宙を舞う

スポーツである馬場馬術の演技と、古典馬術を実践している乗馬学校で行われる高等馬術の芸術様式とのちがいは、肢を接地して行う動作と「宙を舞う」動作の両方に認められる。馬場馬術競技（p.70〜71参照）では、ピアッフェおよびパッサージュなどの収縮歩法は行われるが、イベリア地方の乗馬学校で実施されている古典的なスペイン常歩は行われない。

古典馬術における跳躍は、現在はルバード、クールベット、カプリオールの3種類の動作に限られるが、カドル・ノアールではクルッパードという後肢を力強く高く蹴り上げる動作が行われる。

ルバードでは、馬は飛節を深く曲げてバランスをとりながら前肢を高く上げる。ルバードはクールベットやカプリオールの基本となり、馬がルバードの姿勢を保ちながら前方に跳ぶとクールベットになる。

また、そのまま上方に跳ぶと"ヤギの跳躍"といわれるカプリオールになる。この究極の跳躍では、馬は四肢を同時に地面から離し、体を水平に保ったまま後肢を蹴り出す。

跳躍フォームの細部は、古典馬術を継承している3か所の乗馬学校でそれぞれ異なるが、どの動作がどれなのかを識別できる程度の類似性は存在する。

スペイン常歩（上図）

この見事なスペイン常歩を見ることができるのはイベリア地方の乗馬学校に限られており、闘牛場の騎馬闘牛士および槍方の得意技でもある。この動作はビザンチンの円形競技場で最初に行われたと考えられているが、ヨーロッパでスペイン常歩が取り入れられている所はほかになく、馬場馬術競技にも含まれない。

長手綱でのクールベット（最上図）

ヘレスにあるアンダルシアン乗馬学校の牡馬が、基本的な姿勢であるルバードから、後肢を蹴って前方に跳ぼうとしている。クールベットに限らず、跳躍には高度な収縮が要求され、飛節も強靭でなければならない。

集団での供覧馬術（左図）

ウィーンにあるスペイン乗馬学校は世界最古の乗馬学校で、ここでは"馬術"が「最も純粋な形で育まれて完成にいたる」とされている。

ハクニー
Hackney

優雅に足を高く上げて進むハクニーが、世界で最も華やかな馬車用の馬であることに異論の余地がない。今日では、この馬はもっぱら競技会でしか見かけることができないが、馬車競技においても卓越した勇気と能力をもって競いあう。この品種の基礎となった初期のトロッターは、乗馬としても、また馬車を引かせてもスピードと持久力があるため、注目されていた。トロッターのベルファウンダーは、2マイル（3.2km）を6分で、そして9マイル（14.5km）を30分で駆け抜けた。

由来

ハクニーという言葉の由来はよくわかっていないが、おそらくフランス語のhaqueneeからきたものであろう。スペイン語のhacaを語源とする中世フランス語のhaqueは"やくざ馬"あるいは去勢馬を意味している。

ハクニーは、ホース・タイプもポニー・タイプも18世紀および19世紀の英国の速歩馬を基礎にしてつくられた（ポニーは、カンブリア地方のカークビー・ロンズデールのクリストファー・ウィルソンによって育種されたウィルソン・ポニーを介して、フェルの影響を受けている）。

英国には2種の正式に認められたトロッターとロードスターがいた。ひとつはノーフォーク原産であり、もうひとつはヨークシャー原産であった。どちらも共通の祖先である、1755年に"前肢を高く持ち上げて"速歩をする牝馬のブレイズから生まれたオリジナル・シェールズの血を引いていた（ブレイズは繋駕速歩競走用馬であるスタンダードブレッドの始祖、メッセンジャーの近親であった）。

ブレイズはサラブレッドの3頭の根幹種牡馬のうちの1頭、ダーレー・アラビアンの玄孫（孫の孫）にあたる。ハクニー・ポニーの改良に、ブレイズと同等の影響を及ぼしたのはウィルソン・ポニーの種牡馬、サー・ジョージである。サー・ジョージは、ブレイズの父親であり優秀な競走馬でもあったフライング・チャイルダーの子孫である。

頸部
頸はきわだって長く、良い形をしている。頸は肩にほとんど垂直についている

頭部
頭は小さく、横顔は凸状で、耳は小さくてかわいらしい。鼻口部は美しくすっきりしている。眼は大きく、非常に大胆な印象を与える

肩
肩は力強く、鬐甲は乗用馬とはちがって低い

蹄
蹄は通常より長く伸ばされる。これにより"スナップ"の効いた動きをすることができる

馬車を引いている姿
盛装したハクニーの姿は、競技会で最も感動させられるもののひとつである。引いている馬車は非常に軽く、1人乗りで4輪のゴムタイヤをつけている。

ハクニー／HACKNEY

被毛
ハクニーとハクニー・ポニーはいずれも被毛が特に美しく、絹のような手ざわりである

毛色
ハクニーとハクニー・ポニーの毛色はいずれも通常、黒鹿毛、青毛、ここで示した鹿毛、そして栗毛である

乗り合い馬車（上図）
ハクニーは辻馬車の馬として、一般的に用いられた。この図には1頭のハクニーが、パリで発明された乗り物である昔の乗り合い馬車を引いているところが描かれている。

後肢
後躯と後肢はきわめて力強く、飛節も例外的なほど強靭である。この体型が、馬車を引くときの注目すべき後躯の動きを生み出している

体幹
ハクニーはコンパクトな体型をしており、背は過度に長くなく、胸は非常に深い

尾
尾は高い位置にあり、また高く持ち上げられている

歩様
ハクニーは歩様の見事さが常に審査の対象となる。歩様は直線的で確固としたものでなくてはならず、蹄を左右に振るような動きがあってはならない。

四肢
四肢は短く、飛節は力強く、そして"よく沈んでいる"、つまり姿勢を低くして立つのが良いとされる。休んでいるときには、ハクニーはしっかりと地面に立ち、四角ばった印象を与える。前肢はまっすぐで後肢は広く地面を覆うように後ろへ伸ばす

体高
ハクニーの体高は平均して150～153cmであり、ハクニー・ポニーの体高は140cmを超えない。

馬車

馬車による競技は、ヨーロッパ本土では19世紀末には、すでに確立されていた。ベンノ・フォン・アッヘンバッハは1882年に開かれた第1回の競技会の金メダリストで、この競技に特別な影響を与えた。彼は英国人のプロの競技家、エドウィン・ハウレットから学んだ馬車の操作法を、アッヘンバッハ法もしくは英国法として完成させた。

馬車競技

アッヘンバッハのやりかたは、常に左手ですべての手綱を持ち、右手で馬を操作するというもので、現在、ハンガリーを除いては広く取り入れられている。ハンガリー人は独自のスタイルをもっており、軽量のブレスト・ハーネス（馬車用馬具）を用いる。

長いあいだ、馬車競技はヨーロッパ大陸の馬術競技会に限定された競技にすぎなかったが、国際馬術連盟（FEI）（p.70参照）の総裁のフィリップ殿下の尽力で、1969年になって初めて国際的に認められるようになった。今日では、数多くの国際大会とともに、ヨーロッパ選手権や世界選手権が毎年のように開催されている。

競技では、4頭立ての馬車のほか、ペア（2頭立て）、タンデム（2頭以上が縦並びで引く御者席の高い二輪馬車）およびシングル（1頭立て）の馬車が使われる。

馬車競技は、総合馬術の3日競技の日程に準じて実施される。まず馬場での競技の後にマラソン競走が行われる。マラソン競走は、スピードと持久力を共に評価する種目で、成績には馬場での競技の3倍以上の影響を与える。マラソン競走は複数のセクションに分かれており、走行距離は約40マイル（64km）にも及ぶ。その途中には、障害物の置かれた曲がりくねったコースや坂道などが多く存在しているが、そうしたコースを上手に通過しなければならない。

馬車競技の最終種目は「コーン・ドライビング」と呼ばれる障害競走である。この種目はコーン（円錐状の標識）で設定された障害コースで行われ、厳しい時間制限が設けられている。コーンに当たったり、コーンの先端に乗ったボールを置き直したりすると、時間制限を超えた場合と同様のペナルティが科せられる。この競技は、過酷なマラソン競走を終えた後の御者の技量と馬の適応力を評価するものである。

馬車と馬

「重戦車」とも称されるマラソン競走用の馬車は、この競技専用につくられており、優雅さとはほど遠い実用的なもので、ディスク・ブレーキが取りつけられている場合が多い。

馬車チームの多くは、ホルスタイン、オルデンブルク、ヘルデラントなど、ヨーロッパの鞍用馬に由来する中間種で構成される。制御しやすいウェルシュ・コブやフェル・ポニーのほか、クリーブランド・ベイおよびクリーブランドの交雑種も好まれる。

さっそうとしたハンガリーのチームは、国産のリピッツァナーを使用するが、この馬は古典的なピーバー・タイプに比べてスピードがある（p.94〜95参照）。

馬車タイムレース

この競技は改造自動車競走の馬バージョンで、観客の評判は非常に良い。基本的にはスピードを競う障害競走で、2頭のポニーに軽量の空気入りタイヤ四輪馬車をつなぎ、御者と助手が乗って競走をする。助手は素早い判断で体重を移動させ、馬車の安定を保つ。

一頭立て馬車（上図）

　一頭立て馬車でも馬車競技を行うことができ、二頭立てや四頭立てと同じ形式で競技が実施される。最上図に示した写真の馬と同じように、この馬も通常のハモ（馬車用首当て）でなくブレスト・ハーネスを装着している。ブレスト・ハーネスのほうが軽いため、一頭立て馬車には適している。

ギャロップで進め！（最上図）

　猛スピードでコーンのあいだを鋭く回り込んでくる馬車タイムレースでの2頭のポニーの調和のとれた動き。この競技では、正確に走行するのは当然のことながら、走破タイムが重要な要素となる。そのためには優れた技量、判断力、強靭な精神が必要とされる。

競技の最中（左図）

　力強いオランダ温血種のチームが、ブレスト・ハーネスを装着し、速いスピードで敢然と障害を通過していく。保護用ブーツは下肢を守るためのものだが、どの馬もブーツを装着している。

フレンチ・トロッター
French Trotter

速歩競技というスポーツは、繋駕速歩競走も騎乗によるものも、共に19世紀初頭にフランスで生まれた。1836年、この競走のための専用の競馬場がシェルブールに建造された。フレンチ・トロッターはこの競走に対する人気の高まりから、ノルマンディー原産の馬を品種改良してつくられた。

由来

ノルマンディーのブリーダーは、国立種馬牧場の支援を得て、英国からサラブレッドおよびその混血の種牡馬、比類のないノーフォーク・ロードスターを輸入し、在来種の牝馬から、より軽くて活動的な馬をつくり出した。

輸入された馬のうち頂点となった馬は、ロードスターのノーフォーク・フェノミナンと、ラトラーの血が半分入ったヤング・ラトラーの2頭であった。両者ともこの品種に対して強い影響を及ぼしている。サラブレッドのヘアー・オブ・リンネも改良に用いられた。これらの馬や他の輸入種牡馬によって、現在のフレンチ・トロッターのほとんどが含まれてしまう5つの重要な血統ができあがった。

スタンダードブレッドの血

やがて、米国のスタンダードブレッドの血が導入された。その目的はトロッターをより速くすることにあった。しかしその血は、現在世界で最も優秀な繋駕速歩競走用馬であるタフなフレンチ・トロッターのユニークな特性にはなんの影響も及ぼさなかった。

騎乗による速歩競走、およびフランスのすべての競馬のうちの10％はトロッターで行われるが、フランス産馬の右に出るものはいない。騎乗しての競走は、より大型で力の強い馬の生産を促した。その結果、牧場での利用価値も高まった。繋駕速歩競走でのめざましい活躍以外に、フレンチ・トロッターはセル・フランセ（p.72～73参照）の改良にも影響を与えた。この馬は障害飛越競技用馬の父ともいわれている。

フレンチ・トロッターは1922年に品種として認定され、1937年には血統書にフレンチ・トロッター以外の馬との交雑馬の登録が禁止された。

しかし最近では、特定のスタンダードブレッドとの交配についてのみ、若干認められている。

肩
以前はフレンチ・トロッターの肩は立ち気味だったが、現在のトロッターは、良い形の肩に変わってきている

下顎
下顎に余分な肉はついていない

頭部
品種として固定されているフレンチ・トロッターは、ユニークな特徴をもった容貌をしている。現在のトロッターの頭部は、この馬の古い祖先である昔のアングロ・ノルマンよりもむしろ英国のサラブレッドに近い傾向がある。サラブレッドのように洗練されてはいないが、賢さと生気に満ちた印象を与える。

フレンチ・トロッター／FRENCH TROTTER

競馬
フランスの最も重要な繋駕速歩競走はプリ・ダメリクである。年齢に関係のないチャンピオンシップで、ヴァンセンヌで開催され、距離は1マイル5ハロン（2.6km）である。最も歴史のある騎乗競走はプリ・ド・コルニュリエで、距離は同じである。フレンチ・トロッターのチャンピオン、ユーラシは1988年のプリ・ダメリクでハットトリックを達成した。そして1kmを1分15.6秒で走るという新記録をうちたてた。

後軀
非常に力強い後軀は現代のフレンチ・トロッターの特徴とすることができる。以前のいくぶん粗野で骨ばった姿からすっかり変わっている。現代のトロッターは能力の向上も著しい

繋駕速歩競走用馬車
1890年代初期に用いられていた大きな車輪が、ボールベアリングを使った小さな2輪の空気タイヤ車輪に変わった。この改造により競走のスピードが著しく速くなった。現在の、より改良の進んだ一人乗りの馬車は、米国の航空技術者のジョー・キングによって考案され、1970年代に実用化されて、すぐに記録が更新された。

毛色
この写真のフレンチ・トロッターは栗毛である。この品種の毛色で多いのは、栗毛、鹿毛、黒鹿毛である。粕毛はみられるが、芦毛はめったにない

ヴァンサン
ヴァンサン競馬場はフランス一の競馬場である。この1.25マイル（2km）の馬場は繋駕速歩競走用トロッターおよび騎乗競走用トロッター双方に対する究極の能力検定の場とみなされている。このコースは下り坂で始まり、その後上り坂となり、最後の1000ヤード（900m）はきつい勾配の上り坂になっている。繋駕速歩競走の世界でもユニークなコースだが、同様にユニークな存在である速歩馬の品種改良に貢献している競馬場といえる。

スピード
1989年に行われた5歳以上の競走での記録は、3/5マイル（1km）あたり1分22秒であった。

フクシア
最も繁栄しているトロッターの血統は、1883年に英国で生まれた半血種のフクシアの血統である。この馬は400頭のトロッターの父となり、牡の産駒のうち100頭以上が勝馬の父となった。

体高
平均体高は162cmである。大型のほうが騎乗用のトロッターとしては有利である。

フリージアン
Friesian

重種のフリージアンは、ヨーロッパ古代の森林馬の子孫で、オランダ北部の海に囲まれたフリースラント原産の品種である。オランダでは、現在でも昔と同様、熱烈な支持を受けている。

歴史

新約聖書のローマ人への手紙のなかでフリージアンは、目には気難しさが宿るが力強い馬であると記されている。それから1000年後、この馬の外貌はだいぶ良くなった。十字軍の遠征の際、この馬が従順で持久力があることが証明された。東洋の馬と交配されることで、より改良が進んだ。

またスペインが80年にわたる戦争のあいだ、オランダを占領しているときに導入したアンダルシアン（p.50〜51参照）も、この品種の改良に貢献した。

フリージアンは馬車を引かせても、人を乗せても、農耕馬としても優れていたため、他の品種の改良に多用された。

有名なオルデンブルク（p.84〜85参照）は、おもにフリージアンを基礎に改良されたものである。ローマに対抗するためにフリースラント人が側面部隊をこの黒い馬とともに送った際に、英国のデールズ（p.226〜227参照）とフェル（p.228〜229参照）もこの馬の影響を受けた。

さらにフリージアンは、この品種から分岐したオールド・イングリッシュ・ブラックを通して、イングランドのグレート・ホース、すなわちシャイアー（p.188〜189参照）やノルウェーのデール・グッドブランダールにも影響を与えている。

体高
フリージアンの体高は150cm以上である。

トップライン
比較的小型の馬であるフリージアンは、あたかも誇りの高さを示すかのように、持ち上げた頸によって強調された印象的なトップラインを有している

頭部
短いが用心深そうな耳をもつ頭部は、長く美しく引き締まっている。この馬の気立ての良さと愛嬌のある性質がよく現れている

最高の輓用馬
敏捷さと気質から、フリージアンは乗用馬としても優れている。しかし、この品種が卓越しているのは輓用馬としてである。この馬は美しく均整がとれており、エネルギッシュで活動的な速歩時の歩様は印象的である。オランダでは伝統的なフリージアン・ギグ（馬車）を引かせるときにも用いられ、多くの人を喜ばせている。

フリージアン／FRIESIAN　105

葬式（左図）
ロンドンの通りを、黒い馬に引かれたウェリントン公爵の葬式馬車が行く場面を描いた版画。黒い毛色、外貌、人目をひく動作から、フリージアンは、「葬儀業界」からの需要が高かった。また、同じ理由でサーカスで使われることも多かった。

デール・グッドブランダール
デール・グッドブランダールはノルウェーのグッドブランダール渓谷原産だが、イングリッシュ・フェルとデールズに非常に似ており、おそらくフリージアンなどと共通の祖先をもっていると思われる。ノルウェーと英国が近いため、フリージアンは両方の国に輸出された。

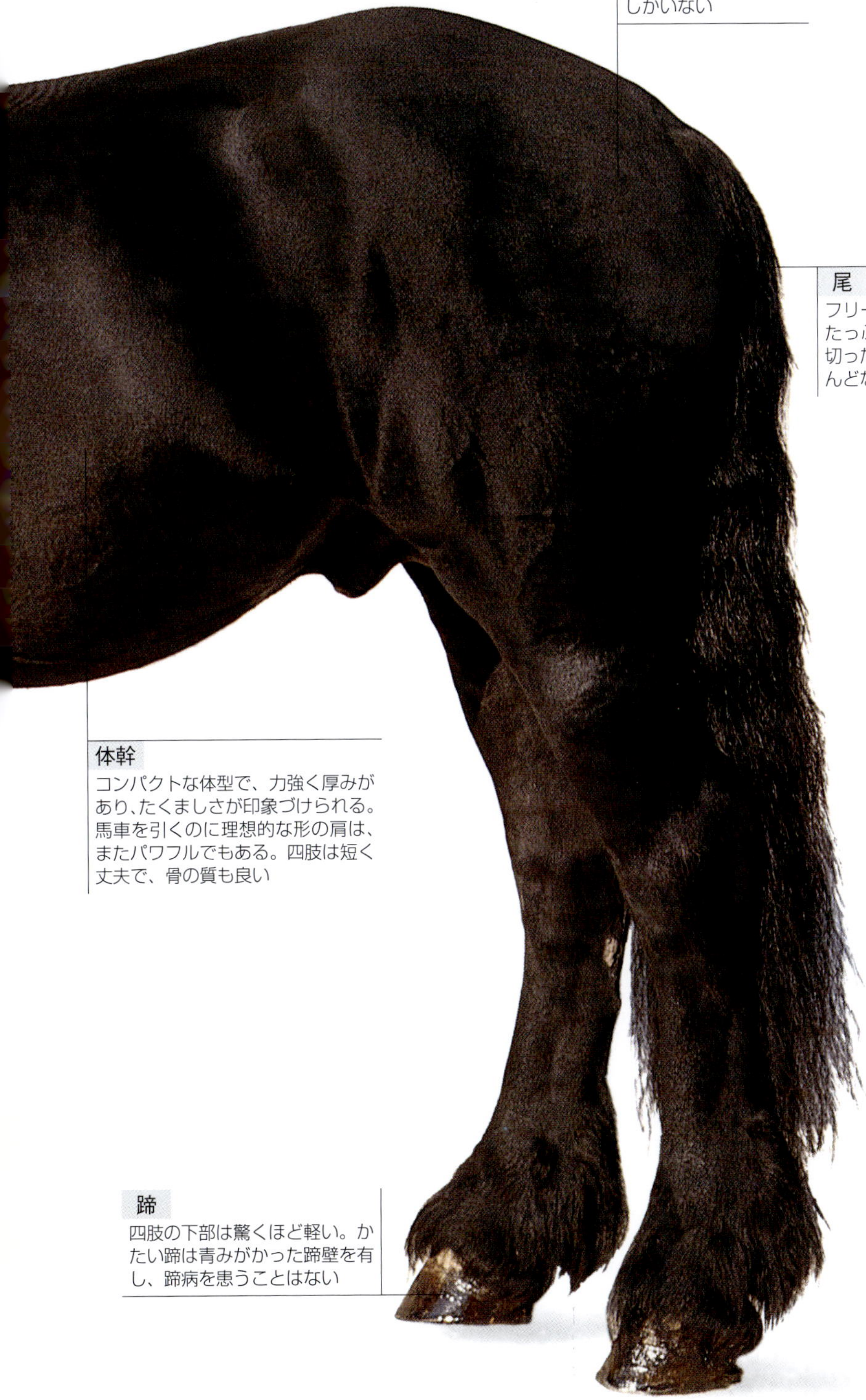

毛色
フリージアンには青毛しかいない

尾
フリージアンの尾とたてがみは、たっぷりとしていて豊かである。切ったり編んだりすることはほとんどない

体幹
コンパクトな体型で、力強く厚みがあり、たくましさが印象づけられる。馬車を引くのに理想的な形の肩は、またパワフルでもある。四肢は短く丈夫で、骨の質も良い

蹄
四肢の下部は驚くほど軽い。かたい蹄は青みがかった蹄壁を有し、蹄病を患うことはない

後姿
フリージアンの臀部は傾斜しており、フリージアンの影響を受けているデールズよりもやや低い位置にある。臀部は力強いが、重種のような量感はない。

アイルランド輓馬
Irish Draught

アイルランド産のハンターはおそらく世界で最も優れたクロスカントリー用馬であるともいえる。この馬は、サラブレッドと、どんな仕事にも向く多才な馬で"田園地帯の馬"と呼ばれているアイルランド輓馬を交配して生産される。

由来

この品種は初期の段階で、アイルランドの在来種が、当時たくさんいたスペイン馬で改良されたという歴史をもっている。その馬格と性質は、1172年のノルマン人の英国侵略以降アイルランドに持ち込まれたヨーロッパ（おもにフランスならびにフランダース）原産の重種の影響を受けている。

ひきつづき、そのたくましい馬は、東洋の馬やスペイン馬すなわちアンダルシアンなどとの交配で改良された。そうして生み出された馬は、アイルランドの小農場で農業で必要なあらゆる種類の仕事、馬車の牽引、乗用に用いられた。

石灰岩質の牧草地と温暖な気候によって、そのすばらしい骨格、容姿、馬格が育まれた。一方、アイルランド人は生来の狩猟好きのため、アイルランド輓馬を障害物の多い野外を駆け抜けることのできる優れた能力をもつ馬に改良した。

英国のサラブレッドとの交配によって、この品種に受け継がれてきた狩猟感覚は失わせることなく、活動性とスピードの加わった馬を生産することができる。

毛色
このアイルランド輓馬は連銭芦毛である。単色はすべて生じる可能性がある

肩
古いタイプのアイルランド輓馬の肩は直立する傾向があり、頸は短かった。これらの欠点は現在の馬では消失した

前軀
この品種はもともと胸が深い。肩の改良によって、現在のアイルランド輓馬の前肢は歩幅が長くなるような位置になった

体高
体高は約160cmである。牡馬はしばしば170cmに達する。

子馬（上図）
母馬のそばに凛々しく立っているこの子馬は、すばらしい容姿、骨格、四肢、そして人目をひく風貌をしている。通常サラブレッドと交配されるアイルランド輓馬が産む子馬は、丈夫で発育が良く、品評会での評価も高まりつつある。

アイルランド輓馬／IRISH DRAUGHT 107

気質と性格
現代のアイルランド輓馬は生まれながらのジャンパーであり、敏捷で、非常に運動能力に優れていて、かつ勇敢である。英国のアイルランド輓馬協会に登録されている牡馬は、大部分が通常狩猟および障害飛越競技に用いられる。この品種は穏やかな性格で、協調性があり、飼育にかかる経済的負担は少ない。

背
何にもましてアイルランド輓馬は、その資質の高さをうかがわせる体型をしている。個体によっては背がやや長く、臀部が傾斜しすぎていることがあるが、多くの馬は全体的にすばらしい強靭さを感じさせる

頭部
アイルランド輓馬の頭部は、馬格に比して小さめで知的な顔をしている。眼は思いやりがあり、正直な印象を与え、総じてあくまで働き者の風貌を有している。

体幹
体幹は太く、被毛は美しくきめが細かい。鬐甲は良い形で、胸廓ははっきりした卵形である。細長い印象であってはならない

四肢
アイルランド輓馬の四肢は量感があり、形の良いまっすぐな管骨を有しており、距毛はない。前肢の膝の位置が低いというかつての欠点は消えている

後姿
臀部のバネのようなすばらしい力強さは、アイルランド輓馬の能力を物語るものである。歩様は直線的で、上下動が少なくバランスがとれている。大げさな動きは示さないが運動性に富む。

ノルマン・コブ
Norman Cob

ノルマンディーは世界でも有数の馬産地である。ノルマンディーのル・パン牧場およびサント・ロ牧場では、何世紀にもわたって特定の目的に合ったさまざまな馬が生産されてきており、現在でもフレンチ・トロッター、ペルシュロン、サラブレッド、アングロ・ノルマン、ブーロンネなどが繋養されている。これらの品種よりも知名度は低いが、非常に人気のあるノルマン・コブも両方の牧場に繋養されている。

由来

ル・パン牧場は、王家の馬牧場としてルイ14世により1665年に設立された。初めて種牡馬が繋養されるようになったのは1730年であった。サント・ロの牧場は勅命により1806年に設立され、1912年までに422頭の種牡馬を繋養するまでになった。

20世紀初めに、中間種の生産は、騎兵用に適した馬の生産と軽い牽引に用いられるやや大型の馬の生産とに区別された。大型の馬の尾は使用目的に合うように切り詰められたが、その格好が英国のコブに似ていたため、ノルマン・コブと呼ばれるようになった。多くのノルマン・コブの種牡馬が国立牧場に繋養されていたにもかかわらず、血統書はつくられていない。子馬の能力検定が実施されており、繁殖記録は残されている。

ラ・マンシュ地方はノルマン・コブの故郷であり、現在でもそこでよく見かけることができる。

この馬はさまざまな牽引作業や一般の農場で運搬用に使われている。何年ものあいだに、ノルマン・コブは使役面での必要性から次第に大型になったが、そのエネルギッシュな歩様と魅力的な特徴は失われてはいない。

頸部
湾曲した頸と賢そうな頭部は、ノルマン・コブに典型的に認められる

体型
ノルマン・コブは全体的に頑丈なつくりをしており、明らかに強健で力強い。しかし、いわゆる重種ではなく、重種にみられるがっしりした骨格や体型をしているとはいえない。またこの品種は、重種と比較して活動的でエネルギッシュである

駄載用馬
ノルマンディーは馬飼養の長い歴史をもっている。人々は馬をあらゆる目的に使用してきた。馬は土地を耕し、農産物を市場へ運ぶなどの輸送を担うことで、この肥沃な農地を支えてきた。この絵の馬は、巧みにデザインされた荷かごで木材を運んでおり、1頭はきこりの妻を乗せている。

ノルマン・コブ／NORMAN COB

体幹
より軽量の英国のコブ型の乗用馬と同様、ノルマン・コブも全体が引き締まっており、背は短くて堅固で、力強い臀部へと連なっている。この馬の胴は厚く丸みがあり、力強い肩は美しく傾斜しているのが特徴的である

毛色
ノルマン・コブの伝統的な毛色は栗毛、鹿毛あるいはここに示した黒鹿毛に近い鹿毛である。赤っぽい粕毛や芦毛もみられることがあるが、他の毛色はめったにない

郵便馬車
ノルマン・コブの先祖は、19世紀半ば頃は郵便馬車を牽引するのに用いられていた。この馬は、でこぼこの道にも耐える丈夫さと、長距離をかなりのスピードで走りつづけられる能力を備えていた。

尾
ノルマン・コブの尾は、20世紀前半から切り詰められるようになった。この処置は英国では法律で禁じられているが、フランスでは今でも行われている

歩様
現在のノルマン・コブは、かつて軍馬として大量に生産された乗用馬によく似た初期のタイプに比べると重くなってきている。しかし、今でも活動性、柔軟性、軽輓馬に特徴的な軽快な速歩を失ってはいない。

四肢
ノルマン・コブの四肢は短く、非常に筋肉質だが、重種と比較して軽快で距毛も少ない。しかし、前肢の太さは尋常ではない

体高
ノルマン・コブは、よく似ている英国原産の品種と比較すると大型で、153～163cmである。

クリーブランド・ベイ
Cleveland Bay

中世期に、英国のクリーブランド周辺のヨークシャーズ・ノース・ライディングの北東部一帯に鹿毛（ベイ）の駄載用馬が飼育されていた。この馬は、その時代の行商人であり荷物の運送業者でもあったチャップマン（商人）の荷物を運んでいたため、チャップマン・ホースの名で知られていた。

由来

チャップマン・ホースに、後にスペイン馬の血が導入されて現在のクリーブランド・ベイができあがった。17世紀後半の英国北東部には多数のアンダルシアンが飼われており、また、北アフリカのバーバリ海岸と英国北東部の港町とのあいだでさかんに貿易が行われていたため、バルブも飼育されていた。

これらの血が複雑に入り混じるなかで、他の軛用馬や、後の時代のサラブレッドの血に頼ることなく、力強く、美しい肢をもった、重い粘土質の土地で働き、大量の荷物を運ぶことのできる馬がつくり出された。この馬は重い人間が乗って狩猟に出ても平気だったし、ジャンプも得意だった。この馬はジョージ2世の時代まではどの馬にもまさる無比の馬車用馬であった。

マカダム道路（アスファルトなどで固めた舗装道路）が普及するに従い、クリーブランド・ベイは、時速8～10マイル（12～16km）で走らなければならない馬車用の馬としては遅すぎると判断された。その結果、サラブレッドとクリーブランド・ベイを交配させてできたヨークシャー・コーチ・ホースが使用されるようになった。ヨークシャー・コーチ・ホースの血統書は、事実上その品種が消滅した1936年に発刊が終わった。

体高
クリーブランド・ベイの体高はおよそ160～162cmである。

頸部
現在のクリーブランド・ベイは、祖先よりも小型だが、頸部から肩にかけては特に力強い

毛色
鹿毛で四肢の先が黒いのがクリーブランド・ベイの特徴である

頭部
クリーブランド・ベイの頭部には、一部その血が流れていると考えられているアンダルシアン（p.50～51参照）をしのばせるいくつかの特徴が今でも認められる。ただしこれらの特徴は、現在のアンダルシアンではルネッサンス期に生きていた祖先ほど顕著ではない。以前は「羊」あるいは「鷹」に似ていると表現されたやや凸状の横顔は、スペインの系統の馬に典型的にみられるものである。

マルグレイブ・シュープリーム

1962年には英国にクリーブランド・ベイの牡馬はたった4頭しかいなかった。この品種の延命には、エリザベス2世が、当初米国に売却する予定だった種牡馬のマルグレイブ・シュープリームを繁殖に供したことが大いに寄与している。この馬の成功はめざましく、1977年に供用されていた15頭の種牡馬のうち、そのほとんどがこの馬の子孫だったのである。

体格

クリーブランド・ベイは障害飛越、狩猟、そしてもちろんすばらしい馬車用馬を生産するためにサラブレッドとの交配をつづけている。この馬は体の大きさ、骨、頑丈な体格、スタミナおよび強靱さをすべて子孫に伝える。クリーブランド・ベイは、最も長くつづいている品種のひとつであり、特に繁殖能力に優れている。

王室のお気に入り

クリーブランド・ベイは英国王室厩舎のスターでありつづけてきた。エジンバラ公が率いるクリーブランド・ベイとその混血種で構成されたチームが、馬車の国際競技会でめざましい成功を収めたことで、この品種の評価は大いに高まった。

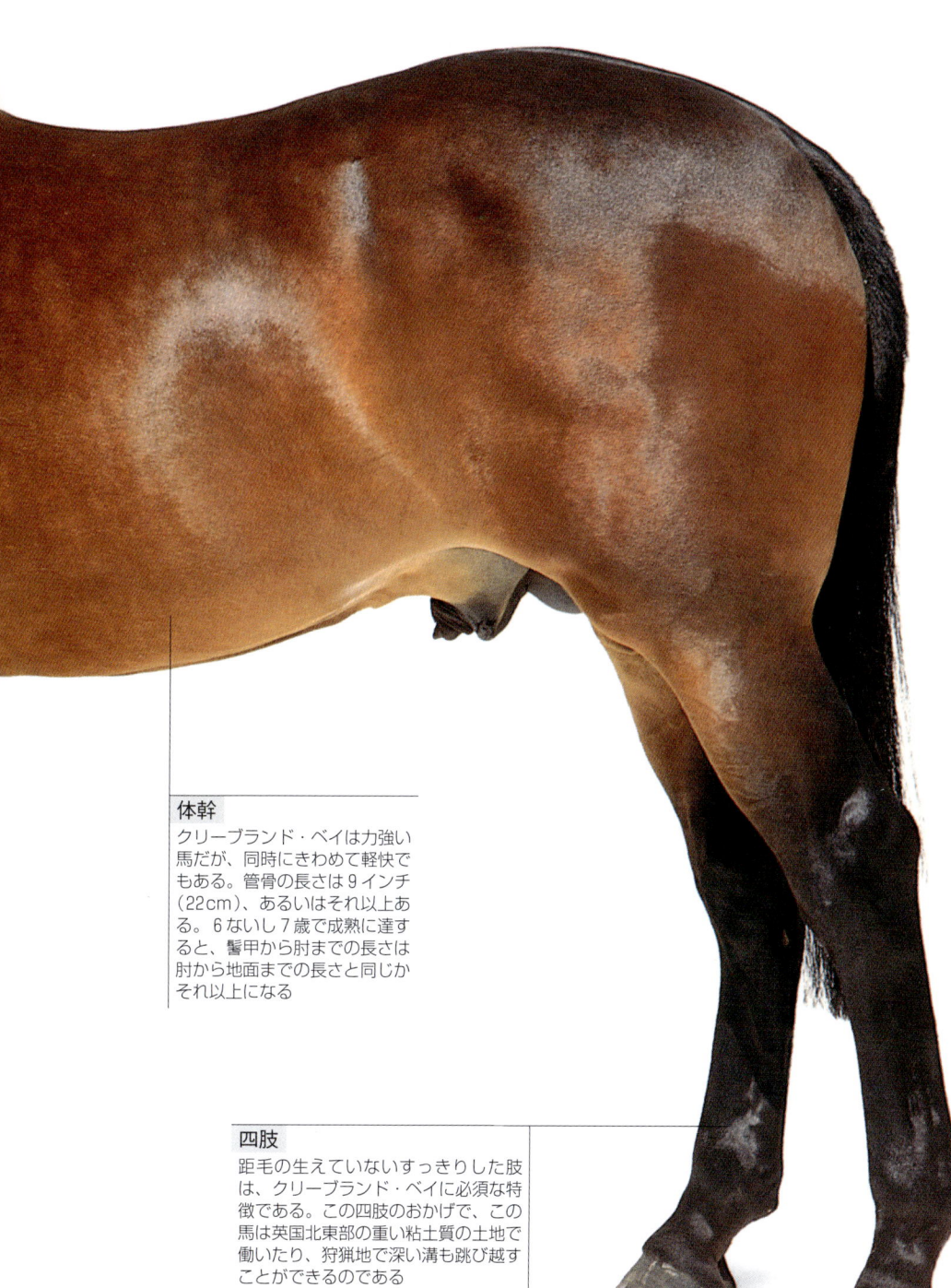

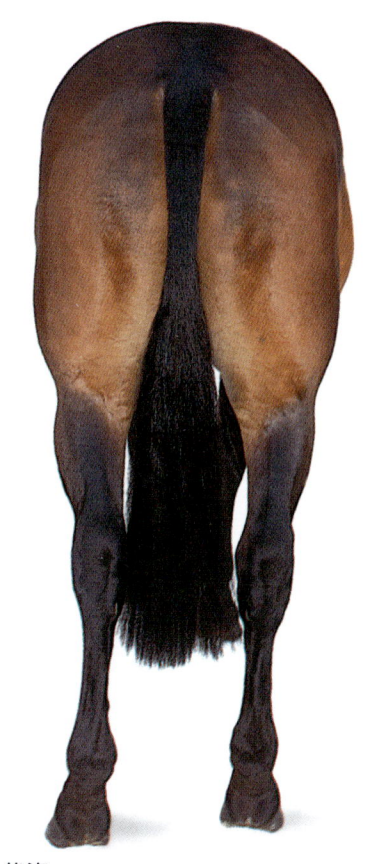

体幹

クリーブランド・ベイは力強い馬だが、同時にきわめて軽快でもある。管骨の長さは9インチ（22cm）、あるいはそれ以上ある。6ないし7歳で成熟に達すると、鬐甲から肘までの長さは肘から地面までの長さと同じかそれ以上になる

四肢

距毛の生えていないすっきりした肢は、クリーブランド・ベイに必須な特徴である。この四肢のおかげで、この馬は英国北東部の重い粘土質の土地で働いたり、狩猟地で深い溝も跳び越すことができるのである

後姿

"家よりも重い"荷物を運ぶのにも十分な大きさの後軀と、それを支える大腿部、飛節およびこれらに見合った球節は、おそらく世界中の優れた狩猟用の重量馬に共通した必要条件であろう。

ヘルデルラント
Gelderlander

オランダのヘルデル地方のブリーダーは、常に革新的で市場の動向を熟知していた。彼らは馬を自分たちの目的に合わせて育種改良もしたが、市場の要求といった観点からも育種改良を行った。100年前に彼らはヘルデルラントの改良に着手した。改良目標は、存在感と機動性に富み、軽い牽引作業ができ、足どりのしっかりした乗用にも使える素直な鞍用馬をつくり出すことだった。

歴史

必須条件であった調教しやすい性質を残しながら、そういった馬をつくり出すために、彼らはありふれた在来の牝馬と、英国、エジプト、ハンガリー、ドイツ、ポーランドおよびロシア産の牡馬とを交配させた。次に彼らは、産駒のなかでの最高の馬を、タイプが固定されるまで近親交配した。後に彼らは、オルデンブルグおよびもっと軽いイースト・フリージアンの血を導入した。1900年頃にはこの品種に敏捷性を加えるために、ハクニーを交配した。さらにフランスのアングロ・ノルマンを少し加えた。

ずっと後になって、この素直なすばらしい前躯を有するヘルデルラントは、より重い品種であるダッチ・フローニンゲンとともに、世評の高いオランダ温血種（p.68〜69参照）の基礎となった。現在のヘルデルラントは鞍用馬としての能力の高さを誇っているが、乗用馬、特に障害飛越競技用馬としても優れた能力を有していることが証明されている。

自由な動き
放牧地を駈歩で走るヘルデルラント。この馬には鞍用馬に必要とされる動きの要素が備わっているが、肩の形が優れているため柔軟でもある。

頸部
頸は力強く、典型的な"鞍用馬"の体型をしている。鬐甲は比較的低く、この点も鞍用向きといえる

肩
ヘルデルラントは決して速く走れる馬ではない。しかし肩の良さで知られており、この点はオランダ温血種にも受け継がれている

頭部
頭部はまさに鞍用向きである。平板で、賢そうだが、美しくはない。横顔はどちらかといえば凸状になる傾向がある。しかしその表情から、この馬の調教しやすさと穏やかな気質が見てとれる。

四肢
四肢は著しく短くて力強い。これは牽引力を生み出すために必須の要素だが、まさにヘルデルラント作出の目的であった鞍用馬としての理想的な体型といえよう。管骨は短く、繋も良好で、管囲もちょうど良い

ヘルデルラント／GELDERLANDER 113

チームとしての働き
世界馬車競技選手権における力強いヘルデルラントで編成された印象的な馬車のチーム。ヘルデルラントは競技界では卓越した存在である。

背
背は乗用馬よりやや短いが、これは輓用馬では一般的であると同時に理想的である。力強く、たるみはまったく感じさせない

後軀
尻はまっすぐで、尾は高い位置に付着している。この部分はヨーロッパ原産の中間種に由来している。力強い形態をしてはいるが、スピードは生み出せない

氷上の馬ぞり
氷上を行くオランダの馬が引くそり。オランダ、特にヘルデル、フローニンゲンおよびフリージアンのブリーダーは、このような利用目的に合わせるために多大な努力を払った。

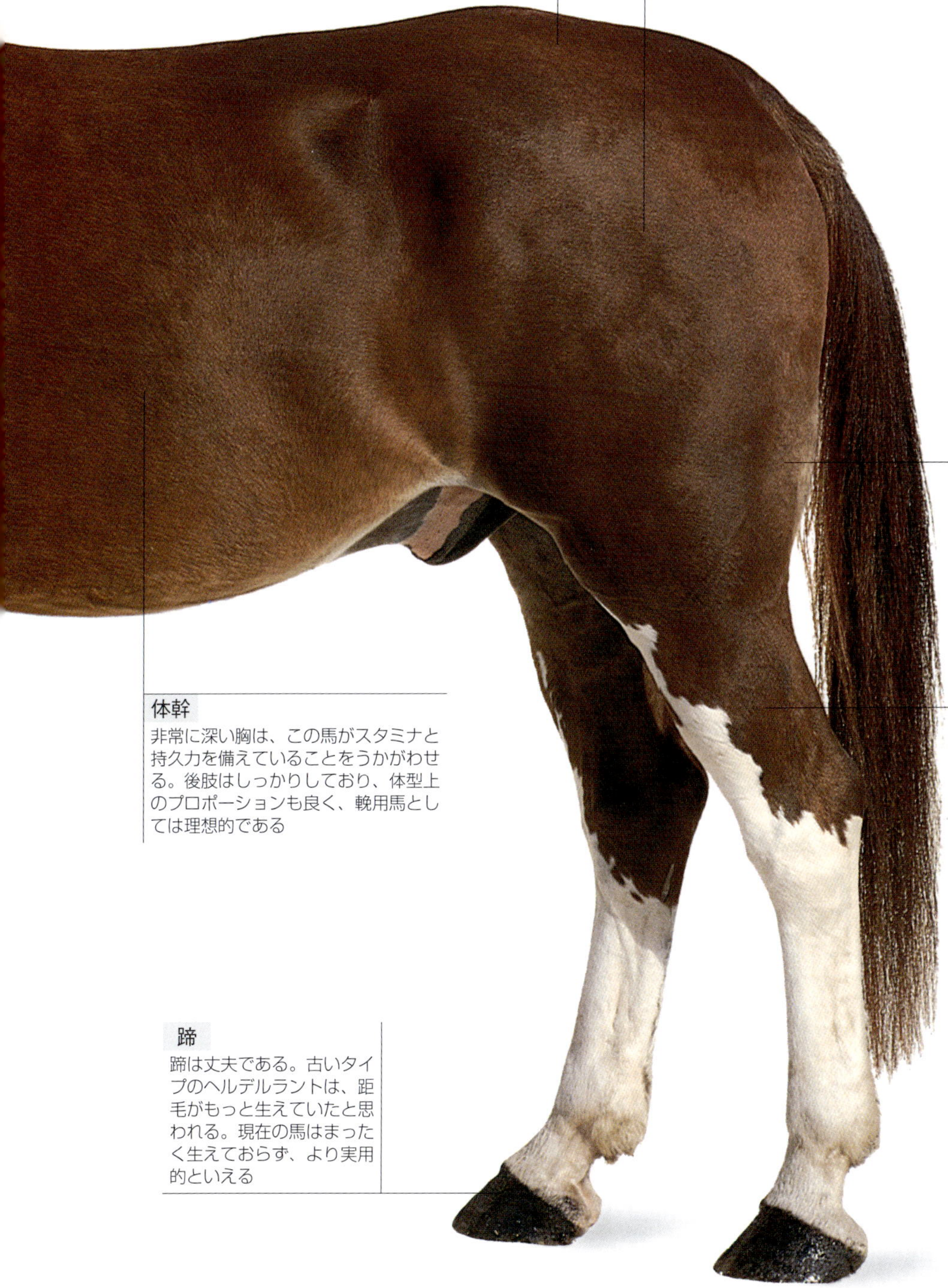

アウトライン
ヘルデルラントの外観は、理想的な輓用馬の体型を示す格好の例といえる。この魅力的な馬には存在感、力強さ、誇り高い態度、高貴でリズミカルな歩様が伴っている

体幹
非常に深い胸は、この馬がスタミナと持久力を備えていることをうかがわせる。後肢はしっかりしており、体型上のプロポーションも良く、輓用馬としては理想的である

毛色
最もよくみられる毛色は栗毛で、しばしばこの写真のように四肢に白徴が認められる。芦毛の馬もおり、また古くはぶち毛も存在した

体高
体高は152〜162cmである。

蹄
蹄は丈夫である。古いタイプのヘルデルラントは、距毛がもっと生えていたと思われる。現在の馬はまったく生えておらず、より実用的といえる

フレデリクスボルグ
Frederiksborg

16世紀のデンマークは、ヨーロッパの王室用の馬の供給地だった。デンマークが生産していた馬は、国王のフリードリッヒ2世が1562年に創設した種馬牧場で育種されたフレデリクスボルグであった。この種馬牧場の生産目標は、馬術の調教に向いており、かつ軍馬としての資質も備えた、上品で活動的な馬をつくり出すことにあった。

由来

　フレデリクスボルグは、まずスペイン馬を基礎として育種が始まった。何世紀も後にヨーロッパ原産の優れた乗用馬も改良に用いられた。さらにスペイン馬と密接な関連があったナポリ馬もこれに加えられた。

　19世紀までには東洋原産の馬と英国原産の馬とが混血した牡馬との異系交配が行われた。その結果、印象的な外観とすばらしく生き生きとした歩様を示す陽気な乗用馬ができあがった。フレデリクスボルグはヨーロッパ中で高い評価を得た。『馬の芝生』（1908〜1909年）のなかでウランゲル伯爵は、この馬を「上品な体型、陽気で気のいい性質、そして力強く高々とした動作」と表現している。

　この品種はおもに他品種の改良、たとえばユトランドに活発さを加えるためなどに用いられてきた。王立デンマーク種馬牧場で生産された一頭のフレデリクスボルグ、すなわち1765年に生まれた芦毛のプルートーは、現在までつづいているリピッツァナーの重要な血統の根幹馬でもある。

　フレデリクスボルグの人気は、同時にその零落の原因ともなった。フレデリクスボルグの輸出が非常に増え、昔からつづいている血統の枯渇化が深刻になった。種馬牧場は、1839年にサラブレッド・タイプの馬の育種に方向転換をした。ただし民間のブリーダーは、軽い鞍用の馬の生産のためにフレデリクスボルグの利用をつづけた。

　近年になって、競技用馬を生産するためにサラブレッドとの交配が行われてきており、現在では古いタイプのフレデリクスボルグが多く残されているとは考えにくい。

鞍用馬
　フレデリクスボルグは頸の高い、非常に力強い高資質の鞍用馬の体型を有している。王室の種馬牧場の閉鎖後は、フレデリクスボルグは鞍用馬として用いられることが多くなった。

前躯
この品種は胸幅が広く、頸は比較的短くて直立しており、頭部は賢そうだが平凡である。肩は力強くいくぶん直立しており、乗用よりは鞍用に向いている

旅行用馬車
　19世紀の、この典型的なデンマークの旅行用馬車を引くのは、おそらくフレデリクスボルグと血縁関係にあると思われる2頭の力強いが地味な馬である。ただし、これらの馬はお世辞にも上品とはいえないことから、純血種であるとは考えられない。

フレデリクスボルグ／FREDERIKSBORG　115

背
背は力強く、鞍用馬に特徴的なかなり平坦な鬐甲へとつづいている

他の品種に対する影響
特定の地域で育種された、フレデリクスボルグの性質を備えた牝馬が、デンマーク温血種（p.74～75参照）作出の基礎となった。異系交配が、多くのヨーロッパ原産の中間種や、サラブレッドとデンマーク在来馬との混血馬に対して行われてきた。

毛色
フレデリクスボルグの毛色は、ここで示したような栗色が多い点が特徴的である。他の毛色はまれにしか出現しない

後軀
後軀はスピードのある形態ではない。典型的な水平尻で、尾は高い位置に付着している

好ましい外観
このフレデリクスボルグは好ましい体型をしている。しっかりした骨格を備えたフレデリクスボルグは、サラブレッドやトラケーネンのような品種と交配させるのに向いていると思われる。実際それらの品種は、デンマーク温血種の育種改良に用いられた。

歩様
鞍用馬にふさわしく、直線的で肢を高く持ち上げるように歩く。速歩がフレデリクスボルグには最も向いている。

体幹
フレデリクスボルグの体長は、ときとして長めで、鬐甲の大きさは適度であるにもかかわらず、立ち姿は地面から離れすぎているような印象を与える。関節の具合は好ましい

蹄
フレデリクスボルグの蹄は丈夫で良い形をしている。蹄はこの品種の美点である

体高
フレデリクスボルグの体高は153～160cmである。

マレンマーナ
Maremmana

マレンマーナは、イタリア・マレンマ地方のトスカーナ州で生産されている。過去50年来、イタリアでは馬の数が急激に減少してきたが、マレンマ、ポー渓谷、シチリア島およびサルデーニャ島では今でも混血の乗用馬が生産されている。

歴史

古代のイタリアには、おそらく在来の馬やポニーは存在していなかったと思われる。最初のうちはスペイン、ペルシャおよびローマ帝国の支配下の地域であったノリクムから馬は持ち込まれていたものと考えられる。にもかかわらず、イタリア産の馬は2000年にわたって重要な位置を占めてきた。

17世紀、イタリアはヨーロッパでも屈指の馬産国であった。イタリア原産種のなかで最も有名なナポリ馬は、スペイン馬、バルブおよびアラブから育種された。最近では、イタリアは優れたサラブレッドを何頭も生産したことでよく知られている。繋駕速歩競走はイタリアで非常に人気があり、一級のトロッターも多く生産されている。

異系交配が頻繁に行われたため、マレンマーナは何を基礎にして育種されたか曖昧になってしまっている。この馬はイタリアの在来種ではなく、また特定のタイプを引き継いでいるわけでもない。ただし、19世紀には一部の馬には英国原産の馬、特にノーフォーク・ロードスターとの交配が行われたものと考えられる。またナポリ馬の血も入っているはずである。その結果、"田舎じみた"馬ができあがった。この馬は器量は良くないが、落ち着きと持久力があり、多用途に用いることができる。輓用馬として農業に用いられるほか、軍隊、警察でも信頼を得ている。マレンマーナはまた、イタリアのカウボーイである「ブテーロ」にも牛追いに用いる馬として好まれている。

体高
体高はさまざまだが、平均は約152〜153cmである。

外貌
"田舎じみた"という形容詞はマレンマーナをよく説明している。その祖先の、重要ではあるが愛らしいとは言いがたいナポリ馬と同様、外観は平凡である。

毛色
この馬は混血なので毛色に制約はない。単色ならどんな毛色でも許されており、特に数の多い毛色はない。写真の馬は鹿毛である

後姿
後軀はスピードが出るようなつくりではないが、力強く実用的で、飛節の形は良い。写真の例は、臀部および後肢のラインが、普通のマレンマーナよりも優れている。一般的に、この部分は粗野な感じで、尾はいくぶん低いところに位置している。

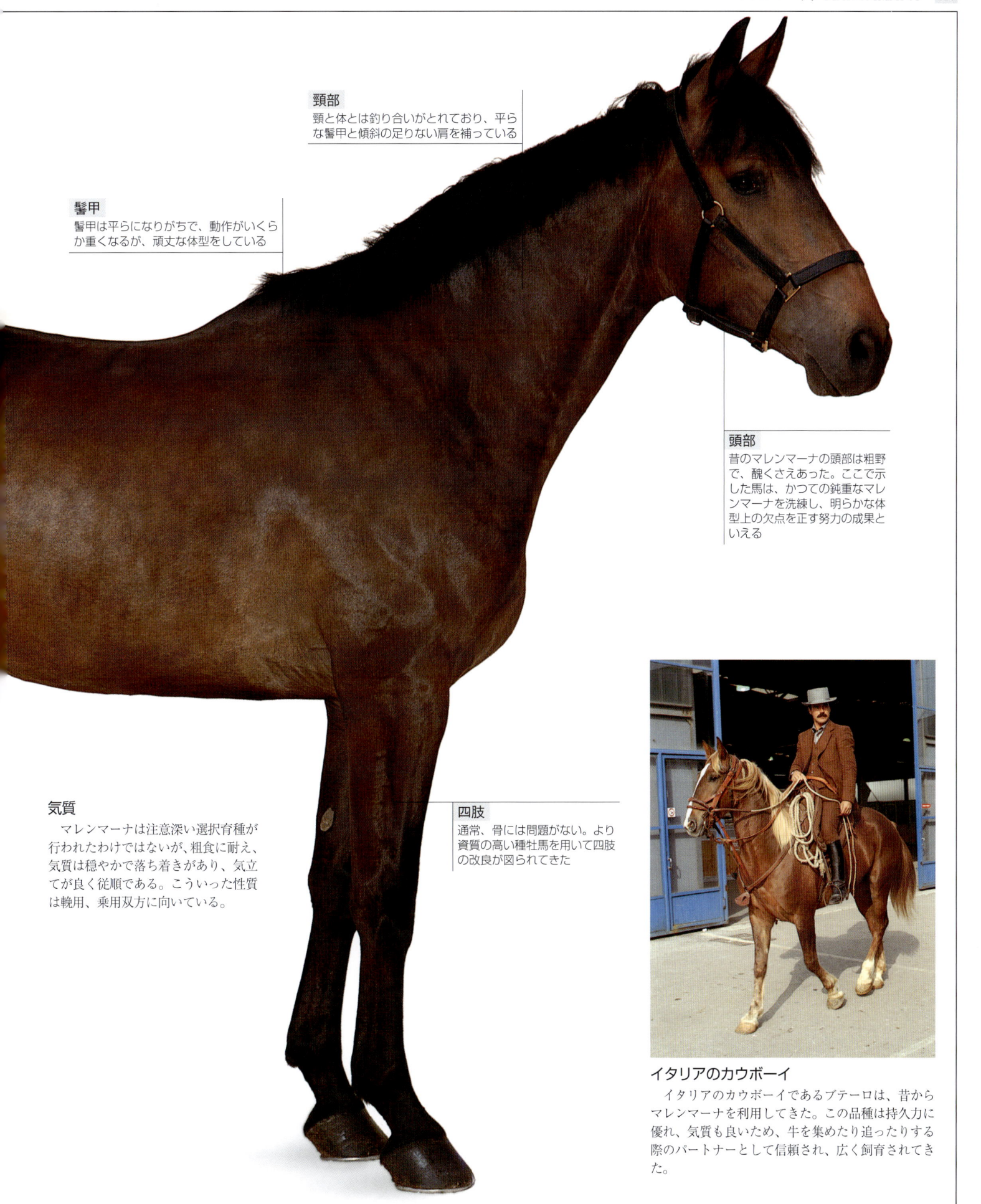

マレンマーナ／MAREMMANA　117

頸部
頸と体とは釣り合いがとれており、平らな鬐甲と傾斜の足りない肩を補っている

鬐甲
鬐甲は平らになりがちで、動作がいくらか重くなるが、頑丈な体型をしている

頭部
昔のマレンマーナの頭部は粗野で、醜くさえあった。ここで示した馬は、かつての鈍重なマレンマーナを洗練し、明らかな体型上の欠点を正す努力の成果といえる

気質
　マレンマーナは注意深い選択育種が行われたわけではないが、粗食に耐え、気質は穏やかで落ち着きがあり、気立てが良く従順である。こういった性質は輓用、乗用双方に向いている。

四肢
通常、骨には問題がない。より資質の高い種牡馬を用いて四肢の改良が図られてきた

イタリアのカウボーイ
　イタリアのカウボーイであるブテーロは、昔からマレンマーナを利用してきた。この品種は持久力に優れ、気質も良いため、牛を集めたり追ったりする際のパートナーとして信頼され、広く飼育されてきた。

ムルゲーゼ
Murgese

イタリアでは、サラブレッドならびにこの国固有のすばらしいトロッターの生産が熱心に行われてきた反面、乗用馬と軽輓馬の生産は衰退した。しかし、各地方には需要に見合った典型的なイタリアの馬が飼われている。たとえば、アベリネーゼやサレルノ、これらよりもかなり見劣りのするサン・フラテーロ、やや感じの良いアングロ・アラブなど乗用に向いた馬と並んで、かつて資質の高い馬を産出することで名を知られていたプーリアに近いムルゲでも馬の生産が行われている。

歴史

乾燥した丘陵地帯でもあるムルゲでは、丈夫な骨とかたい蹄をもった馬が生産される。15世紀および16世紀前半には、ムルゲ産の馬であるムルゲーゼは、騎兵用の馬として強い需要があった。

しかしその後、この馬に対する関心は薄れた。その原因はイタリアにおける馬の品種改良の歴史が特異的であったためと思われる。

現在の馬

いずれにしろ昔のムルゲーゼは、現在では消滅してしまっている。新しいムルゲーゼは、1920年代に作出されたもので、おそらくかつてのムルゲーゼとは類似点がほとんどないと思われる。現在のムルゲーゼは基本的には軽輓馬で、アイルランド輓馬よりはやや劣る存在といえる。

この品種には斉一性が欠けているが、最も良いものは十分称賛に値し、多用途に使うことができる。

ムルゲーゼは農作業において種々の役割をこなす。また異系交配のための基礎品種としても有用である。ムルゲーゼの牝馬と、サラブレッドあるいは資質の高い混血の種牡馬を交配させることによって、優れた乗用馬を生産することができる。そうして生まれた産駒は、アイルランド輓馬には及ばないが、軽い輓用や乗用その他多用途に適した実用的な馬となる。

またムルゲーゼの牝馬は、イタリアの各地方で営まれている農業および輸送などの経済活動に不可欠の、強靱なラバを生産するためにも活かされている。

眼
眼は顔の側方にある

四肢
四肢はまっすぐだが、膝は小さく丸みを帯びすぎる傾向がある

管囲
管囲は、未斉一な品種でよくみられるように、長短さまざまである。ムルゲーゼの繋はやや立っている

頭部
頭部は平板で目立った特徴はないが、表情は正直で誠実そうである。顎はいくぶん厚く、眼はやや顔の側方に位置している。全体としては、まだ選択的な異系交配を経ていない、洗練度の低い重種の趣が認められる。しかし、この馬は活動的でエネルギッシュである。また性質が穏やかで飼育も容易なため、この国の需要によく合っているとされる。

年1回行われる競技会

ムルゲーゼの育種改良は、厳密な管理や登録協会の基準に従って実施されているわけではない。かつてはマルチナ・フランカの町で年1回行われた競技会で、若い種牡馬の能力検定がなされた。

歩様

ムルゲーゼはかなり活動的だが、歩幅は短く後肢の体の下での動きは体型からくる制約を受けている。ただし輓用として用いる際には、この欠点はさほど気にならない。

鬐甲

鬐甲は筋肉で覆われすぎており、自由な動きが阻害される傾向がある。しかし背は強靭で長すぎるということはない

後軀

ムルゲーゼの後軀は必ずしも良いとはいえない。尾は低い位置に付着し、支えている大腿部の筋肉が貧弱な場合もある

サレルノ

サレルノは、ナポリそして後にはスペインを統治したシャルル3世が1763年に設立したペルサーノの種馬牧場で作出された。基礎となった馬はナポリ馬で、力強いアンダルシアンの血が入っている。後にアラブなども導入されたが、特にサラブレッドと交配することで、障害飛越の能力がきわだった資質の高い乗用馬ができあがった。

サレルノは、おそらくイタリアのなかでは最高の乗用馬であり、一時は騎兵用の馬として広く用いられた。一般に優れた体型をしている。頭部、よく傾斜した乗用に向いている肩、力強い後軀が特にすばらしく、また四肢はまっすぐである。サレルノは単色ならすべての毛色が認められ、体高は160cmである。

毛色

この馬は青毛だが、もともとの毛色はアベリネーゼやイタリア鞍馬などと同様に栗毛である。これらの品種は双方とも、ムルゲーゼにわずかだが影響を及ぼしていると考えられる

山岳地帯の馬

ムルゲーゼは目立つ馬ではないが、特に優秀な馬は軽い牽引作業に適している。乗用にも利用できるが、交配の基礎として用いたほうが有用である。この馬は山岳地帯で育種されてきたため、重厚な輓用馬というよりも山岳地帯の馬という印象を与える。

蹄

ムルゲーゼの蹄は、堅牢で形が良くなければならない

体高

ムルゲーゼの体高は150～160cmである。

カマルグ
Camargue

フランス、ローヌのデルタ地帯に昔から住みつづけてきているカマルグは、紀元前1万5000年頃に描かれたラスコー洞窟の馬の画に非常に似ている。また19世紀にソリュートレで発見された古代馬の遺骨は、カマルグの祖先であると考えられている。

影響

この在来馬は侵略者であるムーア人が持ち込んだバルブ（p.44～45参照）の影響を受けた。しかし、それ以降カマルグは隔離され、"マナデス"とも呼ばれる白い馬の集団として、他からの影響を受けずに生きつづけてきた。

この馬は、もっぱら葦原に住み、そこから食物も得てきたが、そういった厳しい環境のなかで生きてきたため、驚くほどの持久力を備えている。

その地は快適さとはほど遠い場所で、夏は暑く、それ以外の季節は塩分を含んだ冷たい雨に覆われる。この地方一帯には寒冷な北西の潮風がよく吹き込み、もともと乏しい植物の発育すら妨げられる。しかし、この地方の人々は先祖から受け継いだものを非常に大事にしてきた。そしてこの地を「人間の征服した最も気高い土地」と呼んでいる。

カマルグのカウボーイ（ガルディアン）の馬は"海の白い馬"と呼ばれており、何世紀にもわたって詩や小説に描かれてきた。

湿地での乗馬

ローヌ・デルタにおけるムーア人の影響は、ガルディアンに伝わる馬具ならびにカマルグ自身に認められる。

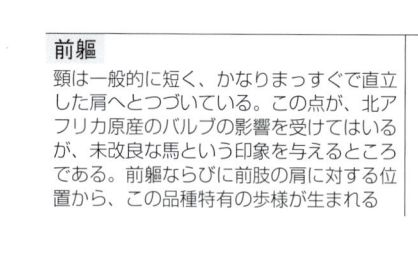

前駆

頸は一般的に短く、かなりまっすぐで直立した肩へとつづいている。この点が、北アフリカ原産のバルブの影響を受けてはいるが、未改良な馬という印象を与えるところである。前駆ならびに前肢の肩に対する位置から、この品種特有の歩様が生まれる

頭部

馬の長毛をより合わせてつくった特有の頭絡をつけたカマルグの頭部は、ロマンチックな伝説とはそぐわない。この馬には北アフリカの影響が認められるものの、粗野で重たく、有史以前の祖先の風貌を強く残している。現在でもカマルグは賢く、生まれつき寛容である。

蹄

蹄は湿地の環境にふさわしい大きさだが、信じられないほど堅固で丈夫である。このためカマルグに蹄鉄を装着することはめったにない

気質

カマルグは人に飼育されなくても生きていける馬だが、熱情的できわめて勇気のある乗用馬でもある。この品種は敏捷でしっかりした蹄を備えており、カマルグ地方の黒牛を追う際には、本能的ともいえる能力を発揮する。

歩様

歩様は独特である。常歩は活動的で、歩幅は長く肢を高く上げる。速歩はめったにみられないが、歩幅は狭く堅苦しくてぎこちない。駈歩と襲歩はどちらもすばらしく自在である。

毛色

毛色こそカマルグのもつ最もすばらしい財産である。被毛は海の泡のように白く、不思議なことに絹のようですらある

尾

たてがみと尾はどちらも豊かである

観光客の増加

何千年にもわたって野生馬の集団であるマナデスを育んできたカマルグの未開の荒野は、現在では排水設備が整っている。そして、観光客をこの"海の馬"に乗せ、カマルグ地方の残された自然を見せて回るという新しい観光事業が創出された。

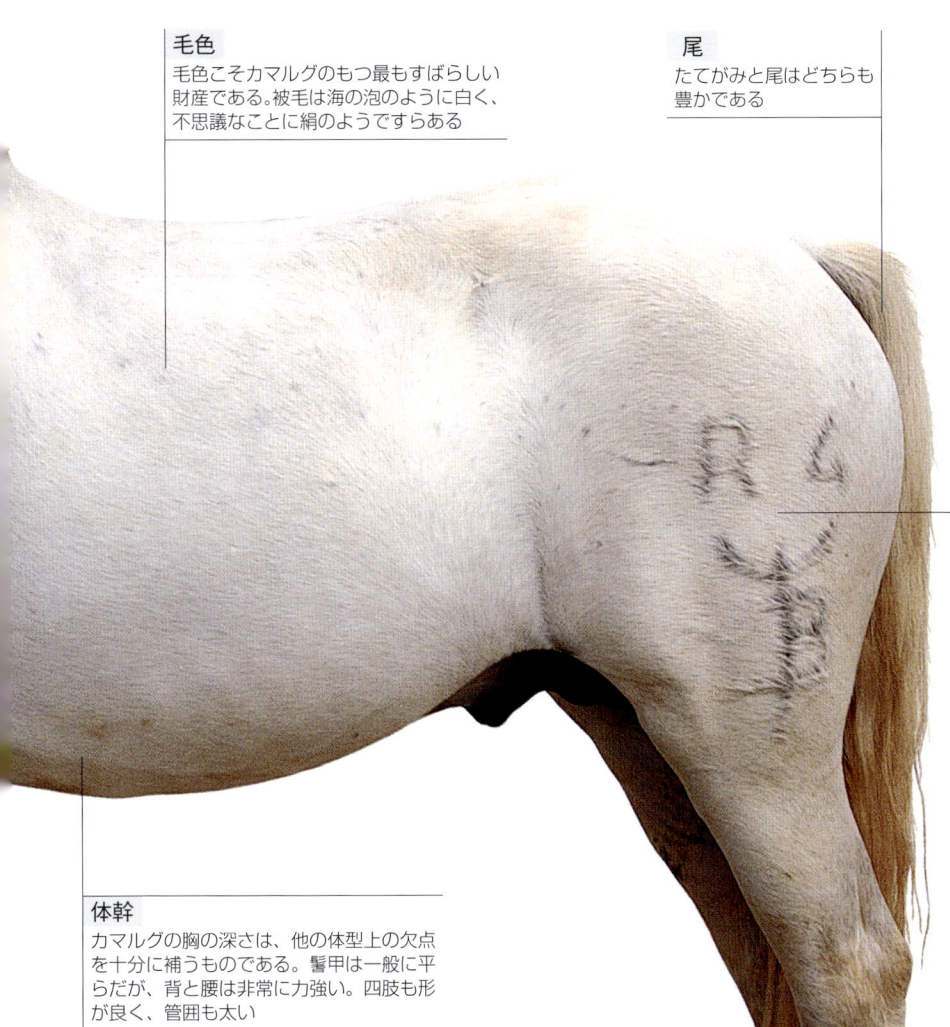

後軀

尻はしばしば傾斜しており、尾は低い位置にあるが、どの馬も筋肉質でしっかりしている。烙印を押してある後軀は力強いが、見た目はよくない

体幹

カマルグの胸の深さは、他の体型上の欠点を十分に補うものである。鬐甲は一般に平らだが、背と腰は非常に力強い。四肢も形が良く、管囲も太い

長命な馬

カマルグの発育は遅く、成長が止まるのは6〜8歳である。非常に持久力があり、きわめて長生きである。

年に1度の検査

カマルグは1年のうちのほとんどを半野生状態で生活しており、1頭の牡馬が多くの牝馬と子馬を率いている。しかし年に1回、馬群は検査のために集められ、烙印が押される。

体高

体高はばらつきがあるが、131〜141cmである。

フリオゾー
Furioso

フリオゾーは、ヨーロッパでオーストリア・ハンガリー帝国が優勢だった時代につくられた多くの品種のうちのひとつである。メツェヘギーにある種馬牧場は、1785年にハプスブルク家出身の皇帝だったヨセフ2世によって設立された。この牧場はノニウス（p.124〜125参照）ならびにフリオゾーの繁殖の中心となった。

由来

フリオゾーの育種は、2頭の馬を英国から輸入してから始まった。これらの馬はフリオゾーならびにノース・スターと名づけられていた。このため、この品種はしばしばフリオゾー・ノース・スターとも呼ばれる。この2頭の種牡馬はノニウスの牝馬と交配された。

ノニウスはノルマンの牝馬と英国産の中間種の種牡馬とのあいだに生まれたノニウス・シニアという名の牡馬を根幹馬とする品種である。

英国原産のサラブレッドであるフリオゾーは、1840年頃にカーロイ伯爵によって輸入された。メツェヘギーにおいて、この馬は95頭以上の牡馬を産出した。これらの牡馬は帝国各地の種馬牧場で供用された。

一方、ノース・スターはその3年後に輸入された。ノーフォーク・ロードスターの血が入っていたこの牡馬は、1834年のセントレジャーの優勝馬でありアスコット・ゴールド・カップで2度勝利を収めたタッチストーンの産駒であった。ノース・スターは、彼の偉大な祖父、1793年のダービーの優勝馬であるワクシーと同様、多くのすばらしい繋駕速歩競走用馬を生み出した。フリオゾーを育種していく課程では多くのサラブレッドの血が導入されたが、最も有名なものはバッカニアである。

最初、ノース・スターとフリオゾーの2つの系統につながりはなかったが、1885年にそれらは交配され、以後フリオゾーの血統が優勢となっていった。

体高
体高はおよそ160cmかそれよりやや高い。

外観（左図）
この魅力的な軍用馬には、ハンガリーの馬に対する東洋の馬の影響がはっきり認められる。体重の軽いハンガリーの騎兵は、世界でも有数の存在とされていた。

後軀
乗用向きの体型をしているが、後軀は尻からの傾斜が目立ち、より庶民的なノニウスに近い

後肢
後肢は力強く、飛節は地面に近い低い位置にあるが、スピードを生み出すものではない

性格
フリオゾーは賢く非常に従順である。この馬はきわめて多才である。乗用馬としてさまざまな用途で用いられるほか、鞍用馬としても優れている。さらに中央ヨーロッパの国々で伝統的な競走であるスティープル・チェイシングなど、さまざまな競技で活躍している。

蹄
全体的に質は良く、現代の中間種のなかでも上位に属する

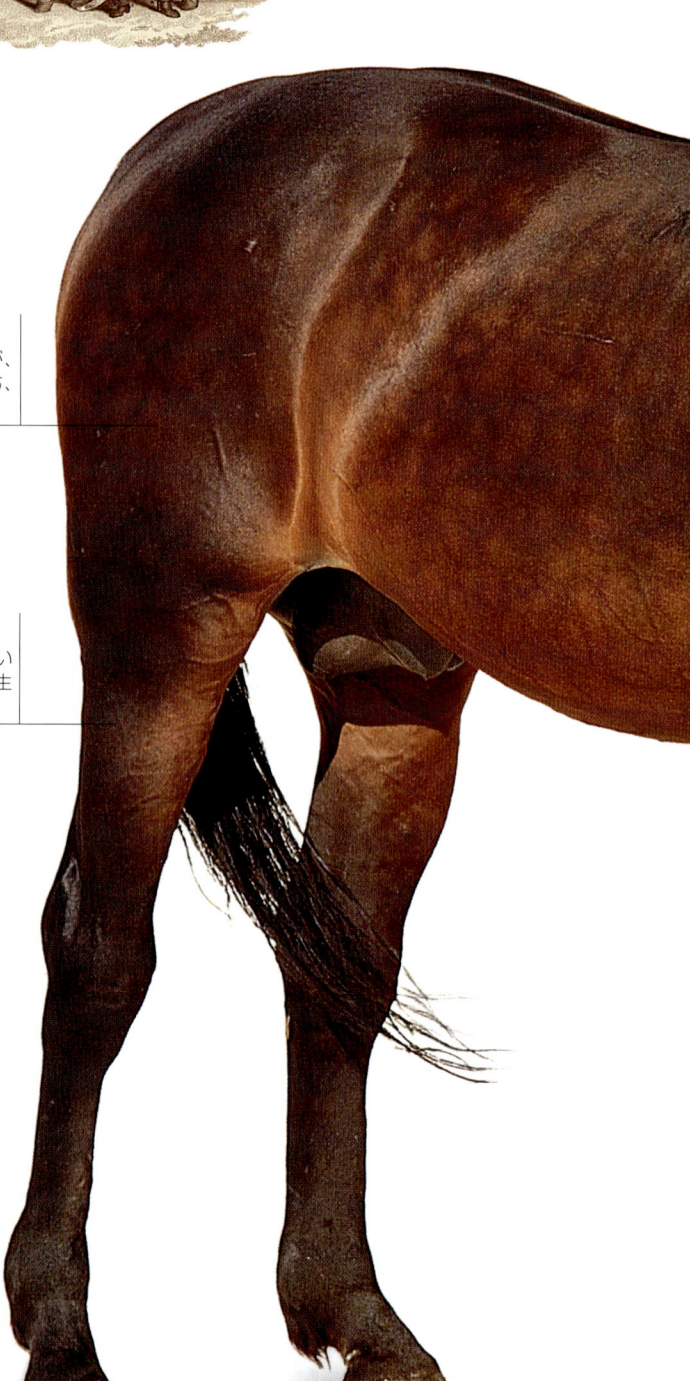

フリオゾー／FURIOSO　123

肩
肩と鬐甲はたしかに乗用馬向きであるが、歩様についてはその血を引く祖先のノニウスの馬車用馬特有の誇張した肢の動きが少し残っている

頭部
頭部はほぼサラブレッドと同様だが、耳はより尖っている。表情は賢く従順そうであり、比較的まっすぐな横顔が特徴的である

鼻部
フリオゾーの鼻部はいくぶん四角ばっており、鼻孔は大きい

毛色
フリオゾーでは大部分の毛色が許される。通常、青毛、黒鹿毛、ここで示したような暗い鹿毛の馬が多い。白徴は例外的である

頭絡
　フリオゾーがつける伝統的な頭絡は、マジャールの騎兵にみられるアジアの影響が反映されている。彼らはもとはステップの民で、最終的には1000年前にカルパート盆地に落ち着いたハンスの子孫にあたる。彼らは6000年前の中央アジア発祥の馬文化を受け継いでおり、ハプスブルク帝国の兵士たちと同様、常に優れた軽騎兵とみなされてきた。

馬車用馬の面影
　フリオゾーにはサラブレッドが強い影響を及ぼしているが、馬車用馬（コーチング・ホース）の面影もまだ残っている。

四肢
四肢は文句なく、関節はすっきりしており大きく形も良い。どちらかというと繋はやや立ち気味だが、これは馬車用馬であった祖先から受け継いだものである

オーストリア・ハンガリー帝国の遺産
　その規模ならびに建築的な価値において、オーストリア・ハンガリー帝国のハプスブルク帝によって創設された種馬牧場にまさる牧場はない。今日でも、ハンガリーの種馬牧場には、偉大なプスタのチコの馬術家が多頭数の馬の集団を維持している。フリオゾーは、メツェヘギー牧場が最初に育種した品種であった。今日では、この品種は広くオーストリアからポーランドにかけて飼育されている。ハンガリーのフリオゾーは、現在ダニューブ川とティサ川のあいだにあるアパジュプスタ牧場に多数飼育されている。

ノニウス
Nonius

19世紀末のハンガリーには、200万頭以上の馬が飼育されており、ヨーロッパ中に騎兵用の馬を供給していた。また、ハンガリーには皇帝のヨセフ2世によって設立されたメツェヘギー牧場のほか、世界でも有数の種馬牧場があった。一時期、このメツェヘギー牧場の馬は1万2000頭を数えた。

歴史

メツェヘギー牧場は、ノニウスとこれに近いフリオゾー（p.122～123参照）の生産の中心だった。ノニウスは、種牡馬のノニウス・シニアを基礎として作出された。この馬は1810年にノルマンディーのカルバドスで生まれた。1813年、ライプチヒでナポレオンが敗北したとき、ロジエールの種馬牧場からハンガリーの騎兵が略奪した。

ノニウス・シニアは、平凡なノルマンの牝馬と、まちがいなくノーフォーク・ロードスターの血を引く英国の中間種の種牡馬オリオンとのあいだに生まれた。ノニウス・シニアは決して魅力的な馬ではなかった。体高は161cmで、頭部は粗野で重く、目は小さく、耳は長くて「ラバ」のようだと表現された。

さらにこの馬の特徴として、短い頸、長い背、狭い骨盤と低い位置にある尾があげられている。これらの欠点にもかかわらず、ノニウス・シニアは多くの産駒を輩出し、種牡馬としての成功を収めた。

この馬はさまざまな牝馬と交配され、体型や動作において自身よりもはるかに優れた子を一貫して産出した。ノニウス・シニアの産駒で傑出した種牡馬となった馬は15頭以上いた。

特徴

1860年代に、体型を改良するため多くのサラブレッドと交配が行われた。そして、この品種は2つのタイプに分かれた。すなわち大型と小型である。大型のタイプは輓用馬あるいは軽い農作業用馬であり、アラブの血をより多く引いている小型のタイプの馬は、乗用、輓用のどちらにも向いた多用途の馬である。

ノニウスの牝馬をサラブレッドと交配すると、外観、資質共に優れた、飛越能力の高い競技用馬を生産することができる。

鬐甲
鬐甲の形は良く、肩は十分な傾斜をもっている

頸部
頸は長いとか優美であるとかいうわけではないが、形も体型的なバランスも良い

子馬
この大きな四肢をもったノニウスの子馬は、7歳になるまで成長をつづけるが、そのぶん長生きでもある。現在では、ハンガリーにおけるノニウスの生産の中心地はホルトバギー種馬牧場である。一方、やはりノニウスが多数飼育されているチェコ共和国では、トポルシアンキーが生産の中心となっている。

ノニウス／NONIUS　125

背
体型ならびに力強い背は、中型のハンターあるいは持久力があって動きの軽い輓用馬の良さが認められる

後軀
臀部はどの馬も力強いが、ときとして尻が下がる傾向がある。しかし、そういった臀部は乗用、輓用の両方に向いている

頭部
サラブレッドの影響が強いにもかかわらず、頭部は穏和な中間種のものである。ノニウスの穏やかで正直そうな外観は、この丈夫で誠実な多用途な馬の重要な特徴である従順な気性および落ち着いた性質を反映している。

毛色
この品種の毛色は鹿毛が多いが、ここで示したような黒鹿毛、青毛、茶色がかった栗毛もみられる

体幹
ノニウスは丈夫な馬で、四肢は短く形も良く、蹄も良質で、すべての部位が明らかに頑丈そうにできている。関節はまっすぐで、骨量も豊かで、胸は深い

注意深く育種改良された馬
　この特色のあるノニウスは、注意深く選択したノニウス・シニアの産駒を、アラブ、リピッツァナー、ノルマンおよび英国の中間種と交配した結果、得られたものである。ノニウス・シニアは1832年に死亡したが、1870年頃にはその子孫で登録されていた馬は、牡馬が2800頭と、牝馬が3200頭にのぼった。サラブレッドの血は、上品さを加えるためと、体型上の欠点を修正するために用いられた。

体高
大型のタイプは153～162cm、小型のタイプは約153cmである。

歩様
　この品種はとりたててスピードがあるわけではないが、乗用や輓用など、多用途で使うには適当といえる。また、歩様は生き生きとしており、自在な点で目立つ。

クナーブストラップ
Knabstrup

デンマークは、かつて王立デンマーク種馬牧場で生産されていたフレデリクスボルグと、小斑のあるクナーブストラップで有名だった。どちらの品種も昔のままの形ではほとんど残っていない。昔のクナーブストラップには、白地に茶色か黒の大小の斑紋が、頭部、体幹部および四肢にいたる全身に認められた。現在のクナーブストラップは、どちらかといえば米国のアパルーサ（p.186～187参照）に似ている。

神々しい馬
スペイン馬を基礎としたクナーブストラップと似ている小斑のある馬で、"天馬"とも称されたフェルガーナを手に入れるために、漢の武帝は紀元前2世紀に四半世紀にわたる戦いをつづけた。古代世界では、非常に敬意を払われていた馬は、しばしば王家の主とともに埋葬された。

由来

クナーブストラップの育種の歴史は、ナポレオン戦争の時代にさかのぼる。基礎となった馬は小斑のあるスペインの牝馬のフレーベホッペンである。19世紀までスペイン馬の小斑は一般的だった。

フレーベホッペンは、フレーベという名前の屠殺業者がスペインの将校から購入し（ここからフレーベホッペン、すなわちフレーベの馬という名がついた）、この品種をつくったといわれるジャッジ・ルンに転売した。

フレーベホッペンは、そのスピードと持久力で注目された。ジャッジ・ルンは、デンマークの自分の所有していたクナーブストラップの地で、この馬をフレデリクスボルグの種牡馬と交配した。フレーベホッペンは小斑の系統の基礎牝馬となった。生産された馬は、フレデリクスボルグのように頑丈ではなかったが、その毛色と能力から多くの需要があった。その孫のミッケルが根幹種牡馬とみなされている。

体型

クナーブストラップはごつごつした体型をしていた。しかし、生まれつき頑丈で健康、従順で学習能力が高かったので、サーカスで喜ばれた。

毛色についての配慮を怠ったため、19世紀後半には質が低下した。現在のクナーブストラップは、改良がはるかに進んでいる。この馬は堂々としており、能力も高くさまざまな毛色を有している。

体高
クナーブストラップの体高は約152～153cmである。

後姿
薄いたてがみと尾は、小斑のある毛色と関連しているようである。この特徴はアパルーサと、過去ならびに現在のクナーブストラップに共通して認められる。この品種で資質の高いものは、形の良い丸みのある筋肉の発達した臀部を有している。かつては、おそらくもっと尻のあたりが貧弱だったと考えられる。

クナーブストラップ／KNABSTRUP　127

体型の改良
写真で示した現在のクナーブストラップの種牡馬は、50年前のクナーブストラップに比べてがっしりした形の良い体型をしている。かつてこの品種の資質は低下しており、この馬のような魅力的な姿はしていなかった。

トップライン
鬐甲から背にかけてのラインはクナーブストラップならびにアパルーサの一部の系統で特徴的なものと思われる

たてがみ
たてがみの量は少ない。この馬のたてがみは編んである

頭部
クナーブストラップの従順そうな頭部は、この馬の知性を反映している。小斑の系統の馬は、おおむね管理が容易で協調性に富み、学習能力が高い。こういった長所ならびに派手な毛色から、この品種はサーカス用の馬として人気を保ってきた

毛色
クナーブストラップのもともとの毛色は、白地に茶か黒の小斑が全身にあるというものだった。ここで示したような粕毛は、最近になって導入された

四肢
小斑は四肢の蹄のほうにまで達している。この品種の資質が低下したときに生じた四肢の欠点は、現在ではかなり修正されている

蹄
蹄壁には、しばしば縦じまがみられる

オールド・クナーブストラップ
かつてのクナーブストラップは力強く、より鞍用馬向きの体型をしていた。肩の形態ならびに短い頸はとりわけそうであった。この馬は、丈夫で持久力のある馬として定評があった。基礎牝馬のフレーベホッペンは能力の高い、調教のしやすい馬だったといわれている。しかしクナーブストラップは多くの点で粗野で、毛色以外は平凡であった。

アハルテケ
Akhal-Teke

アハルテケは、世界で最も特色のある珍しい馬で、また最も古い部類に属する。この馬はイラン北部のトルクメン砂漠のオアシス周辺、特にアシュハバードに多数飼育されている。この馬は3000年前にここで育種され、競馬に使われた。そして現在のアハルテケは、ちょうど第3のホース・タイプ（p.10～11参照）そのものといえる。また、アラブの競走用馬であるムナギとも類似点がある。

クバ族コサック騎兵（上図）
クバ族コサック騎兵は信じられないほど巧みな馬の乗り手であり、自分たちの馬と同じくらい忍耐強かった。彼らはたいていアハルテケに乗っていた。アハルテケは極端に厳しい気候にもよく適応し、伝説的ともいえるスタミナがあるため、彼ら不屈の騎兵にぴったりだった。

歴史
これほど謎に包まれた馬はいない。その持久力と暑熱に対する抵抗力は驚くべきものがある。1935年、アハルテケはアシュハバードからモスクワまで、距離にして2580マイル（4128km）を84日間で走り通した。その道程には砂漠が600マイル（960km）含まれており、その大部分は水のないところだった。このようなすばらしい偉業を達成した馬はほかにはいない。

競馬は、トルクメンにとって昔からの慣習であった。彼らは自分の馬にアルファルファ乾草などの高たんぱく飼料、そして可能なときは羊肉の脂のペレット、卵、オオムギや揚げたパンケーキであるクアトレームなどを与える。この馬は密生したフェルト状の被毛に覆われており、冷えこむ砂漠の夜や、昼間の太陽の暑熱から身を守っている。

今日では、アハルテケはロシアにおいて、競馬、エンデュランス競走、馬場馬術、障害飛越競技などの馬術用馬として活躍している。

後躯
臀部は幅がなくみすぼらしいため、競技会では良い印象はもたれないと思われる。しかし、効率的で故障が少なく、大腿部は長くて筋肉質である

被毛
被毛は非常に美しく、皮膚は薄い。これらは砂漠生まれの馬の特徴である

尾
この品種の特徴は、短い絹のような尾とまばらで短めの前髪とたてがみにある。ただし、写真の馬は整毛されている

後肢
長い後肢は、通常鎌のような形をしており、外弧肢勢で飛節は高い位置にある

毛色
アハルテケにみられる毛色には栗毛（中央の写真）、青毛、芦毛などがあるが、最も印象的な毛色は金—メタリックの光沢をもつ河原毛（上の写真）—であり、日光のもとではとても美しく見える。銀色がかった毛色になることもある。

アハルテケ／AKHAL-TEKE 129

頸部
長くて細い頸は非常に高く、ほとんど体に対して垂直で、頭部は45度の角度で付着している。長い頸と頭部の角度から、口を通るラインはしばしば鬐甲よりも高くなる。これがこの品種の特徴といえる

頭部
頭部は美しく、大きな眼が大胆な印象を与える。鼻孔は大きく、横顔は直線的で、耳も大きく美しい形をしている。両耳の間隔は広い

放牧地での牝馬
アハルテケは、現在は昔とちがって日中は放牧地で飼養され、夜は厩舎に入れられる。子馬を2か月齢で離乳させ、明け2歳で競馬を行うという伝統的な慣習はなくなっている。また、この品種固有の特徴を薄める結果をもたらしたサラブレッドとの交配も中止された。

体型
アハルテケは、普通は体型上の欠点とされるものをほぼすべてもっている。体は筒状で、背は長すぎ、胸廓は薄く、腰は貧弱である。それにもかかわらず、この馬は世界で最も持久力があり、傑出した存在である。

歩様
歩様は馬自身と同様変わっている。この馬は体を揺らすことなく、地面の上を流れるように"滑走"する。

性質
アハルテケはかなり頑固で気むずかしく、扱いやすい馬とは言いがたい。

前肢
前肢は互いに近づきすぎていることが多い。ただし、まっすぐで前膊が長い

蹄
蹄は小さい。踵が低い位置にあるにもかかわらず、調和はとれている

体高
平均体高は152cmである。牝はもっと小型である。

ブジョンヌイ
Budenny

ブジョンヌイは、旧ソ連で1920年代に始まった新品種をつくり出す運動を象徴する馬である。その過程では複雑な異系交配が行われた。本来は騎兵用の持久力のある馬をつくることを目的として育種されたが、今日では障害飛越や馬場馬術、障害競走などにおいて、十分国際的に通用する乗用馬として評価されている。

育種

ブジョンヌイは、チェルノモール（ドンに似ているがもっと軽量で小型の馬）とドンの牝馬を基礎に、サラブレッドの牡馬を交配して作出された品種である。コサックとキルギスの交雑馬も用いられたが、あまり成功しなかった。子馬は十分な飼料で注意深く育てられ、2歳齢および4歳齢の時点で能力検定が実施された。

ブジョンヌイをつくり出す最初の過程で用いた657頭の牝馬のうち、359頭はアングロ・ドン（サラブレッドとの交配による）であり、261頭はアングロ・ドン×チェルノモール、37頭はアングロ・チェルノモールで、これらの牝馬とアングロ・ドンの種牡馬とを交配した。

そうしてつくった種牡馬が本品種の基礎とみなされている。サラブレッドの特性が牝馬にあまり認められない場合には、さらにサラブレッドと交配された。

テルスク（右図）

ロシアで作出されたもうひとつの品種テルスクは、1921〜1950年のあいだに北コーカサスのテルスクとスタブロポールの牧場で育種改良が行われた。テルスクはアラブの種牡馬とオルロフならびに、オルロフ・ラストプキンの牝馬とのあいだに生まれるストレレット・アラブを基礎にして育種された。ストレレットにはわずかだがサラブレッドの血も含まれている。1920年代前半には、ストレレットは消滅寸前だった。残された血統はテルスクに伝えられ、新しい品種がつくられた。非常に美しい馬であるテルスクは、アラブの外観と動きを保持している。

頸部と肩
長く、まっすぐな頸は高い位置にある鬐甲へとつづき、ほどよく傾斜している肩につながる。しかし、肩はサラブレッドのように長くはない

頭部
全体的に頸と頭の形は良く、横顔は直線的か、ややくぼんでいる。

皮膚
頭部は"乾燥"しており、静脈が美しくしなやかな皮膚を通してはっきりと認められる

四肢
四肢はすっきりしていて軽快だが、関節の大きさと丈夫さにおいて、いくつかの欠点がある

前肢
この品種に昔からある前肢の難点は"広踏み"で、動きがぎこちなくなることである。ドン／カザフの交配種は、この欠点に悩まされることが多い

下肢
繋は通常、適度に傾斜している。骨量は体に比較して少なめになりがちである。蹄は平均的な大きさで良い形をしている

ブジョンヌイ／BUDENNY

持久力
ブジョンヌイは、競馬場での走行と長距離走行によって厳密な能力検定を課せられる。ブジョンヌイのある一頭は、かつてのチェコスロバキアのパルデュビス・チェイス（グラン・パルデュビス）で優勝している。また、ブジョンヌイの牡馬であるヴァノスは、192マイル（307km）を鞍をつけて24時間で走り、そのうち20時間は人を乗せていた。

体幹
軽くつくられた馬のわりに体重は重い。ブジョンヌイの背はまっすぐで短く、広く平らの場合が多い。腰はやや長い。また尻も長く、通常水平である

各部位の長さ
各部位の測尺値は以下の通りである。
体長 5フィート4インチ（163cm）
胸囲 6フィート3インチ（190cm）
管囲 8インチ（20cm）

ロカイ
ロカイは、パミール高原（中央アジアの高地）の西側にあるタジキスタン共和国南部原産の品種で、さまざまな品種の血が混じっている。何世紀にもわたって、中央アジアの馬は原始的なステップ地帯の馬と交流があった。

16世紀以降、ロカイの人々は、その馬を基礎としてアハルテケ、カラベール、アラブなどと交配して改良を行った。乗用および鞍用として、この蹄の丈夫なロカイは、標高が1万～2万フィート（3000～6000m）の山岳地帯での生活に不可欠である。

タジクの馬乗りは、この丈夫で敏捷性に富んだロカイを、荒々しい伝統的競技であるコックパー（ヤギをめぐって戦うゲーム）に用いてきているが、この競技でも、この小さな馬（143cm以下）は優れた能力を発揮する。

毛色
ブジョンヌイの80％は栗毛で、しばしば金色の光沢を有している。これはドンやチェルノモールに由来するものである。鹿毛と黒鹿毛は別の品種に由来する。写真の馬は青毛である

性質
この馬は穏やかで、分別があり、また同時にスタミナと忍耐力もあるといわれている。

後肢
ブジョンヌイはサラブレッドの良い部分を受け継いではいるが、基礎となった馬の体型上の欠点も、多かれ少なかれもっている。体型上最も悪いところは、後肢が貧弱であるという点と思われる

体高
ブジョンヌイの体高は平均160cmである。

カバルディン
Kabardin

北コーカサス原産の馬であるカバルディンは、遊牧民の馬をカラバク、ペルシアン、トルコマンなどと交配してつくられた品種である。16世紀以降よく知られるようになったこの高原馬は、過酷な環境での作業に耐え、雪や流れの速い川でも躊躇することなく突き進んでゆく。性質は従順でおとなしく、また丈夫で非常に持久力がある。

働く馬（左図）
カバルディンは元来、乗用馬とみなされてきているが、この17世紀のエッチングのように、鞍用馬としてもあらゆる仕事をこなすことができる。

現代のタイプ

ロシア革命後、この品種はカバルディノ・バルカルおよびカラチャエフチェルケスの種馬牧場でかなり改良が行われた。これらの種馬牧場で、乗用および農耕用に、より力の強いタイプの馬がつくり出された。

カバルディンは、カバルディノ・バルカル共和国に飼養されている主要品種であり、アルメニア、アゼルバイジャン、ダゲスタン、グルジヤ、オセチアなどにいる在来種を改良するのに用いられている。

最良のカバルディンは、マロ・カラチャエフおよびマルキンの種馬牧場で生産される。そこでは周年放牧が行われているが、冬には飼料が多めに与えられる。また競馬場での能力検定が実施される。

尾
カバルディンの典型的な特徴は、豊かなたてがみと尾である。これらの特徴は高原馬でよくみられる

毛色
この品種によくみられる毛色は、鹿毛、黒鹿毛、そしてここに示した青毛で、目立った特徴のある馬はいない

後肢
一般的にいって、高原馬で完璧な形の後肢をした馬はいない。カバルディンも例外ではなく、後肢は通常、鎌のような形をしている

蹄
この品種の蹄は丈夫なのが普通である。石がごろごろした土地でも蹄鉄なしで作業することができる

故郷の山岳地帯

カバルディンは、山岳地帯が生れ故郷であり、その地形や過酷な気候に適応した特性を身につけている。この馬は蹄が丈夫で敏捷性に富む。そして、霧や暗闇のなかでも道をたどることのできる不思議な能力をもっている。

カバルディン／KABARDIN

背
背は短く、まっすぐで、後軀は尻のほうへ傾斜している。腰は非常に力強いが、くぼみがある馬もよく見かけられる

頸部
頸は中程度の長さで肉付きが良い。いくぶんフラットな鬐甲につづくが、それにより肩はずんぐりとした感じになる

うなじ
耳と耳のあいだは狭く、後頭部の隆起は目立たない

肩
西欧の基準からすると、肩は重くいくぶん直立している。これが高い歩様を生み出している。高原馬として決して不利なことではないが、もちろんスピードは出ない

耳
耳は細く、警戒的でよく動く

前肢
前肢は良い形をしている。丈夫ですっきりしており、腱がはっきりと目立つ。がっちりとした関節と、丈夫で短めの管骨を有している。管囲は7〜8インチ（17〜20cm）だが、この馬格なら十分である

頭部
カバルディンの頭部は長く、体型に見合っている。一方、皮膚は薄い。兎頭で典型的な草原馬の印象を与える。祖先はモウコノウマやタルパンにつながるものである。

歩様
カバルディンの歩様は特にしっかりしている。常歩はリズミカルで、速歩と駈歩は軽く滑らかである。一部のカバルディンは生まれつきの側対速歩馬である。

アングロ・カバルディン
アングロ・カバルディンは、カバルディンとサラブレッドとの交配によって生まれる。この馬はカバルディンより大型でスピードがあり、サラブレッドの体型に近いが、コーカサスの気候にはよく適応する。

体高
牡は平均152cmで、牝は150cmである。

ドン
Don

ドンは、古来よりドン・コサック族との関係が深く、18世紀ないし19世紀につくり出された品種である。この馬の基礎となったのは、遊牧民の住むステップの馬である。初期に影響を及ぼした品種としては、モンゴリアン・ナガイやカラバク、ペルシャ・アラブ、およびトルコマンなどがあげられる。

歴史

ドンは粗食に耐えてきた品種である。この馬はステップ地帯の草原で、群れで生活して自力で食物を見つけていた。冬には雪をかいて、その下の凍った草を食べていた。ドンはそれほど好ましい体型をしているわけではないが、きわめて丈夫で、どのような気候条件下でもたやすく順応する。

1812～1814年にかけて、ドンにまたがった6万人のコサック族は、ナポレオンの軍隊をロシアから撃退するのに力を貸したが、そのとき以来、この馬とその乗り手は広く名を知られるようになった。

その後、ドンはオルロフ・トロッター（p.136～137参照）、サラブレッドおよびストレレット・アラブ（この馬はストレレット牧場のハイクラスの交雑種である）を用いて改良された。20世紀初頭にこの品種が、手があまりかからない鞍用の完璧な軍馬として認められるにいたり、他の血が導入されることはなくなった。

頸部
頸部の長さは中程度で、通常まっすぐである

頭部
頭の大きさは中程度で直頭である。頭頂部は短くかつ狭く、動きはそれほど柔軟ではない

毛色
この馬は明るい鹿毛だが、よくみられる毛色は栗毛と黒鹿毛で、しばしば金色の光沢をみせる

前肢
前肢は通常、筋肉がよく発達しているが、凹膝、すなわち膝の下部が内側へ湾曲した状態になる傾向がある

カラバク（左図）

ドンに大きな影響を与えたカラバクは、4世紀ほど前につくられた馬で、その名はアゼルバイジャンのカラバク山に由来する。

最も優れた馬はアクダム種馬牧場で生産されていたが、ここではアラブの種牡馬との交配が行われていた。カラバクは体高が約140cm、非常に馴れやすく動きも良い。ロシア東部原産の多くの品種と同様、この品種にも光沢をもった黄金色の河原毛の馬がみられる。

競馬場で能力検査が行われており、チャブガン（ポロの一種）やスルパナーク（乗馬バスケットボールの一種）などのゲームで用いられる。

体幹
現在のドンは比較的どっしりとした体格の馬で、骨格もそれに見合って力強い。欠点は短くてまっすぐな肩だが、このため歩幅は制限されてしまう。胸はよく発達し、肋骨は長く、きれいに湾曲している

背
背はまっすぐで広く、鬐甲は低い位置にあり、腰も水平に近い

ブジョンヌイ種馬牧場
ドンはおもに長距離の競走に使われている。現在の馬は昔の馬よりも大型で体格が良い。最上の馬の何頭かはブジョンヌイ種馬牧場で生産されているが、ここでドンの牝馬とサラブレッドの種牡馬を交配して、ブジョンヌイがつくられた。

後軀
尻は丸く、臀部は外へ傾斜する傾向があり、尾はときとして低い位置にある

収穫（上図）
ドンは気性が穏やかで管理がしやすく、荷馬車や軽い農耕具を引く農用馬としてきわめて有能である。すばらしい持久力をもった働き手である彼らは、管理にまったく手間がかからない。昔のドンは華奢であったが、後の改良によってより重い馬がつくられた。

後肢
後肢は、膝が体の下側に屈曲した状態になる傾向がある。古いタイプでは、骨盤の角度が後肢の自由な動きを制限するような位置にあった

歩様
まっすぐな肩と欠点のある前肢に加えて、繋がいくぶん直立しているなどの体型上の欠陥のため、ドンの歩様はときとしてぎこちなく粗野な感じを与えることもある。歩様はきびきびしているが、上品でもしなやかでもなく、また乗り心地も良くはない。

体高
ドンの体高は約153cmだが、ときにもっと大型の場合もある。

コサックの離れわざ
ドン・コサック族の人々は曲乗りが得意で、戦闘では手ごわい敵だった。彼らは周到な作戦のもとで戦うよりも、やみくもに攻撃するほうが効果的だと考えていた。

オルロフ・トロッター
Orlov Trotter

オルロフ・トロッターは、ロシアで最も古く、最も一般的な品種のひとつである。18世紀末に、オルロフ種馬牧場で芦毛のアラブの種牡馬スメタンカが用いられ、オランダ、メクレンブルグ、デンマーク産の繁殖牝馬との交配が行われた。この種牡馬が残した産駒は5頭だけだったが、そのなかにはスペイン馬の血が濃く入っていたデンマーク産の牝馬から生まれたポルカン1世も含まれていた。

軽装四輪馬車（上図）
ビクトリア女王の夫であるアルバート公に贈られたロシア製軽装四輪馬車。アーチ型の引き具を装着し、典型的なロシアの馬車を引くオルロフ・トロッターが描かれている。

根幹となった種牡馬
ポルカン1世は、オルロフ・トロッターの根幹馬となる芦毛のバース1世の父となった。バース1世の母は丈夫で柔軟な動きをするオランダ産だった。1784年に生まれたバース1世は、クレノフの新しい種馬牧場で幅広く用いられるようになった。1788年以来、クレノフにおいて、オルロフ伯爵と彼の種馬牧場の場長だったV.I.シシュキンがオルロフ改良の努力をつづけた。

バース1世はアラブ、デンマークおよびオランダ産の繁殖牝馬や英国産の半血種およびアラブ／メクレンブルグの交雑種と交配された。それ以降は、バース1世およびその産駒のあいだでの近親交配で望ましいタイプの馬をつくり出すという方針がとられた。純粋なオルロフ・トロッターの血統はすべてこの根幹となった種牡馬と密接な関係をもっている。

1834年からモスクワでは繋駕速歩競走が定期的に開催されるようになった。オルロフ・トロッターとシシュキンは、この品種の育種改良と能力の向上に大きく貢献をしたのである。

トロイカ
トロイカとは3頭の馬を横一線に繋いで馬車を引かせるロシア特有の方法である。中央の馬はスピードのある速歩で前進する。左右の馬には外側にサイドレインが固定されている。左右の馬は、駈歩ないし襲歩で走らなければならない。

毛色
毛色はアラブからの影響が強く、よくみられるのは芦毛である。写真のオルロフ・トロッターは連銭芦毛である。青毛と鹿毛も一般的だが、栗毛はまれである

体型
理想的なオルロフ・トロッターは、高さ、軽快さ、力強さが組み合わされており、その骨格を反映した体型には優雅さすら感じさせる。四肢は美しく、四角い印象を与え、筋肉の発達がよく観察できる。

さまざまなタイプ
この品種には基本となる5つのタイプが存在している。

それらのタイプのちがいは、育種が行われた種場牧場の方針のちがいによるものである。最も優れているのは、古典的なオルロフ・トロッターとされているクレノフ・タイプで、ほかにはドゥブロフ、ノヴォトムニコフ、ペルム、トゥラで育種された各タイプがあるが、クレノフよりはやや劣る。

オルロフ・トロッター／ORLOV TROTTER　137

背
背は繋駕速歩競走用馬にふさわしく、長く、まっすぐな傾向にあり、腰は筋肉質で、尻は幅が広く力強い

頸部
オルロフ・トロッターで特徴的なのは、肩の高い位置についている長くて湾曲した頸である

管囲
常にそうとは限らないが、管囲はこの品種の基準としては、8インチ（20cm）以下であってはならないとされている

四肢
一部の馬では四肢が長く体高が高くなりすぎ、逆に胸が浅くなる。1825〜1840年にかけて、オランダ原産の繁殖牝馬との交配が何回も繰り返された。これにより体高は伸びたが、四肢が犠牲になった。管骨が長くなり丈夫でなくなった

頭部
多くのオルロフ・トロッターの頭部は明らかに小さい。アラブの影響を受けているにもかかわらず、いくぶん外観が粗野な場合もある。しかし、耳の位置、額の幅の広さなどにはアラブ特有の雰囲気が認められる。

オランダの馬の影響
オランダ原産の馬の強い影響は、オルロフ・トロッターの四肢に関しては必ずしも良い結果を生み出さなかった。一時期、関節が肥大する傾向があり、腱が丈夫ではなく、骨の変形がみられることさえあった。ただし、これらの欠陥は現代のオルロフ・トロッターでは克服された。

保存と改良
現代のオルロフ・トロッターは、他の品種の改良に広く用いられている。目標は、体高がこの程度で、力強いが軽い体型を有し、腱が丈夫で、全体的に上品な馬をつくることである。そして、もちろん繋駕速歩競走の能力の向上ということにも重点が置かれている。

体高
オルロフ・トロッターは通常160cmである。牝馬は2.5cmほど低い。

バシキール
Bashkir

バシキール、すなわちバシキルスキーは、何世紀も前に、ウラル地方の南（ロシア西部）の丘陵地帯の近くのバシキリアでつくり出された。この馬はその地で駄載用、輓用、乗用ならびに肉、乳および衣服の素材を供給する動物として育種改良された。7～8か月間にわたる泌乳期間に、牝馬1頭から330～350英ガロン（1500～1600リットル）の乳を搾ることができる。さらに、バシキールの特に長くて縮れた被毛からは衣服を紡ぐこともできる。

特性
丈夫なバシキールは、-30～-40℃の冬の寒さのなかでも野外で飼育することができる。馬は3フィート（約1m）も積もった雪の下から餌を見つけ出す。またバシキールは2頭立てで、何も食べさせなくても24時間で75～85マイル（120～136km）にわたってそりを引くことができるといわれている。

タイプ
旧ソ連では、マウンテン・バシキールとステップ・バシキールの2タイプの馬が作出された。前者はドンとブジョンヌイを交配させ、後者は輓用タイプで、トロッターとアルデンネの種牡馬を交配させたものである。バシキール・カーリーとは、その縮れた被毛を形容するときに用いられる米国英語である。

写真で示したポニーは、米国で登録されている約1100頭のバシキールのうちの1頭である。この馬は、現在ベーリング海峡になっているかつての陸橋を渡ってアメリカ大陸へやってきた、と主張する人もいる。

しかしこの主張は、アメリカ大陸のエクウスは、ベーリング陸橋が押し流された氷河期以降全滅し、およそ1万年後にスペイン人の征服者がやって来るまで、そこには馬はいなかったという事実を無視しているといえよう。

体高
バシキールの体高はおよそ140cmである。

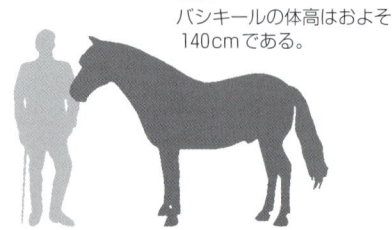

被毛
従順で賢いといわれるバシキールの最大の特徴は、零度以下の気温でも生き残るための、非常に長い縮れた冬毛である

毛色
バシキールの主要な毛色は、ここで示した赤みがかった栗色、鹿毛および明るい黒鹿毛である

蹄
バシキールの生まれ育った地では蹄鉄は使われなかった。この馬はかたい蹄をもっているため、蹄鉄をつけなくても、あらゆる状況で使役作業をこなすことができる

バシキール／BASHKIR 139

たてがみ
バシキールのたてがみと尾は、予想にたがわず非常に豊かである

頭部
ロシアのバシキールの頭部はがっしりしており、頸は短く筋肉質で、平らな鬐甲へとつづいている。米国産の馬は、この点について改良が加えられている。また近年、選択交配によってロシアでも、より資質の高い馬が生産されてきている

体幹
バシキールは、公式には小型で幅があり、背は平らで直線的と定められている。種牡馬の胸囲は71インチ（180cm）である

四肢
このがっしりした小型の馬の四肢は比較的短い。ロシアにおいては、この品種の管囲は8インチ（20cm）と公式に定められている

アメリカン・バシキール
　米国では、バシキール・タイプのポニーを北西部で目にすることができる。この馬は、米国の先住民族がバシキリアの人々と同じように多用途に利用したために広まったといわれている。このポニーが最初に野生で発見されたのは1800年代だとされている。

快適な生活
　この品種は、どんなに過酷な気候条件でも生活できるという点において、世界で最も頑丈な馬といえる。このバシキールは、米国ケンタッキー州の放牧地で快適な生活を送っている。

カチアワリ
Kathiawari

カチアワリは、おもにインドのカチアワル半島で飼育されており、マハラシュトラ、クジャラートおよび南ラジャスタンではいたる所で出会うことができる。この品種はマルワリと近縁関係にあるが、マルワリよりも小格である。原産地での評価は高く、警察の仕事に広く利用されている。

起源
16世紀のムガール皇帝の時代よりもはるか以前に、インドの西海岸地帯には混血タイプの馬の集団が存在していた。その馬は、バルクジやカブリなどの品種とともに北部からやってきて、西部や北西部にいた草原の馬や砂漠地帯の馬と関係があった。

後年、南アフリカのガルフ地方およびケーパ地方から持ち込まれたアラブが、広範囲にカチアワリと交配された。王家による選択的育種が行われ、現在でも28の系統が残されている。

くるくるとよく動く湾曲した耳は、この品種の大きな特徴である。カチアワリのなかで特に優れているものは、魅力的な小型の競技用馬になる。砂漠地帯で飼われていればどの馬にもあてはまることだが、暑さに強く、タフで持久力に富む。また、この馬は生まれつきレバールと呼ばれる速いスピードの側対速歩をする。

カチアワリ・ホース協会で登録管理を行っており、インドのクジャラートのジュナーガドに政府の種牡馬牧場がある。

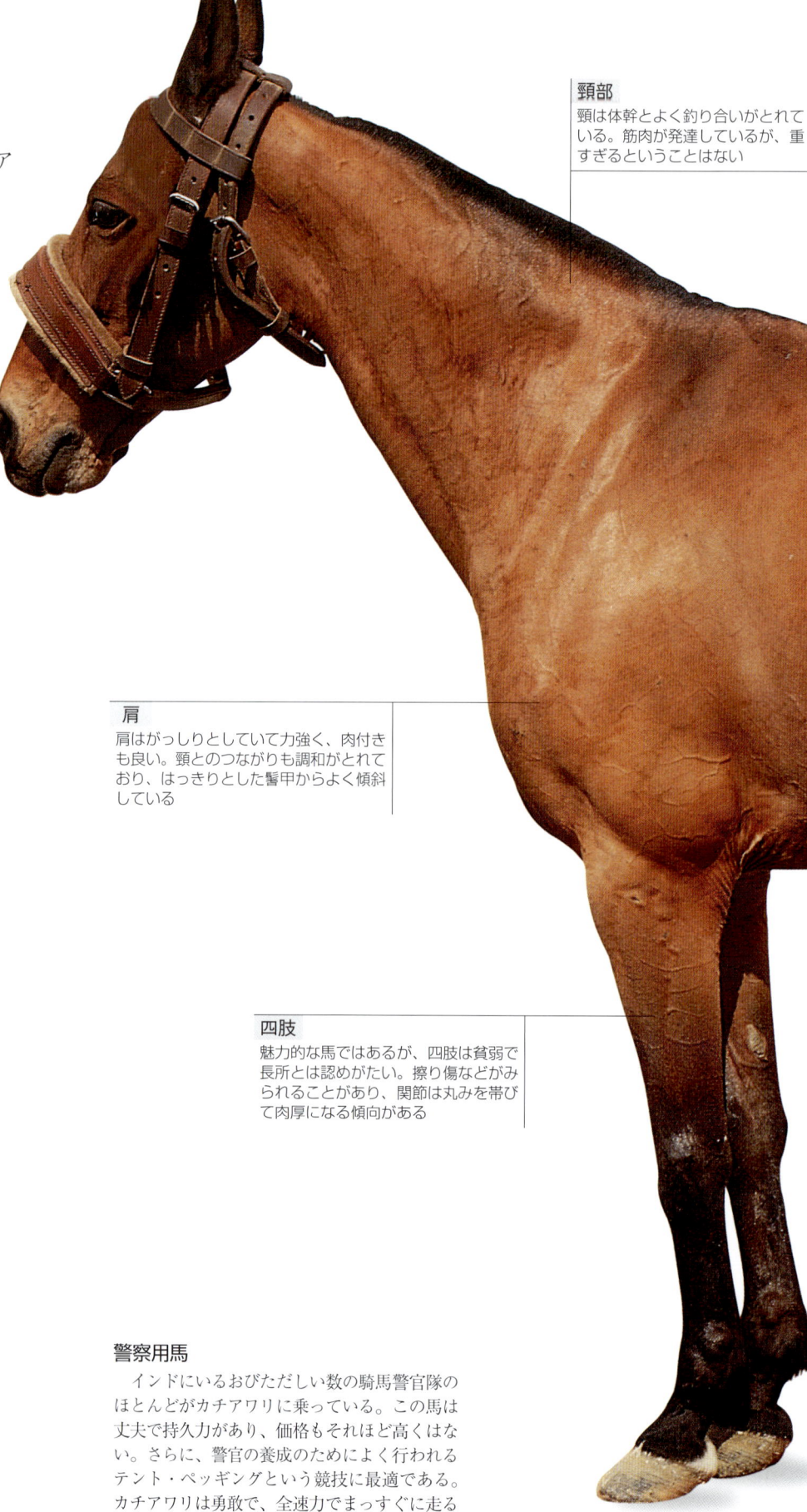

体高
カチアワリの体高は142〜150cmである。

頸部
頸は体幹とよく釣り合いがとれている。筋肉が発達しているが、重すぎるということはない

肩
肩はがっしりとしていて力強く、肉付きも良い。頸とのつながりも調和がとれており、はっきりとした鬐甲からよく傾斜している

四肢
魅力的な馬ではあるが、四肢は貧弱で長所とは認めがたい。擦り傷などがみられることがあり、関節は丸みを帯びて肉厚になる傾向がある

警察用馬
インドにいるおびただしい数の騎馬警官隊のほとんどがカチアワリに乗っている。この馬は丈夫で持久力があり、価格もそれほど高くはない。さらに、警官の養成のためによく行われるテント・ペッギングという競技に最適である。カチアワリは勇敢で、全速力でまっすぐに走るため、騎手はしっかりとペッグを打つチャンスを得ることができる。

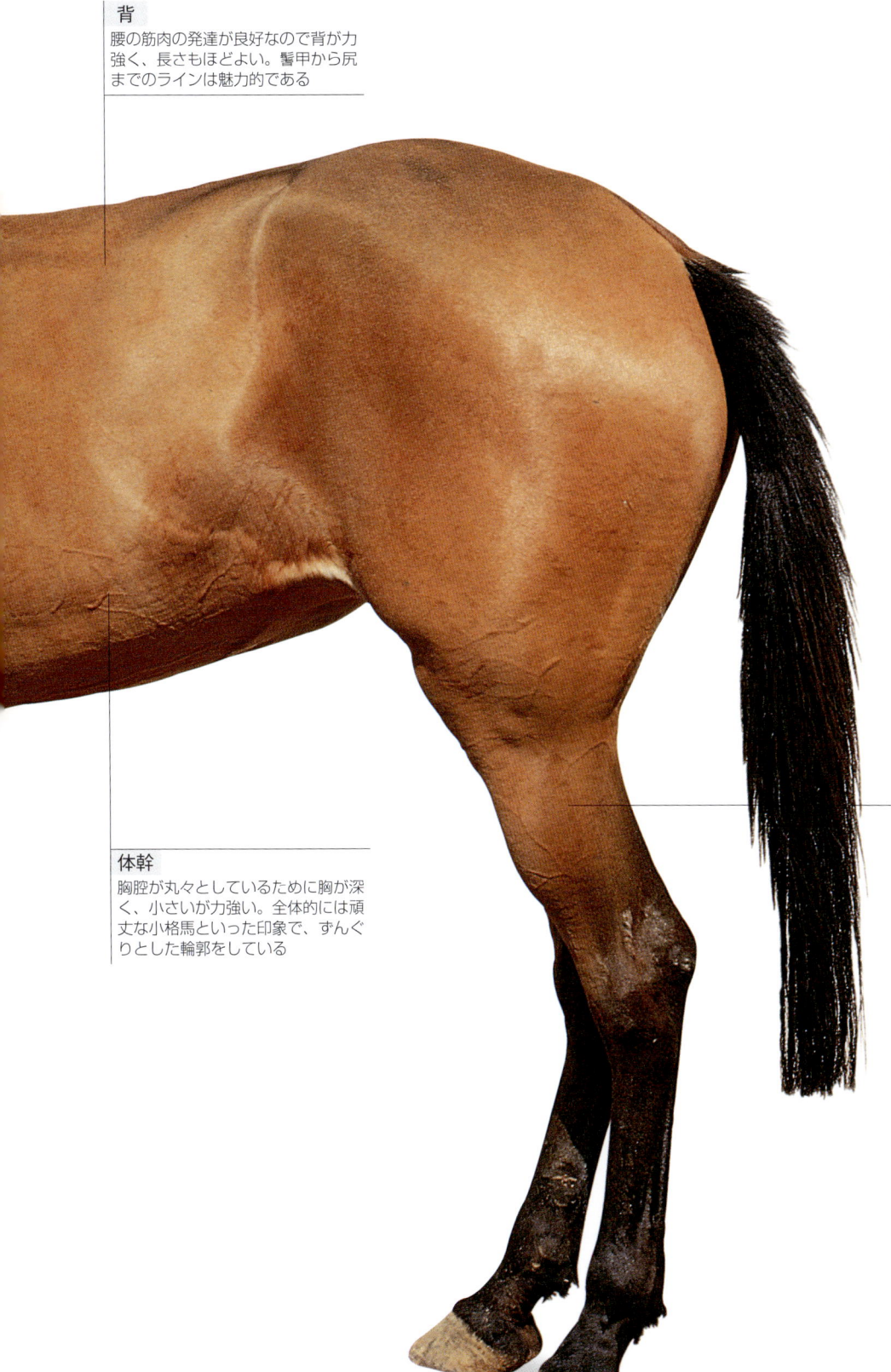

カチアワリ／KATHIAWARI 141

背
腰の筋肉の発達が良好なので背が力強く、長さもほどよい。鬐甲から尻までのラインは魅力的である

歴史的な容貌
良血のカチアワリの頭部で、この品種の特徴を最もよく示している。容易に360度動かすことができる大きく湾曲した耳は、この品種の特徴として珍重されている。珍しい頭絡も注目に値する。

体幹
胸腔が丸々としているために胸が深く、小さいが力強い。全体的には頑丈な小格馬といった印象で、ずんぐりとした輪郭をしている

後肢
脛の筋肉が乏しく、曲飛になりやすい。後肢が他の部位に比べて貧弱なのは事実だが、乗り手には問題とはならないようである

マルワリ
Marwari

インド西部にあるラジャスタン州は馬産地で、現在でも馬の生産はラジャスタンにあるマルワール（ジョドプール）に集中している。その地域の伝統的な統治者であるラソール一族は理想的な王侯戦士ラージプート兵を擁し、同時に所有しているマルワリも馬として、戦士に勝るとも劣らないほどの評価を得ていた。

由来

マルワリの発祥の地と推測されているのはインドの北西にあるウズベキスタンおよびカザフスタンで、特異な能力をもつ砂漠の馬、アハルテケ（p.128～129参照）の故郷、トルクメニスタンも発祥の地としてかなり可能性が高いと考えられている。

アラブ系統の馬がイランで見つかっており、マルワリに影響を及ぼしたと考えられる。また、19世紀に南アフリカのガルフとケープから近隣のグジャラートに、アラブが輸入されていたことも知られている。

非常に珍重されているマルワリの特徴は湾曲した耳で、これはマハラシュトラならびに西海岸全域の馬に認められる。

馬はラージプート兵にはなくてはならない存在であった。12世紀以後は、砂漠でも生きていくことができる丈夫で持久力のある馬をつくるために、ラソール家が選択的育種を行ってきた。ラバールと呼ばれる側対速歩は、多くのアジア系統の馬の特徴となっているが、マルワリも生まれながらにしてこの歩法を示している。

マルワリの品種協会は、さまざまな手法を用いて本種の発展に精力的に取り組んでいる。

体高
マルワリの体高は143～152cmである。

たてがみ
たてがみも尾もすばらしく、被毛は絹のような感触である

肩
肩ははっきりとした鬐甲を起点として良く傾斜しているが、見かけよりも短い。背から肩にかけての部位はゆったりしており、肩は力強い構造をしている

前膊
前膊の筋肉の発達は良い。関節がしっかりしていて平らなため、力強くすっきりとした感じを受ける。この品種の蹄は、緻密で摩耗しにくいことで知られている

マルワリの牝馬

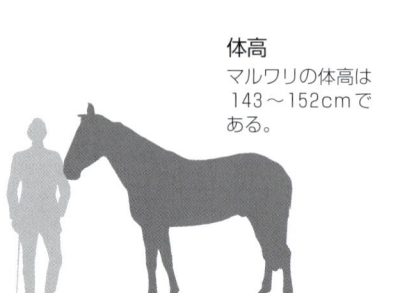

この馬は、選り抜きの血統の牝馬である。頭部は特にすばらしく、典型的といっても過言ではない。マルワリの毛色としては斑紋やぶち毛が広くみられる。また鹿毛、黒鹿毛、暗い栗毛のほか、ときとしてパロミノもみられる。

マルワリ／MARWARI 143

背
形の良い鬐甲の後につづく背は力強く、腰は筋肉の発達が良い。鞍を乗せるには理想的である

尻
尻から尾にかけてはっきりした傾斜が認められる。全体的には、脂肪がついておらず強靱で、スピードが出そうな印象を与える。股関節から飛節までの長さはちょうどよい

高等馬術
ラージプートの馬文化には、古代競技場で行われていたと思われる伝統的な馬の演技、いわば高等馬術が含まれている。高等馬術の跳躍はすぐにそれとわかるもので、調教を積んだマルワリのレパートリーの一部になっている。祭りや特別な行事のときに、高度な演技が披露される。

下腿部
下腿部の筋肉および脛にやや難があるが、飛節は大きくて良い形をしており、むくみやすいという心配はない。ただしマルワリにはときとしてX状肢勢が認められる

体幹
十分な長さと深さを備えているので、ある程度スピードある動きができる。背の長さに対する体幹の深さの比率は適正である

旋毛（せんもう）
馬体にみられる旋毛は、かなり重きを置かれている。多くの旋毛は縁起が良いとされている。しかし、買い手は悪い運勢とされる旋毛は絶対に避けようとする。プロポーションは指の幅を目安にして評価する。顔の長さは28〜40指幅である。顔の長さの4倍が、項（うなじ）から尾根までの長さに一致する。

後肢
下肢が長すぎるということはなく、繋は適度な傾斜と的確な長さを有する。蹄は磨耗しにくいとされている

オーストラリアン・ストック・ホース
Australian Stock Horse

ほぼ200年前に、オーストラリア南東部のニュー・サウス・ウェールズの植民地に初めて馬が持ち込まれた。最初、馬は南アフリカから輸入され、ついでヨーロッパからの輸入が増加した。好まれたのはサラブレッドとアラブであった。隔離されて代を重ねた馬は、やがてその土地の名にちなんだウェラーという名で知られるようになり、最近までこの名で通っていた。

歴史

ウェラーは第一次世界大戦を機に、他の馬よりはるかに穏やかでスタミナがあり、重い荷物を運ぶことができる世界で最もすばらしい騎兵用馬として知られるようになった。これらの特筆すべき長所にもかかわらず、多くのウェラーは戦争終了時に、オーストラリア政府の命によって戦地で葬られた。このため、オーストラリアに戻ってくることはなかった。

現在オーストラリアン・ストック・ホースと呼ばれている品種は、アングロ・アラブ・タイプの馬にペルシュロン、クォーターホースがかけられ、ポニーの血も少し混じっているが、ウェラーを基礎としている。

オーストラリアン・ストック・ホースは、おもにその持久力のために牛を飼っている牧場で広く用いられている。この馬はスピードはないが、すばらしい持久力を備えたオールラウンド・タイプの馬である。

オーストラリアン・ストック・ホース協会は、この品種を奨励して標準化を試みているが、今までのところまだ固定された品種とは言いがたく、容姿には非常にばらつきが認められる。この馬には体型的な基準はないが、サラブレッド・タイプが好まれている。

体高
オーストラリアン・ストック・ホースの体高は150〜162cmである。

頭部
頭部はどちらかというとサラブレッドに近い。ただし、ややずんぐりとしていて厚みがあり、クォーターホースの影響もうかがわせる

肩と胸
適切な角度で傾斜している肩と厚い胸は、優れたオールラウンドの乗用馬のものである

乗用馬
オーストラリアの人々は、重労働に耐えるだけでなく、広大な羊の牧場でのすべての仕事ができる、立派な乗用馬をつくり出してきた。その馬は丈夫でがっしりとして、非常にすばらしい出来をしている。

オーストラリアン・ストック・ホース／AUSTRALIAN STOCK HORSE

完璧な騎兵用馬
騎士を乗せるという役割が現在でもあったとしたら、オーストラリアン・ストック・ホースは負重に耐える体力、持久力、持ち前の勇気、従順な性質から、非常に需要が高かったものと思われる。

昔の輸送機関（上図）
コブ商会は1880年代にニュー・サウス・ウェールズとクイーンズランドで600マイル（960km）以上の区間、乗合馬車を運行していた。この会社が用いていた馬はウェラーで、有名なコンコード・コーチをしばしば7頭立てで牽引した。

毛色
オーストラリアン・ストック・ホースは、通常鹿毛だが、他の毛色も生じる。芦毛はまれである。写真の馬は青毛である

オーストラリアのブランビー
1850年代前半のオーストラリアのゴールド・ラッシュの嵐が過ぎ去った後、多くの馬（持ち込まれた馬で、後にウェラー、ストック・ホースの祖先となる）が低木地帯に放棄された。何年ものあいだ、これらの馬は自由な生活を送り、群れはますます大きくなった。ただし体型は貧相になっていった。
これらの野生馬は、米国のムスタングのオーストラリア版だが、1960年代には広範囲に間引きを始めなければならないほど増えてしまった。しかし、その方法は残酷で、受け入れがたいものだったため、オーストラリアは世界中から非難を浴びた。この写真の馬は、過酷なノーザン・テリトリーの乾いた川床で水を得るのに大変な苦労をしている。

体幹
優れたオーストラリアン・ストック・ホースは、タイプの斉一性は欠如しているが、共通して釣り合いがとれた良い体型をしている。かつてのウェラーはよくアングロ・アラブの秀でた馬に似ているといわれていた。現在のオーストラリアン・ストック・ホースについても同じように形容することができるが、同時にクォーターホースの特徴も備えている

歩様
羊や牛のあとを追って茂みを駆け回るための馬として、バランスの良さと、形の良い頸と肩が必要とされる。

持久力
オーストラリアン・ストック・ホースは、その先祖と同様すばらしい持久力を備えているが、サラブレッドのようなスピードはまったくない。1917年にオーストラリアのアレンビー騎兵隊の兵士たちが37.8℃のなか、170マイル（272km）を4日間かけて走破した。今日でも、牧場で飼われている馬は、酷熱のオーストラリアで長距離を走破することができる。

四肢
オーストラリアン・ストック・ホースは、常にそのすばらしい四肢と蹄、持久力、いつも落ち着いている気性で注目されてきた

放牧牛の管理

スペインから"新世界"へやって来た入植者によって開始された牧畜と、馬と人をめぐる生活は、米国西部の伝説となり神話となった。最初は小説家によって描かれ、その後、ハリウッドの映画産業の手でいくつものロマンチックなストーリーに仕立て上げられた結果、我われの時代の偉業のひとつになったのである。

米国の食料庫

西部劇は、いわば現代人にモラルを説く演劇といえる。そこでは常に善が悪に打ち勝たなければならないのだが、そうした願望は時代を経ても衰えることはない。

しかし、現実の世界は西部劇に描かれているほどロマンチックではなく、英雄的という表現からほど遠いものであった。米国西部の生活は過酷で、カウボーイと馬の卓越した技能が必要とされた。カウボーイが生きていくために馬は不可欠な存在だったのである。

もともと、メキシコおよびアルゼンチンで行われていた初期の畜産業の目的は、皮革の生産だった。しかし、米国東部の人口が増え、ヨーロッパと米国の両方で工業化が進んだ結果、新しい社会を発展させるために牛肉生産への転換の必要性が高まった。その結果、西部の諸州に牧場経営が急速に広まっていった。

牧場を運営するには、たとえ鉄道の発着駅まで、未開地で岩だらけの土地に道をつけたとしても、特殊な技術をもった我慢強く有能な人間のほかに、牛の群れを追うテクニックを身につけた馬が多数必要だった。

カウボーイ

カウボーイは当初、野生化したスペイン馬、ムスタングや交雑種(ムスタング/スペイン馬)に乗っていた。そうした馬は小格で、とても美しいとはいえず、野性味が強かった。しかし一方で、しなやかで力強く、タフで身のこなしは軽かった。

南北戦争(1861〜1865年)以降は、クォーターホースが目に見えて増えてきた。この品種は、動きの読めないことの多い牛の群れを制御することに長けており、まちがいなく世界で最も優れた牛追い作業馬になったといえる。

カウボーイは、ジョグならびにロウプと呼ばれる特有の心地良い歩法で走行する馬にまたがってみて、注意深く馬の選抜を行った。レムダ(牧場での作業用馬として馴致された馬)のエリートはクォーターホースで、この馬は特定の牛を群れから"引き離す"能力を有していた。

次が、投げ縄を投げる乗り手の足場となるローピング・ホースで、この馬は、まさに本能的ともいえるほどの動きをした。

最後にナイト・ホースがあげられるが、この馬は落ち着きがあり、暗闇でも仕事をすることができた。

西部では、仕事の性格に見合った装備が発達した。たとえば、快適できわめて頑丈なウエスタン・サドルには、牛の管理に必要な、操作台ともいえるローピング・ホーン(投げ縄を結びつけるための前橋(ぜんきょう))がついている。

カウボーイは、幅広のつばのステットソン帽と、股上の浅いジーンズ(帽子と同様、製造会社の名前をとってリーバイスともいう)を身につけていた。

また、荒々しい音をさせて自分の存在を牛に気づかせるために、大きくて重たい拍車をつけ、棘の多い低木の茂みから身を守るために、丈夫な皮製のチャップス(オーバーズボン)をはいた。チャップスの脚の部分の多くは羊皮でできていた。ほとんどのカウボーイは、投げる縄の摩擦から手を保護するために、丈夫な皮の手袋をはめていた。

ロングホーン（牛）の群れ（上図）

　ビッグベルト山脈でのテキサス・ロングホーンの群れの移動作業。この品種の牛は、不安を感じると、予測不可能な行動をとることがあり危険である。こうした作業には、少なくとも6～8人と、それと同数のよく調教された馬からなるレムダを必要とする。

群れを追う（最上図）

　カウボーイは、静かにゆっくりと道に沿って牛の群れを前進させる。道のりが長い場合には、牛の健康状態を良好に保ちながら、すみやかに移動させることが重要である。予期せぬ遅れによって牛の体重が減ったりすると、鉄道の発着地点で高値で売れない可能性がある。

ブラジルのカウボーイ（左図）

　群れが離ればなれにならないように注意を払っている、牛追い作業中のブラジルのカウボーイ。このカウボーイは羊皮でできたチャップスをはいているが、彼の仲間はポンチョと伝統的な帽子を身につけている。

モルガン
Morgan

モルガンは、狩猟、障害飛越、馬場馬術競技などでおもに用いられるが、乗用にも軛用にも向いている。この馬はまたウエスタン・スタイルの乗馬や遠乗り、馬車で出かけるときなどにも利用される。この品種は、米国の黎明期に飼われていたジャスティン・モルガンという名の種牡馬を始祖としている。その馬は類をみないほどすばらしい牡馬だったと伝えられている。

モルガンの牡
このモルガンの牡を様式化して描いた図は、いくつかの点を除いて、モルガン協会の規定した品種の基準から大きくはずれている。

歴史

ジャスティン・モルガンは黒鹿毛の馬で、体高は140cmほどしかなかった。この馬は、1789年もしくは1793年にマサチューセッツ州の西スプリングフィールドに生まれた。もとはフィギュアという名で呼ばれていたが、1795年に学校の校長だったジャスティン・モルガンの所有となり改名され、1821年に死亡した。この馬は農作業や森林の伐採作業でめざましい働きぶりを見せた。彼の生涯はきつい仕事と開拓作業にあけくれた。その生涯のなかで、一度も競馬に出走したり、人を乗せたり、馬車を引いたりしたことはなかった。

モルガン種の馬はすべてジャスティン・モルガンと、その有名な息子たち、すなわちシャーマン、ウッドバリーとブルラッシュを祖先としている。この品種はスタンダードブレッド、サドルブレッドおよびテネシー・ウォーカーをつくり出すときに非常に重要な役割を果たした。また機械化が進展するまでは米国の軍馬として重用された。

尾
競技用のモルガンは、必ず長く流れるような尾を有している。尾は馬が立ち止まっているときには地面まで届くほどである

後軀
臀部と後肢については、米国モルガン協会が公認する基準として詳細な規定が定められている。これらは常識的にも好ましい体型といえる

四肢
モルガンの管骨は短く四肢は細いが、骨量は十分で関節の形が特に良い。繋は力強く中程度の長さで傾斜はゆるやかである

競技用馬

現在のモルガンは、米国では人気のある競技用馬としても飼育されている。その馬には、浮きたつような歩様を強調する装蹄が施されている。モルガンは従順で多才だが、その動きは激しく、生気に満ちている。

ジャスティン・モルガンの由来
この品種の基礎となった種牡馬のジャスティン・モルガンの血統は定かではないが、初期のサラブレッドであるトゥルー・ブリトンが父親であったとも考えられる。一方、輸入馬のフリージアンが父親だとする説もある。またウェールズ人はこの馬がウェルシュ・コブの子孫であると主張しているが、それもあり得ないことではない。

モルガン／MORGAN

肩
肩は鬐甲から理想的な角度でつづいており、特に力強い。頸は肩の低い位置に付着している

頸部
頸部は中程度の長さでしなやかに湾曲し、喉にかけてもすっきりしていなくてはならない。鬐甲は明瞭で、臀部の頂点よりもわずかに高い

たてがみ
たてがみと前髪は豊富で、毛は柔らかく、絹のような手ざわりがする。決してごわごわしていない

耳
耳は尖っており、離れた位置にある

体幹
体幹はきわだっている。背は短く広く、筋肉も発達が良く、胴は深く丸みを帯びており、胸も広くて深い。全体が緊密な関係を保っている

毛色
モルガンの毛色は、この写真でみられるような鹿毛のほか、青毛、黒鹿毛、栗毛がみられる。芦毛やぶち毛は存在しない

頭部
モルガンの頭部は中程度の大きさですっきりしており、顎から鼻口部にかけてやや尖っている。横顔はまっすぐか、あるいはほんの少しへこんでいるが、兎頭とまではいかない。鼻梁もすっきりしており中程度の大きさで、口唇は小さく、しっかりしており、鼻孔は大きい。眼も大きく、輝いている。

歩様
歩様は大股で、まっすぐしなやかに歩く。速歩は自在で、直線的かつバランスが良い。駈歩はスムーズで軽やか、速歩同様直線的でバランスがとれている。

性質
モルガンは活動的で勇気のある馬だが、同時に賢く手はかからない。また、丈夫でさまざまな用途で用いることが可能である。非常に力強く、すべての点で均衡がよくとれており、スタミナも備えている。

蹄
蹄は四肢とも丸みを帯び、中程度の大きさである。また滑らかで緻密な角質を備えている

体高
体高はおおむね141〜152cmである。

ガリセニョ
Galiceno

ガリセニョ・ポニーはメキシコの馬だが、その品種名は最初に作出されたスペインのガルシア地方に由来する。ガルシア地方は、スピードのある"ランニング・ウォーク"を特徴とする滑らかな歩法の馬の生産地として有名だった。その馬は乗り心地が良かったので、16世紀のヨーロッパで珍重されたが、その特性は現代のガリセニョに受け継がれている。ガリセニョの体高は140cmしかないが、特性や体型はポニーというよりも馬に近い。

背景

16世紀にヒスパニオラ島(ハイチ)からスペイン人によって連れてこられた最初の馬のなかに、ガリセニョの集団が含まれていた。ガリセニョが、イベリア半島に古くからいた頑健なソライア・ポニーとガラノの影響を強く受けていたのはほぼまちがいない。

この2つのきわめて古い品種は、いずれもタルパン(p.10〜11参照)のような原始的な馬に由来しており、偉大なるスペイン馬の発展に直接的に貢献した。

現在のガリセニョ

メキシコにいる現在のガリセニョの一部で、特に河原毛の馬は、それとわかるほど祖先のソライア・ポニーによく似ている。

ガリセニョは、イベリア地方原産馬の頑丈な体型を受け継いでおり、農用馬や競技馬として人気が高い。

多才な馬

ガリセニョは、普段乗る馬として大変魅力的である。おまけに特殊な歩法を有し、従順で賢く、丈夫な体を併せ持っている。また、ハーネスをつければ耕作やその他の農作業でも利用することができる。

毛色

この魅力的な馬の毛色は、初期のスペイン馬の集団に認められた毛色が反映されている。鹿毛、黒鹿毛、それよりはまれな栗毛のほか、河原毛とパロミノが存在する。たてがみ、尾が黒く鰻線のある河原毛の馬では、下肢に横じまがみられる場合がある。この横じまはソライア・ポニーとの関連を示している。

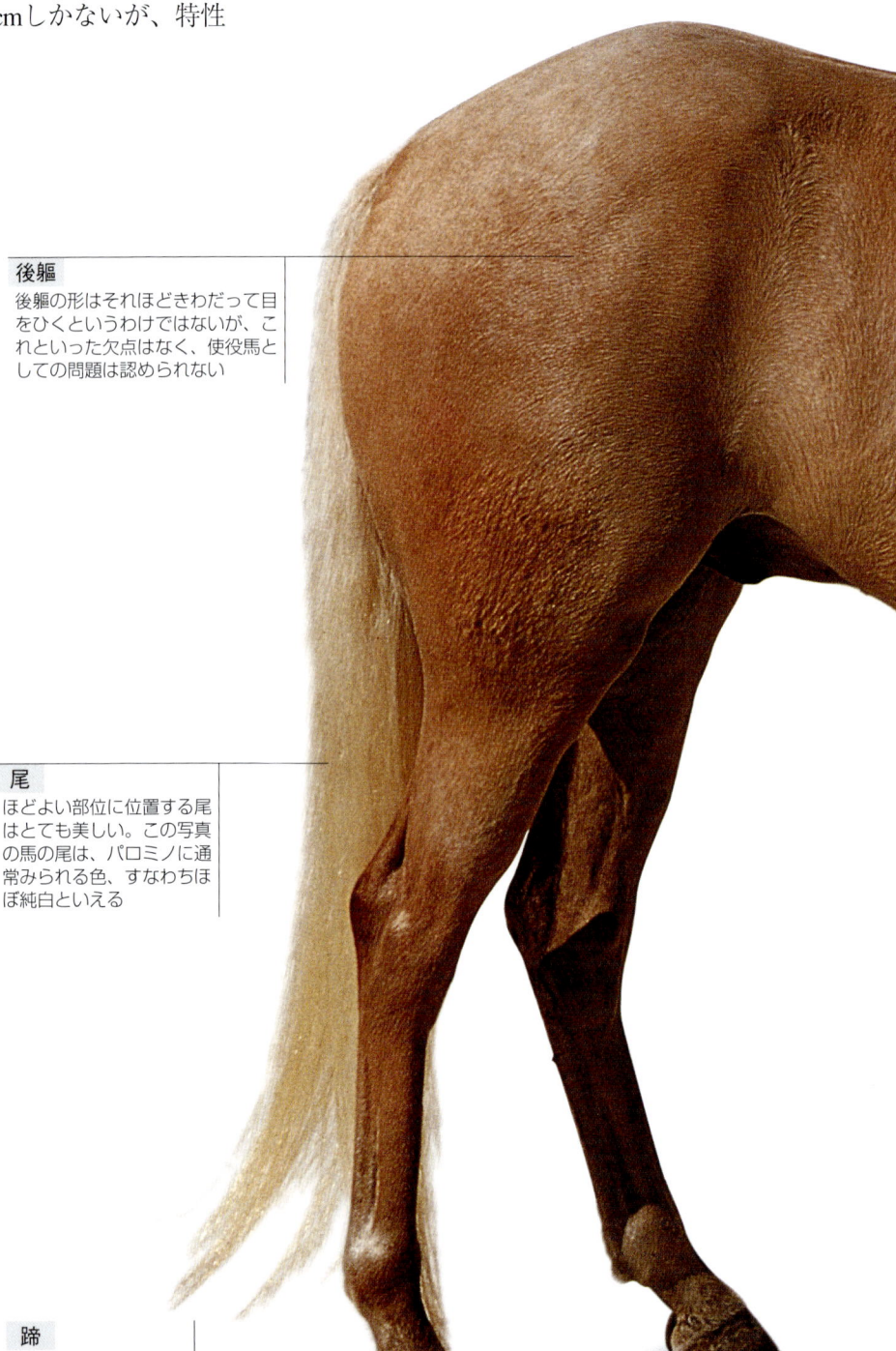

後軀
後軀の形はそれほどきわだって目をひくというわけではないが、これといった欠点はなく、使役馬としての問題は認められない

尾
ほどよい部位に位置する尾はとても美しい。この写真の馬の尾は、パロミノに通常みられる色、すなわちほぼ純白といえる

蹄
角質はかたく、蹄のトラブルはまれである

ガリセニョ／GALICENO 151

背
鬐甲は丸みを帯びる傾向があるが、背のつくりは良い。最後部の肋骨から臀部までの長さはやや長めである

頸部
頸は短めだが、ランニング・ウォークには都合が良い

頭部
頭部は上品で機知に富んだ表情を示し、耳は先端が尖り、整った形をしている。眼は大きくてやさしく、両眼の間隔は十分に広い

前軀
このような肩、低めの鬐甲、どちらかというと短い頸は、いずれもスムーズなランニング・ウォークで知られる馬に必要とされるものである。前肢とのつながりはきわめて良好である。胸は深くて広い

馬、それともポニー？
ガリセニョの体高は140cmでポニーの範疇に入るが、この品種の特性、プロポーション、さらに頭部の外見からいうと、小型の馬という表現の方がぴったりしている。全体の体型からは鋭敏さと優れた運動性が感じられる。

前膊
前肢はとりわけ見事で、長さも十分で、筋肉の発達も良い。膝はまっすぐで十分大きい。また、前膊と管もまっすぐである

下肢
管骨はすっきりしていて短く、馬格に見合った十分な骨量を有している。関節は無駄がなく、繋の角度も適正である

カントリーホース
ガリセニョは、きわめてカントリー向きの馬である。頑強で丈夫なため、気候条件にも容易に適応でき、強固な蹄をもち、生まれながらにして健康な肉体を備えているため、固くて焼けつくような大地での仕事も十分にこなすことができる。特殊なランニング歩法は騎乗者に心地良く、広大な大地を勢いよく駆け回ることができる。

体高
ガリセニョの体高は140cmである。

クリオージョ
Criollo

クリオージョは、"スペイン馬の子孫"という意味で、南アメリカ原産の馬の多くがこれに該当する。クリオージョ・ブラジルはベネズエラのラネーロによって牧畜で使われている丈夫な馬だが、アルゼンチン・クリオージョとの類似点があり、共通のバックグラウンドをもっているといえる。

ガウチョの馬

アルゼンチン・クリオージョは、母国アルゼンチン以外ではそれほど知られてはいないが、世界的に最も重要な品種のひとつといえる。この品種は、バルブの影響を強く受けていた初期のスペイン馬の子孫である。また、ソライア・ポニーの遺伝的影響があることも明らかになっている（p.150～151参照）。

世界で最後の騎馬民族ともされる伝説的存在、ガウチョが乗る馬がこのクリオージョである。クリオージョは丈夫で、健康で、持久力に富むという点では、世界中のどの品種にも引けをとらない。どんな長い距離でも、きわめて歩きにくい地形でも、重い荷物を運んでいくことができる。

クリオージョは非常に厳しい気候、不十分な食料、最低限の水分摂取でも耐える強さを有している。端的にいえば、この馬は極限状態に近くても生き延びる力をもっているといえるのである。

選択的交配

この品種を統括する協会は1918年に設置された。この協会は、きわめて過酷な耐久試験による選択的交配を奨励している。

クリオージョはさまざまな軍事用の目的で用いられるだけでなく、サラブレッドと交配することで、世界で最も優れたポロ・ポニーであるアルゼンチン産ポロ・ポニーが生産されている。

頸部
気品のある頸は筋肉の発達も良く、優れた平衡感覚とスピードを有していることを示している

頭絡
ガウチョが使う頭絡の鼻革は、ほぼ完璧に馬を制御することができる

肩
よく目立つ鬐甲と、傾斜のある長い肩が特徴だが、この肩はこの馬が用いられるさまざまな用途に重要な役割を担っている。特に、ギャロップをする場合にその重要性が増す

四肢
四肢は短いが見事である。関節はすっきりしており、管骨は短い

体高
クリオージョの体高は、140～150cmである。

面繋（おもがい）
ガウチョの馬銜（上図）や頭絡（品種写真）は、革を上手に編んでつくられており、この馬の使役の形態にかなっている。この馬銜の起源はペルシャに求めることができる。紀元前3世紀の古代ペルシャでは、きわめてよく似た構造の馬銜が使われていた。またウクライナのコザックは、これとよく似た形の面繋を使用している

クリオージョ／CRIOLLO　153

毛色
クリオージョの毛色はさまざまだが、暗い河原毛の馬が多い。青粕毛、栗粕毛、栗毛、ぶち毛、青ぶち毛もみられる。グルラと呼ばれる茶色がかった河原毛とガテアドと呼ばれる灰色がかった河原毛が最も評価が高い。

背
引き締まった背は力強く、腰部の筋肉が発達している。背は、肩および後軀とよく調和がとれており、改良する余地はほとんどないといってよい

後軀
尻から飛節までの長さは見事で、後軀は良い形状を保っており、筋肉の発達も良い。この後軀によって、スピードとともに敏捷性とバランスの良さも約束される

選抜試験
厳しい選抜試験が協会によって課せられるが、どれも馬の持久力を試すものである。ある選抜試験は、通常の餌のみで242ポンド（110kg）の荷物を背負い、470マイル（752km）の行程を15日間で歩き通すというものだった。

大腿部
後軀は長くて発達の良い下腿部につながる。この部位が馬体を動かす強大な力を生み出す

体幹
体幹は、体型全体のすばらしさを表している。肋骨はほどよく丸みを帯びており、胸部には適度な深さがある

飛節
飛節はすっきりとして非の打ちどころがなく、しっかりと馬体を支えている。蹄はどの馬も丈夫で、かたい角質を有している

四角形
クリオージョはずんぐりした体型で、体高は150cmを超えない。頸は短いが気品があり、一般に横顔は凸状である。現代のクリオージョの歩様には特別な点は認められないが、なかにはスペイン馬が得意とした側対歩をみせる馬もいる。

マンチャとガトー
クリオージョに乗って達成された最も有名な旅行は、エイム・チフェリー教授が15才のマンチャと16才のガトーと、共に行ったものである。チフェリー教授は、1925年から2年半の年月をかけて、ブエノスアイレス市からワシントン市までの1万マイル（1万6090km）を歩き通した。途中には越えるのが世界で最も困難な地域や危険な国が存在した。

アメリカン・クリーム
American Crème

米国という国は、ウマ属の有するある特殊な一面を強調した"品種"をつくり出すことにかけては天才的ともいえる。そうした米国では、飼育されている馬は増加し、多様性も進んでいった。アメリカン・クリームはまさにその格好の例といえる。ただし、動物学的にはパロミノ（p.184〜185参照）と同じように"毛色"のタイプであって、"品種"の地位を得るだけの基準は満たしていない。

自由度の広さ

"品種"に関する論議はさておき、アメリカン・クリームはアメリカン・アルビノと近い関係にある。アメリカン・アルビノの統括団体であるアメリカン・アルビノ・ホース・クラブは1937年に設立されたが、1970年までにアメリカン・ホワイト・ホース・クラブと名称を改め、ホワイト種とクリーム種とに分けて登録を行うようになった。アルビノ協会は特別に、詳細な「品種に関する説明」と、使役タイプとアラブ・タイプ双方の基準を公開してきた。

アメリカン・クリームには、モルガン、サラブレッド、アラブ、クォーターホースなど、いろいろなタイプの馬がいる。しかし毛色は、組み合わせも含めて、大きく以下の4種類に分けられる。

A. 体幹はアイボリー、たてがみは（体幹よりも）明るい白色、眼は青、皮膚はピンク
B. 体幹はクリーム色、たてがみは（体幹よりも）濃い色、眼は黒色
C. 体幹とたてがみは淡いクリーム色、眼は青、皮膚はピンク
D. 体幹とたてがみはすすけたクリーム色、眼は青、皮膚はピンク

アラブ・タイプ

これは、クリーム種のアラブ・タイプの馬である。ただし登録にはタイプよりも毛色が重要視されている。毛色は遺伝的に安定している。クリーム種とアルビノ種はサーカスの馬として人気がある。ローンレンジャーのシルバー号は、有名なアルビノ種の1頭だった。

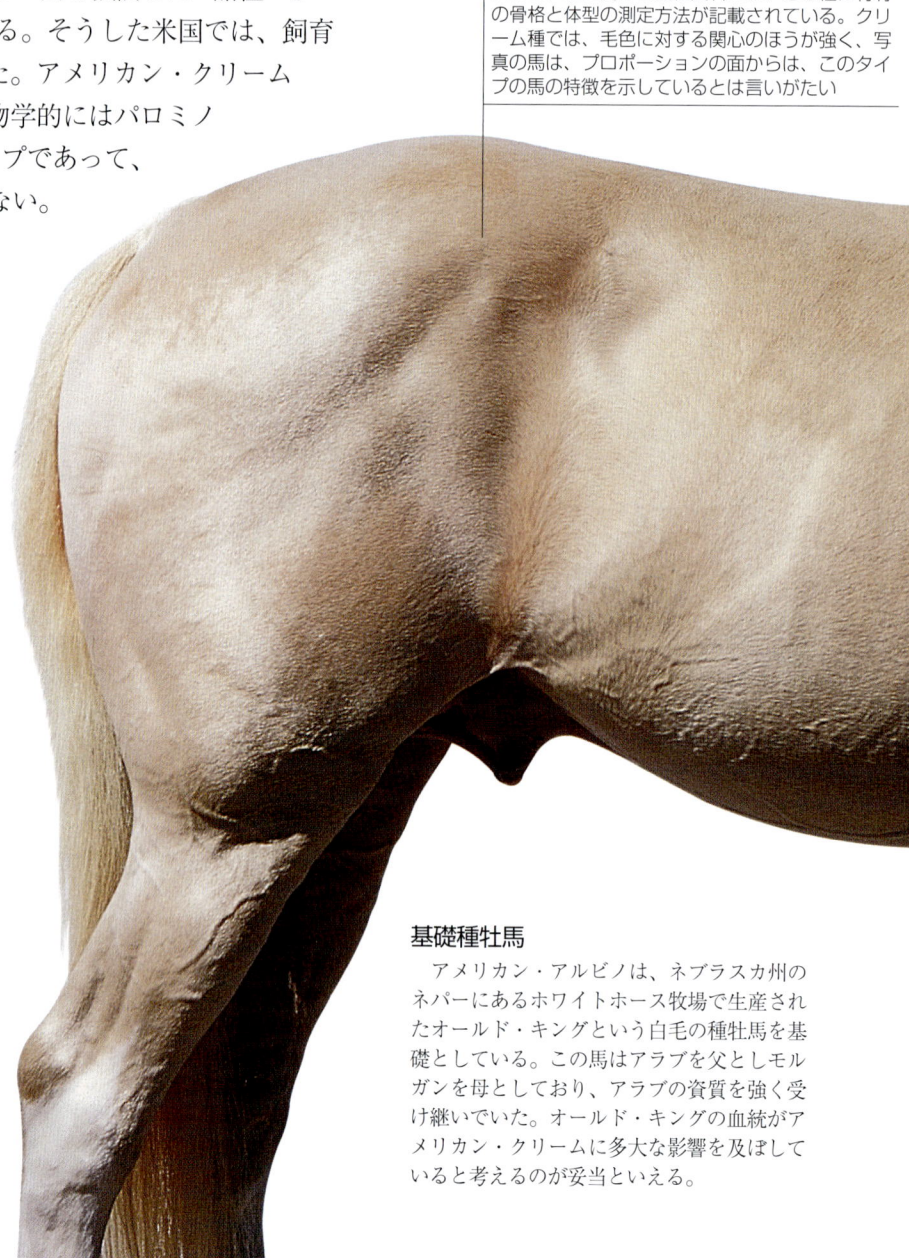

毛色

アルビノ種に関する品種資料には、この種に特有の骨格と体型の測定方法が記載されている。クリーム種では、毛色に対する関心のほうが強く、写真の馬は、プロポーションの面からは、このタイプの馬の特徴を示しているとは言いがたい

基礎種牡馬

アメリカン・アルビノは、ネブラスカ州のネパーにあるホワイトホース牧場で生産されたオールド・キングという白毛の種牡馬を基礎としている。この馬はアラブを父としモルガンを母としており、アラブの資質を強く受け継いでいた。オールド・キングの血統がアメリカン・クリームに多大な影響を及ぼしていると考えるのが妥当といえる。

後肢

重量馬とやや軽めの輓馬を統括するクリーム種輓馬協会もつくられている。ただし、写真の馬の後肢は乗用馬によくみられるタイプである

アメリカン・クリーム／AMERICAN CRÈME 155

アウトライン
この写真の馬の体型は使役馬の体型に近く、これといった特徴をもたない。しかし胸部には十分な深さがあり、全体的に力強さを感じさせる

鼻口部
鼻口部にはしわがあり、色素がないために日射に弱い場合もある

頸部
この写真の馬の場合、頸は短いが筋肉が非常によく発達している。ただし、下顎にある耳下腺が目立ちすぎる

前肢
前肢は特別優れているということはないが、満足できるものである。関節は明瞭ではない。特に球節がすっきりしていない

蹄
アルビノの特徴である白色の蹄を予想する人がいるかもしれないが、蹄の角質は暗色を呈している

頭部
　頭部は扱いやすい性質を示しており、職人的で、魅力がないわけではない。しかし、馬を実用的に利用しようとしている人には、この毛色（色素がない）は、視覚障害（失明）だけでなく光線過敏症という点からも、体質的に虚弱なのではないかと、とらえられがちである。

体高
アメリカン・クリームの体高は、平均152cmである。

クォーターホース
Quarter Horse

アメリカン・クォーターホースは、最初の純米国原産の品種とすることができる。この独特の風貌をもった馬は、17世紀初頭、バージニア州ならびに沿岸地域の開拓地でつくり出された。"世界で最もポピュラーな馬"であるとする人々もいる。この主張を裏付ける事実として、米国クォーターホース協会には約100万頭の馬が登録されているという点があげられる。

歴史

英国の馬がバージニアに初めて連れてこられたのは、1611年のことであった。年代からみて、それらの馬は改良の進んでいない東洋およびスペイン馬の系統だったと考えられる。

その馬がすでに米国にいたスペイン由来の馬と交配され、クォーターホースの基礎が築かれた。この馬は改良が始まると短期間でコンパクトな体型と肉付きの良い後軀をもつ馬になっていった。

移民はこの馬を農作業、牛追い、木材の運搬、日常の仕事や乗用として用いた。スポーツ好きの英国移民は、この馬で1/4（クォーター）マイルくらいの距離の競馬を行ったため、クォーターホースと呼ばれるようになった。またこのことによって、短距離を爆発的なスピードで飛ぶように走る能力が発達した理由も説明される。

西部では、クォーターホースは完璧なカウ・ポニーとしても名声を博している。現在では、山歩きや伝統的なロデオ競技用の馬としても優れた才能を示す。

ホルター・クラス

ホルター・クラスに出場したこの馬は、典型的ともいえるクォーターホースの体型を有している。特に筋肉が隆々と盛り上がった後軀は、この品種の特徴である。対称性のある馬体と各部位のプロポーションが、完全に釣り合っている。

後軀

重く、厚みがあって広い、筋肉のついた臀部は、このどっしりした馬に特徴的なものである

歩様

クォーターホースは、スピード、生来のバランス感覚および敏捷性から完璧なカウ・ポニーといえる。また、ほとんど乗り手に頼らずに牛を追うことができるすばらしい才能をもっている。この馬は「10セント硬貨の上で向きを変えることができ、また、ほんのひとゆすりで騎手を後ろに振り落とすことができる」といわれている。

クォーターホース／QUARTER HORSE　157

鬐甲
クォーターホースの背は鞍のはまりの良い形状をしているが、これは鬐甲が肩の頂点を越えて後ろにまで広がっているためである。そのため、鞍はしっかりと背に収まる

頸部
クォーターホースは仕事をするときには、頸を伸ばし、頭を下げる必要があるため、頸は十分長く柔軟性がなくてはならない。湾曲した頸は好ましくない

鼻口部
鼻は小さい。唇は薄くてかたく、歯の噛み合わせは良い

毛色
クォーターホースの毛色は普通は栗毛だが、単色であればなんでも良い。この写真の馬は鹿毛である

飛節
管骨は短く、飛節は低い位置にある。飛節は推進力のみを生み出す

蹄
楕円形の蹄は、釣り合いのとれた大きさといえる。蹄の角度は繋と同程度で、およそ45度である

多才な乗用馬
クォーターホースはトレッキング用の乗馬として優れている。また乗りやすく機敏で疲れ知らずの狩猟用馬でもあり、伝統的なロデオ競技でも活躍する。さらに生まれつきの優れたジャンパーであるばかりでなく、馬場馬術でも能力が認められている。もちろんクォーターホースによる競馬は手がたい産業で、人気があり、高額賞金を手にすることも夢ではない。

体高
クォーターホースの体高は、143〜160cmである。

ウエスタン馬術

ウエスタン馬術は、400年前に、初期のスペインの入植者が米国に持ち込んだ馬文化と馬装を反映し、それを連綿と受け継いできたものといえる。ただし、他の馬術と同様、さまざまな技術を習熟し、独自の馬術の様式を築き上げてきたことによって、広く世界に認知されるようになった。

調教原則

最上級のレベルのウエスタン馬術は、調教原則の基本に徹底し、忠実にそれを身につけていなくてはなしえないという点で、ヨーロッパの古典馬術と肩を並べる。

ウエスタンであれ、ブリテッシュであれ、調教の意図するところは同じで、身のこなしの軽さ、従順性、リラックス、柔軟で臨機応変なバランス感覚を確立することにある。両者の相違は、目的と方法、および重きをどこに置くかという点にある。

ヨーロッパの馬術は戦闘を起源としている場合が多いが、ウエスタン馬術にその要素はない。ウエスタン馬術の収縮姿勢は、牛追いのときの扶助（ウエスタン用語では「キュー：合図」）と制止の際の扶助との複合によって得られる。制止の扶助は、ほとんどが拳から大勒頭絡（小勒馬銜と大勒馬銜が一体になったもの）を介して伝えられるが、体重の移動でそれをサポートする。

ウエスタン方式は、牛を扱うということを背景に、さまざまな仕事をこなす馬に調教するという実用的な目的があるため、スピードと最高レベルの能率と技術が求められることが多い。

バランスがとれているという点では、ウエスタンの馬はヨーロッパの馬に引けをとらないが、外見はかなり異なる。

気品や収縮姿勢の代わりに、体を低くした伸長姿勢の歩様が求められるが、それには飛節を上手に使う必要がある。さらに、片手で手綱を取り、やや"たるませた状態"で騎乗するが、こうした方法は、古典馬術では邪道とされる。

ウエスタン歩法を特徴づけるのは、ジョグ（ゆっくりした速歩）と滑らかなロウプ（ゆっくりした駈歩）である。

基本として求められるのは、横方向へ楽に移動する動きのほか、レイン・バック（後退）と前躯あるいは後躯を中心にした回転である。

高度な動作には、跳び上がっての踏歩変換、ロール・バック（180度向きを変える）、スピードのある状態で行うスピン（ウエスタン式ピルエット）がある。

そのほか忘れてはならないのが、やや危険ともいえるスライディング・ストップである。これは速い襲歩から、後肢を30フィート（9m）程度スライドさせて停止するという技である。

低く長く（上図）

　トレイル競技に臨んでいるクォーターホース。リラックスした状態でポールを横切っているが、バランスを保ちながら体を伸ばした低い姿勢で行くことが求められる。騎乗者は片手で軽く手綱を持ち、その重さで馬とのコンタクトを保ち制御する。

証明（最上図）

　ウエスタン馬術の妙味を知るには、ロディオ・スポーツのバレル・レースを観戦するに限る。手綱による制御は最小限で、馬は危険なまでの速さで砂ぼこりをあげながらドラム缶を回るが、完璧なバランスが保たれている。

停止！（左図）

　スライディング・ストップは、必ずしも最も魅力的な動作とみなされているわけではないが、ウエスタン馬術を代表する技といえる。片手で騎乗しながらこの動きをするには、完璧な技術が必要とされる。

スタンダードブレッド
Standardbred

米国には繋駕速歩競走のファンが3000万人以上いる。また、多くのヨーロッパの国々、スカンジナビア、ロシアなどでは、この競走はサラブレッドによる競走よりも人気がある。最高の繋駕速歩競走用馬は、疑う余地なく米国のスタンダードブレッドで、この品種の多くは1マイル（1.6km）を約1分55秒で走るが、もっと速い馬も存在している。

歴史

スタンダードブレッドという名は1879年に初めて用いられたもので、品種登録には標準（スタンダード）となるスピードより速いことが条件であることからきている。セパレート型繋駕速歩競走は、斜対速歩馬（トロッター）、および側対速歩馬（ペーサー）のための競走である。より速くて歩調を乱すことの少ない側対速歩馬のほうが、米国では広く好まれている。反対にヨーロッパでは斜対速歩馬のほうが多い。

スタンダードブレッド作出の基礎となった馬は、1788年に英国から輸入されたメッセンジャーという1頭のサラブレッドである。この馬は繋駕速歩競走に出走することはなかったが、昔のノーフォーク・ロードスターとの血縁上のつながりがあった。スタンダードブレッドの根幹となった種牡馬は、1849年生まれのハンブレトニアン10である。この馬も繋駕速歩競走に出走することはなかったが、傑出した体型によって繋駕速歩競走用馬の種牡馬として成功した。この馬は尻高が約153cm、体高が約151cmだった。この体型により後軀の推進力は強力なものとなった。

祖先（上図）
他品種と比べようのないノーフォーク・ロードスターが、スタンダードブレッドの遠い祖先である。かつてこの馬は、12ストーン（76kg）の騎手を乗せて、時速15～16マイル（24～26km）で走るのが普通だった。

後軀
後軀は特に力強く、側対速歩時に最大限の推進力を生み出す

飛節
後肢、特に飛節は馬が立っているときには一般的にバランスのとれた正しい位置になくてはならない

レッドマイル競馬場
ケンタッキー州レキシントンの有名なレッドマイル競馬場での繋駕速歩競走。米国にはおもなものだけでも70以上の競馬場があり、どこでも最低1年に50日以上競馬が開催されている。すべての競馬場は左回りで、日没後のレースでは照明灯を用いることが規則となっている。

スタンダードブレッド／STANDARDBRED

スピードの向上
競走がスピードアップした最も大きな理由は、空気タイヤのついた軽い2輪の一人乗り馬車が1892年に導入されたことである。ちなみに、これは英国で発明された。スター・ポインターは、その5年後に1マイル（1.6km）2分を切った。

肩
この品種の肩の強さと、頸とのつながり具合の完璧さは特筆される

鬐甲
鬐甲はたいてい良い形をしているが、尻よりも低くなければならない

毛色
毛色はここで示した鹿毛ならびに黒鹿毛、青毛、栗毛が多い

体幹
スタンダードブレッドはサラブレッドよりも体長は長く、体高は低い。またサラブレッドのもつ品格と優雅さはない。この力強い馬は常に尻高の体型をしている

頭部
筋肉質で勇壮なスタンダードブレッドには、たくましさという言葉がぴったりである。頭部はサラブレッドと比較して粗野で比較的平板だが、いかにもたくましそうで、かつ正直そうな印象を与える。

四肢
スタンダードブレッドが故障を起こさずに高速で競走するためには、鉄のように丈夫な四肢、強固な蹄、直線的な歩様が必要とされる

体高
スタンダードブレッドの体高は、平均152cmである。

繋駕速歩競走

繋駕速歩競走(けいがそくほきょうそう)は、紀元前のギリシャ、ローマ時代の円形競技場で始まった。現代のこの競走は米国、ヨーロッパおよびオーストラレーシアにしっかりと定着している。この競走は、国によってはサラブレッドによる競馬を上回るほどの観客をひきつけ、サラブレッド競馬に勝るとも劣らない賞金が与えられる。

繋駕速歩競走の中心

米国は世界でも有数の繋駕速歩競走大国で、主要な競馬場だけでも70場以上を擁している。これらの競馬場では、基本的に夕刻以降にレースが行われ、左回りの馬場が標準となっている。

主要な競馬場のひとつとして、ニュージャージー州の東ラザフォード、メドウランズ競馬場があげられるが、ここでは世界最高のレースがいくつも開催される。ハンブレトニアン競走はそうしたレースのひとつで、トロッター(斜対速歩馬)の3冠競走の一冠に数えられる。他の2冠はヨンカーズ競馬場でのヨンカーズ・トロット競走と、レッドマイル競馬場でのケンタッキー・フューチュリティー競走である。ペーサー(側対速歩馬)の3冠レースは、ケーン・フューチュリティー競走(ヨンカーズ競馬場)、リトル・ブラウン・ジャグ競走(デラウェア競馬場)およびメッセンジャー・ステークス競走(ロングアイランドのルーズベルト競馬場)を指す。

ペーサーとトロッター

米国ではトロッターよりもペーサーのほうが人気が高い(スタンダードブレッド、p.160~161参照)。トロッターは対角線上にある一組の肢を同時に動かすが、ペーサーは前後の一組の肢を同時に動かす。競走中に襲歩をしてしまうと失格となり勝ちはなくなるが、ペーサーがこのような失態を演じることはめったにないので、賭け手には好まれる。

安定した側対速歩を保持し、"ブレーク(襲歩になってしまうこと)"を避けるために、左右の肢それぞれの前膝と飛節の上部をつなげるようにデザインされた馬具を装着する。

この競走に必要な特殊な装備のほとんどは米国で考え出された。繋駕速歩馬はレッグ・ブーツを装着し、最大で時速40マイル(64km)ものスピードで相互にぶつかる可能性のある四肢を守る必要がある。またムートンでつくられた厚手のシャドーロールや、制御しやすく確実にまっすぐ走らせるために、馬銜(はみ)の当たりをやさしくする特殊な馬具をつけている馬も多い。

ヨーロッパとオーストラリア

ヨーロッパ、スカンジナビアおよびロシアでは、繋駕速歩競走のほうが平地競走よりも盛んであり、ペーサーよりもトロッターのほうが数が多い。

フランスで最も重要な競馬場であるヴァンサン競馬場では、毎年約1000レースが開催されており、このなかには騎乗速歩競走として有名なプリ・ド・コルニュリエ賞も含まれる(フレンチ・トロッター、p.102~103参照)。

オーストラリアとニュージーランドでは、この競走は国民的な娯楽となっている。カージガン・ベイは、オーストラレーシアと米国の両方のレースで優勝経験があり、初めて100万ドルを超える賞金を獲得したスタンダードブレッドだが、この空前絶後の偉大な繋駕速歩馬は、ニュージーランドで生産された馬だった。

快適な乗り心地（上図）

繋駕速歩競走の騎手は、サルキーと呼ばれる競走用二輪馬車の上に腰かける。この乗り物は、1892年に発明されたが、1970年代の中頃、ジョー・キングというエンジニアによって改良され完成した。1マイルを2分で走破する馬が1974年には685頭だったのが、キングの改良により、わずか2年後には1849頭へと飛躍的に増加した。

繋駕速歩競走のゲート（最上図）

競走用のサルキーはさておき、可動式のスターティング・ゲートは、この競馬では最も重要な発明といえる。トラックに連結された二台の格納式のウィングが、徐々に加速して馬場から離れていくというものだが、それにより公正な発走が約束される。

雪上の競走（左図）

スイスのサンモリッツでは、雪上の馬場でレースが行われる。大部分はトロッターによる競走で、馬には特殊な蹄鉄が装着される。また、競走用サルキーには軽量のそりが取りつけられる。

サドルブレッド
Saddlebred

初めの頃にケンタッキー・サドラーと呼ばれていたサドルブレッドは、19世紀に米国南部の諸州でつくり出された。この品種は実用的であり、同時にきわめて上品でもある。サドルブレッドは、さまざまな農作業に従事することができる。また長い一日の作業のあいだ、たとえ荒地であっても騎乗者は快適に過ごすことができる。さらにこの馬は、賢い鞍用馬としても利用することができる。

由来

サドルブレッドは、カナディアン・ペーサーおよびナラガンセット・ペーサー（ロードアイランドの入植者の使役馬）の2種類の自然な歩き方をする品種から作出された。特色のある印象的な馬をつくるために、モルガンとサラブレッドの血も導入された。

現代のサドルブレッドは、歩法が3種、5種いずれの場合でも、一般的には英国のハクニー（p.98〜99参照）に近いすばらしい馬術競技用馬とみなされている。ただし作為的な感じを与えるきらいはある。

この馬は今でも馬車を引くのに用いられているし、また普通に削蹄をすれば一般の乗馬にもトレッキングにも使うことができる。この馬は牛追いにも向くし、障害飛越競技や馬場馬術競技をさせることもできる。

その多才さにもかかわらず、米国サドルブレッド協会は、今でも"米国で最も誤解されている品種"としている。それはこの馬の育種改良の経緯、断尾をした高い位置にある尾が与える印象、長く伸ばした蹄、調教にやや心許ない点があることなどからきている。

闘志、スピード、美しさ

独特の歩様は、昔のスペインのペーサーとアンブラーから受け継いだものである。またサドルブレッドの闘志、スピードおよびフォームの美しさはサラブレッドからきている。

3種歩法馬および5種歩法馬

3種歩法のサドルブレッドは常歩、速歩および駈歩をする。どの歩法でも高い動作で落ち着いた正確な歩様を見せる。5種歩法のサドルブレッドは、これらの歩法以外に4ビートのあたかも威張ったような印象を与える「スロー・ゲイト」と、4ビートで肢を高く上げて全速力で移動する見栄えの良い歩法である「ラック」の2種類の歩法を示す。後者の歩法は、他のどの歩法とも関連性が少ない。

後軀
後軀は飛節にかけてよく筋肉が発達しており、歩様にほどよい輝きを与えている。尻は水平で尾は高い所に位置していなければならない

尾
3種歩法のサドルブレッドは、たてがみを刈り断尾をして競技会に出場する。一方、能力の高い5種歩法のサドルブレッドは、たっぷりしたたてがみと尾のまま競技会に出る。尾は習慣的に尾根部を切って高い位置にくるようにする

アウトライン
胴はイングリッシュ・ハクニーを彷彿させるが、より乗用向きの体型をしている。肋は特に弾力に富み、外観はこの写真のように展覧用の姿勢をしているときでも、上品な感じを与える

四肢
四肢は強いが、重い印象を与えることのない点がこの品種の特徴といえる

サドルブレッド／SADDLEBRED

頸部
頸は長く、湾曲しており、頸に余分な肉はない。頸は突出した鬐甲につながっている。この結果、頭部が特に高い体型になるが、それはこの品種の特徴のひとつである

鬐甲
鬐甲はすっきりして尖っており、輓用のみを目的に育種された品種よりもずっと高い。背はとても短く、力強い

頭部
頭部は完璧といえる。眼はほどよく離れており、鼻口部は形が良く鼻孔は広く開いている

馬車引きの名手
サドルブレッドは馬車引きの名手である。競技会では、常歩時の美しさ、速歩時の魅力と制御の状態が評価の対象になる。

肩
サドルブレッドの肩は特にすばらしく、適度に傾斜している。鬐甲側で肩甲骨は互いにかなり接近している。このため、信じられないほど自在な動きができる

毛色
許されている毛色は驚くほど多い。ここで示した鹿毛と、栗毛が最もよくみられるが、青毛、芦毛、パロミノもあるし、ときには粕毛もみられる。被毛はまるで絹のように美しい

自由な動きにみられる優雅さ
これは放牧中のサドルブレッドのチャンピオンで、非常に自然な優雅さと自在さが感じられる。頭と尾を高く上げての動作は典型的なものだが、それらはこの品種の独特で魅力ある存在感のもとといえる。

蹄
動作を強調するために蹄は不自然に伸ばされ重い蹄鉄が装着される。繋は長く、傾斜しており、このため乗り心地は快適で弾発力があり、滑らかな騎乗感が得られる。

体高
体高は150～160cmだが、もう少し高い馬もいる。

ミズーリ・フォックス・トロッター
Missouri Fox Trotter

ミズーリ・フォックス・トロッターは、北アメリカ原産の3種の特殊歩法馬のひとつである。1820年頃作出されたが、血統書は1948年まで刊行されなかった。この品種は、ミズーリ州およびアーカンソー州のオザーク高原で、昔の開拓者がモルガン、サラブレッドおよびスパニッシュ・バルブをおもな祖先にもつ馬を異系交配して育種改良したものである。

歴史
初期の開拓者は、持久力があり、使い勝手の良い馬のタイプを固定し、生産しようとした。すなわち、乗り手にとって快適で、安定したスピードで長距離でも荒野でさえも走行できる馬である。後のサドルブレッドやテネシー・ウォーカーの血の導入により、非常に動きが滑らかで足場が悪くてもしっかりした歩様を保つ、コンパクトで好ましい性質の馬がつくり出された。

有名なフォックス・トロット歩法
実際、この馬は常歩では肩を前に出し、速歩のときは後ろに引く。そして後肢は前肢の蹄跡の上に着地し、滑るように前進する。この歩様は着地時の衝撃を最小限にし、乗り手はほとんど動きを感じずに乗っていられる。

この馬はこういった歩様で、時速5〜8マイル（8〜13km）の速度を維持し、また短距離では、時速10マイル（16km）の速さで走行することができる。これが有名なフォックス・トロットと呼ばれる歩法である。

この歩法の際、馬には上品さと躍動感が期待される。また同時に、リズムの完璧さ、ある程度の収縮姿勢も必要である。このとき、テネシー・ウォーカー（p.168〜169参照）のように頭部を上下させ、尾もリズミカルにわずかに挙上させる。

体高
140〜160cmでばらつきがある。

現在のフォックス・トロッター
現在のミズーリ・フォックス・トロッターは、オールラウンド・タイプの娯楽用ならびに競技用馬である。この品種の血統書は1948年まで刊行されなかったが、今日では軽く1万5000頭を超えるフォックス・トロッターが登録されている。フォックス・トロッターには、通常ウエスタン用の馬具を装着して騎乗する。

毛色
斑紋も含めてすべての毛色がみられる。しかし、この写真のような栗毛が最も多く、赤みがかった粕毛もみられる

四肢
体は全体的に筋肉質で、厚みがあり、かなり引き締まっている。四肢の筋肉も発達しているが、後肢のほうがしっかりしている

ミズーリ・フォックス・トロッター／MISSOURI FOX TROTTER 167

アウトライン
フォックス・トロッターは、背が高くて派手なウォーカーやサドルブレッドと比較して小型で低い姿勢で移動する

頭部
頭部は非常に端正で、尖った形の良い耳、先細の口唇、大きな眼を有している。また表情は豊かである

胸
胸は広く、厚みがある。常歩時の動きは傾斜した力強い肩に起因すると同時に、膝の動きが誇張されていないことによる

関節
関節は通常フラットで大きいが、ときとして骨量が不足している場合がある

蹄
この品種は蹄の形が良いことで有名である

歩様
常歩は後肢の踏み込みの深い独特の歩き方で、完全な4ビートをきざむ。駈歩はカウ・ポニーにみられる速くて長い歩幅の駈歩と、ウォーカーやサドルブレッドにみられる高くてゆっくりした駈歩の中間といえる。この品種は、サドルブレッドやウォーカーのような高い姿勢の動作は見せない。この馬の協会では、作為的に歩様を誇張させることを禁じている。

使役と競技会
フォックス・トロッターは、生まれつき足どりがしっかりしており、乗り手を疲れさせない歩様のため、荒野や足元の悪い場所も苦にしない理想的な巡廻作業馬といえる。米国オザーク地方で開催される、この品種を対象とした馬術競技会では、フォックス・トロット時の評価点が全体の評価の40％を占める。また4ビートの常歩は20％、駈歩は20％の評価点が与えられる。

テネシー・ウォーカー
Tennessee Walker

テネシー・ウォーカーは、米国特有の一群の特殊歩法馬のひとつである。サドルブレッドやミズーリ・フォックス・トロッター（p.164〜167参照）と同様、この品種の祖先も南部の諸州にいたスペイン系の馬に由来する。ウォーカーは、飼い主が農園の作物を見回るときに、何時間も快適に乗っていられる実用的な馬として19世紀にテネシー州で作出された。

歴史

この品種は、ロードアイランド州の旧ナラガンセット・ペーサーまでさかのぼることができる。ウォーカーには、スタンダードブレッド、サラブレッド、モルガン、サドルブレッドの血が混じっている。

基礎となった種牡馬は、モルガンから別れたトロッター（ペーサーではない）の系統のスタンダードブレッド、ブラック・アランと考えられている。ブラック・アランは変わった歩き方のために、繋駕速歩競走用馬としては落第だったが、現在ではその特性から、子孫は広く賞賛を集めている。

テネシー・ウォーカーは、次の3種類の独特の歩き方をすることで知られている。フラット・ウォーク、有名なランニング・ウォーク（最もよくみられる特徴）、そして高く、滑らかなロッキング・チェアー・キャンターである。これらの歩法はきわめて軽快である。加えて、この品種は気性が穏やかで、初心者や臆病な人でも安心して乗れると好評である。

正装した姿

競技会用に正装したテネシー・ウォーカー。尾の整形は米国の協会規約に従ったものである。長い蹄はこの品種特有の歩様を強調する。歩様は生まれつきのもので、他品種の馬に教え込むことは不可能に近い。蹄当てを肢の保護のために装着している。

気質

テネシー・ウォーカーの優れた特徴はその気質にある。落ち着きがあり、信頼でき、初心者でも全面的に信頼して乗ることができる。この気質と、乗り心地が快適なことから、この品種は家族向きの馬とされている。この馬は、すべての馬のなかで最も気質が穏和で、最も乗り心地良いとされている。

後軀

この馬の尾は長く、通常整形して挙上させている。後軀は力強く、歩行時には後肢が馬体の下に入り込む

生産奨励

1935年、テネシー・ウォーキング・ホース生産者協会がテネシー州のルイスバーグで結成された。この協会は「一日乗ってみれば絶対欲しくなる」をキャッチフレーズに、この品種の生産を奨励している。

四肢

見た目にはきわだったところはないが、四肢は力強い

後肢の蹄

後肢の蹄は細長く、滑らかな歩様をひきたてる

テネシー・ウォーカー／TENNESSEE WALKER

体型
この品種は骨太で、胴は短く、胸が厚く、角ばってどっしりした印象を与える。サドルブレッドの上品さは持ち合わせていない。一般的にいって平凡な馬だが、見た目ではなく、その気質と独特の歩き方で尊重されている

頭部
平凡な形の比較的大きな頭部は、サドルブレッドよりもずっと低い位置についており、頸を上げることは非常に少ない

毛色
毛色に決まりはないが、青毛など濃い毛色が一般的である。この馬は栗毛である

蹄
テネシー・ウォーカーの独特の歩様は、靴をはいているような装削蹄に由来する。蹄は細長く、歩くときには高く持ち上がる。蹄は不自然に伸ばされているが、腱の故障はめったに生じない。

サドルブレッドの血統
サドルブレッドの影響は、テネシー州のワートレースにサドルブレッドの種牡馬ジオヴァーニが繋養される1914年まではほとんどなかった。この種牡馬の血の導入によって、それまでのずんぐりした体型が洗練されたものに変わった。

歩法
フラット・ウォーク、ランニング・ウォークおよび特殊なキャンターは遺伝的なものである。子馬は早い時期からよくランニング・ウォークをみせる。ランニング・ウォークでは、時速6～9マイル（10～15km）の速度でかなり長い距離を行くことができる。

ランニング・ウォーク
テネシー・ウォーカーは、地面の上を滑るといわれている。緩やかな4ビートの常歩である有名なランニング・ウォークでは、前肢は対側の後肢の直前の地面に着地する。後肢は前肢の蹄跡を6～15インチ（15～38cm）踏み越える。調子を合わせて頭部を上下させ、耳はぶらぶら揺れる。そして特徴的なこととして、歯をかちかちと鳴らすことがあげられる。

体高
テネシー・ウォーカーの体高は150～160cmである。

ペルビアン・パソ
Peruvian Paso

ペルビアン・パソ（パソは"歩み"を意味する）も、プエルトリコやコロンビアで飼われているパソ・フィノも、16世紀までにスペインの征服者が南アメリカ諸国に持ち込んだ馬を起源としている。両方の品種は米国でも大変人気がある。

共通の祖先

パソと称される品種は、スパニッシュ・バルブ、アンダルシアンなど、旧世界の歩様のすばらしいスペイン原産の小格の馬の混血馬を祖先としており、巧みな育種技術によって発展させられてきた。

後肢と飛節が長く、関節が例をみないほど柔らかいという特徴がある。骨と蹄は模範的ともいえ、クリオージョと血縁のある品種同様、馬体のわりに大きな心臓と肺を有している。

ユニークな歩様

この馬は、特有の側対歩法で有名である。この歩法は、両方の品種の馬に生まれつき認められ、他の側対歩法を示す品種の馬が見せる側対歩とは異なっている。両方の品種の馬の動きは大変滑らかで、乗り手がコップに水を満たして手に持っていても一滴もこぼさないとさえいわれる。

ただし歩き方は、ペルビアン・パソとパソ・フィノでは微妙に異なる。ペルビアン・パソ（ペルビアン・ステッピング・ホースとも称される）は、パソと呼ばれる4ビートの側対歩で移動する。一方、パソ・フィノは、注意深く維持されてきた、それぞれ名前のついた3種類の歩法を示す。

体型
パソは大型の馬でもなく、また襲歩が得意な馬の特徴ももっていない。この馬はコンパクトな筋肉質の体型をしており、体全体に幅と深さがあり、また四肢は短く力強い。

尾
美しい毛並みの、ふさふさとした長い尾は、丸い臀部の良い位置に付着している。皮膚は美しいつやと光る被毛に覆われている

飛節
3種類の歩法を長時間行うために、飛節は大きく、特に形の良いものでなくてはならない

後肢
後肢は力を発揮しやすい構造をしており、移動時には下から体を持ち上げるように動く

蹄
パソの蹄は強靭で、また堅牢である。この品種には生まれつきしっかりした足どりと敏捷性が備わっている

体高
パソの体高は140〜150cmである。

ペルビアン・パソ／PERUVIAN PASO 171

パソ
　パソは元来、前肢を水泳選手のように外側へ弧を描いて動かす4ビートの側対歩法の馬である。この外弧歩様はテルミノと呼ばれる。後肢の歩幅は非常に広く直線的で、後軀は低く保持され、飛節は体幹の下に深く入り込む。背はまっすぐに保持され、衝撃を吸収する。パソは荒地でも長い距離を走りつづけることができ、時速13マイル（21km）になっても乗り手に不快を感じさせない。

毛色
鹿毛およびここで示した栗毛がおそらく最も一般的な毛色と思われるが、斑紋を含むすべての毛色が出現する可能性がある

頸部
湾曲した筋肉質の頸部はやや短めだが、体型上の調和はとれており、鬐甲と広くて深い胸部にしっかりと付着している

肩
肩は明らかに力強く、前肢の挙上に都合の良い角度で傾斜している。パソはその生来の特有の歩法を好み、めったに駈歩は見せない

四肢
安定感のある四肢はどんな乗用馬にも必須な条件であるが、パソの四肢はなみはずれている。繋はその独特の歩様に見合うだけの強靱さを有している

パソ・フィノの歩法
　パソ・フィノはゆっくりした収縮姿勢の、馬体を挙上させるような歩法である。またパソ・コルトはやや伸長した長距離を行くときの歩法で、パソ・ラルゴはスピードが速い。パソ・フィノが、乗り手に不快感を与えずに時速16マイル（26km）で走行することができるということは、賞賛に価する。

ムスタング
Mustang

"ムスタング"という言葉は、馬の群れを意味するスペイン語のムステーナからきたもので、米国西部の"野生"馬に対して用いられている。かつてムスタングには先住民が乗っており、白人もこれを真似た。ムスタングは米国原産の多くの品種の基礎となっている。この馬はスペイン馬の特徴、ことに毛色の特徴を引き継いでいる。

由来

スペインの征服者がアメリカ大陸に上陸したとき、馬がこの広大な大陸で絶滅しておよそ1万年が経過していた。スペイン人はこの新世界に馬と牛の両方を持ち込んだ。これらの牛は19世紀に飛躍的にのびた巨大な牛肉産業の基礎となった牛群である。

ひとたびスペイン人がアステカ族や他の先住民を追いやって定住すると、多くのスペイン馬が逃げたり、放棄されたりして野生化した。

現在我われがアンダルシアンもしくはイベリアン（p.50〜51参照）と呼んでいるスペイン馬は、当時ヨーロッパで最も美しい馬であり、最高の品種だと考えられていた。この馬が核となって、メキシコから米国、そして西部の平原へと北上していった野生馬の大集団が形成された。

20世紀初めには、およそ100万頭の野生馬が西部の諸州に生息していた。しかし1970年までには、ペット・フードや人が食用にするため大量殺戮された結果、野生馬の数は激減した。現在、ムスタングは法律によって守られており、カリフォルニア州、ポータービルの野生馬研究センターなどの団体によって保護されている。

体高
体高は132〜150cmの範囲で、ばらつきが大きい。

アウトライン
この馬のアウトラインおよび全体の印象は完全にスペイン馬のものである。バランスの良さと運動能力を備えた力強さが印象づけられる

後躯
この典型的な野生の馬は、環境とまばらな食餌のゆえに、貧弱な後肢をしている

たてがみと尾
真っ黒なたてがみと尾は、ふつう河原毛につきものだが、多くのスパニッシュ・バルブに由来する馬にみられるものともいえる

丈夫な野生馬
野生のムスタングは、現代人の目で見れば、とても許容できる体型とはいえない。ただし野生の馬であっても、スペイン馬の特徴だった堅牢な骨格は引き継いでいる。

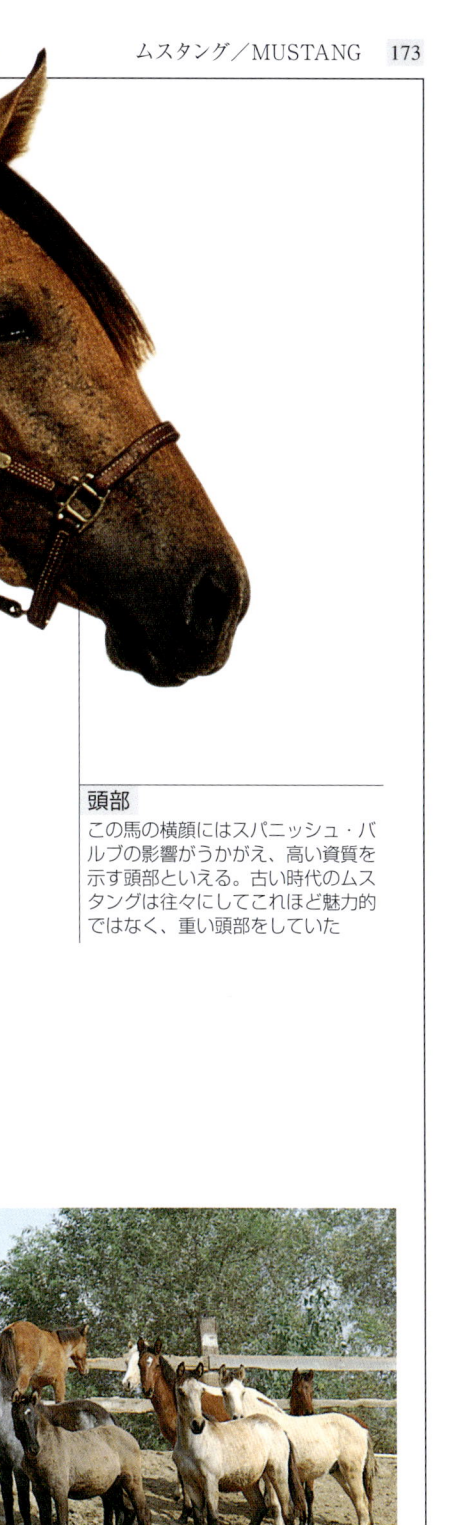

ムスタング／MUSTANG 173

毛色
『ムスタング』（1952年）という本の著者であるJ・フランク・ドービーは、その毛色を「鹿毛および栗毛、黒鹿毛および濃い芦毛、粕毛、河原毛、芦毛であちこちに黒、白およびまだらの模様がある」と述べている。要するに馬でみられる毛色のすべてである。ここで示したムスタングは明るい鹿毛である

頸部
頸は短く、筋肉の発達は悪い。それゆえ、肩と平らですっきりしない鬐甲にやっとつながっているようにみえる

頭部
この馬の横顔にはスパニッシュ・バルブの影響がうかがえ、高い資質を示す頭部といえる。古い時代のムスタングは往々にしてこれほど魅力的ではなく、重い頭部をしていた

前軀
胸は深さと広がりに欠け、肩は信じられないほど立っている。一方、前肢は体幹に密着しすぎている

下肢
膝は大きくて平らではなく丸みを帯びている。管はいくらかましで、蹄は堅牢で丈夫だが、これはスペイン馬の祖先の血筋といえる

新しい系統
現在、米国の野生馬に受け継がれてきたものを保存する努力が図られている。その結果、いくつかの非常に魅力的な系統がつくられてきている。現在、ムスタングを支える団体は選択育種を基礎とした繁殖プログラムについて検討を進めており、スパニッシュ・バルブの系統を強化するための品種基準を公表している。

モラブ
Morab

アラブは品種の水源ともいえる存在で、育種改良に貢献することで世界中の馬の品種の成立に大きな影響を与えてきた馬として知られている。アラブは、サラブレッドとの交配によってアングロ・アラブを生み出した。米国原産の馬で、アングロ・アラブにあたる馬とされる品種がモラブである。そして、この馬の作出にはサラブレッドの代わりにモルガンが用いられた。

品種としての地位

アングロ・アラブは、従来の品種に必要な基準を満たしており、160年以上にわたって確固たる地位を築いてきたが、それに比べると、モラブが品種として確立したのはつい最近のことといえる。ただし、アラブとモルガンが交配されてきたことはよく知られており、1世紀以上にわたって高い評価を得てきた。

実際、モラブ・ホース協会（MHA）は、モラブ種同士の産駒だけでなく、アラブ／モルガンの産駒も品種として認定してきたが、この基準は米国以外ではとても受け入れられそうにない見解といえる。

しかし、この協会はきわめて組織的な登録システムを運用しており、タイプに関しては基本的な一貫性に欠けているとはいえ、登録されているモラブが非常に魅力的な馬であることにまちがいはない。

また、モラブの馬同士が相互によく似ているとはいえないため、一般的にはあまり知られていないが、品種の基準は存在している。ただしその基準は、改良の進んだどの品種にも当てはまるような一般的な内容とはいえる。いわく「モラブとそれ以外の品種の決定的なちがいは、後軀の形状と骨盤の角度である」。

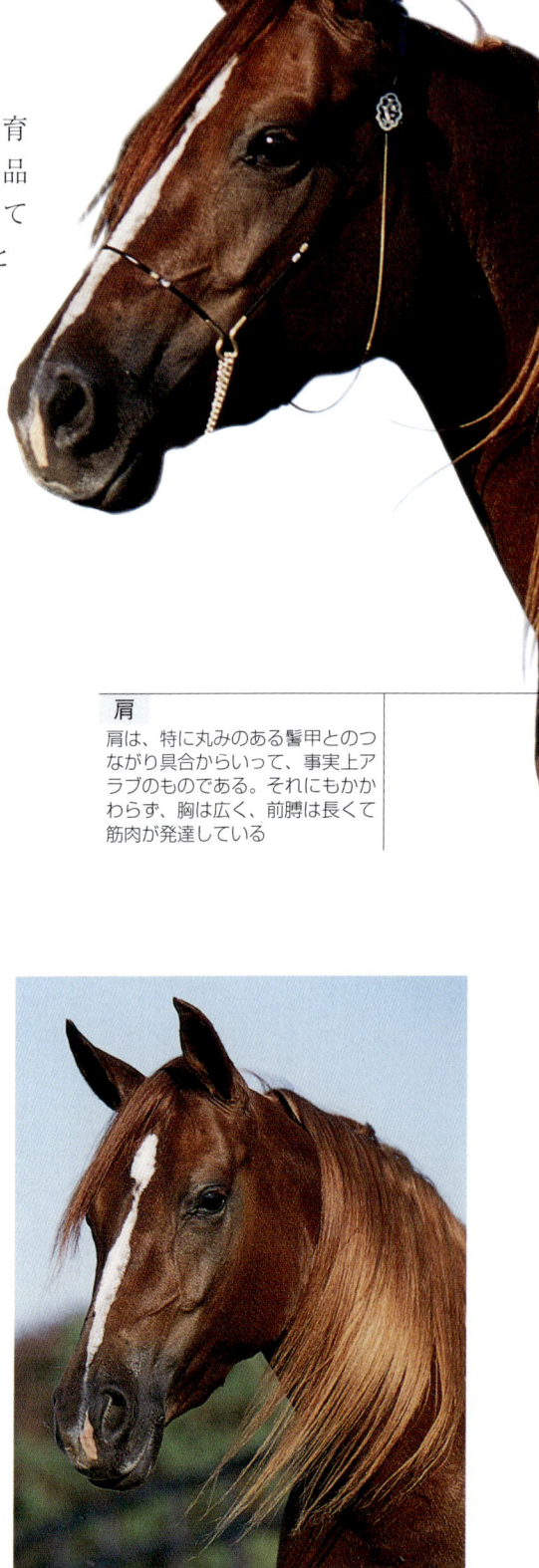

たてがみ
たてがみは豊かで、絹のような手ざわりである

肩
肩は、特に丸みのある鬐甲とのつながり具合からいって、事実上アラブのものである。それにもかかわらず、胸は広く、前膊は長くて筋肉が発達している

体高
モラブの体高は、143〜153cmである。

分裂
これは、美しいモラブの頭部だが、この馬の持ち主はどの協会に属しているのだろうか。まだ設立間もないMHA以外にも、2つ以上の団体が存在している。このような状況は、モラブの品種としての信頼性を損なう結果となっているが、この「品種」の愛好者が分裂していることを反映してもいる。

モラブ／MORAB　175

アウトライン
　プロポーションという点ではアウトラインは一定しておらず、標準以下といえるMHAの基準にもほとんど合致しない。個々の部位については、頭部や力強い前膊などを長所としてあげることができるが、全体的な印象としては、あまりほめられたものではない。

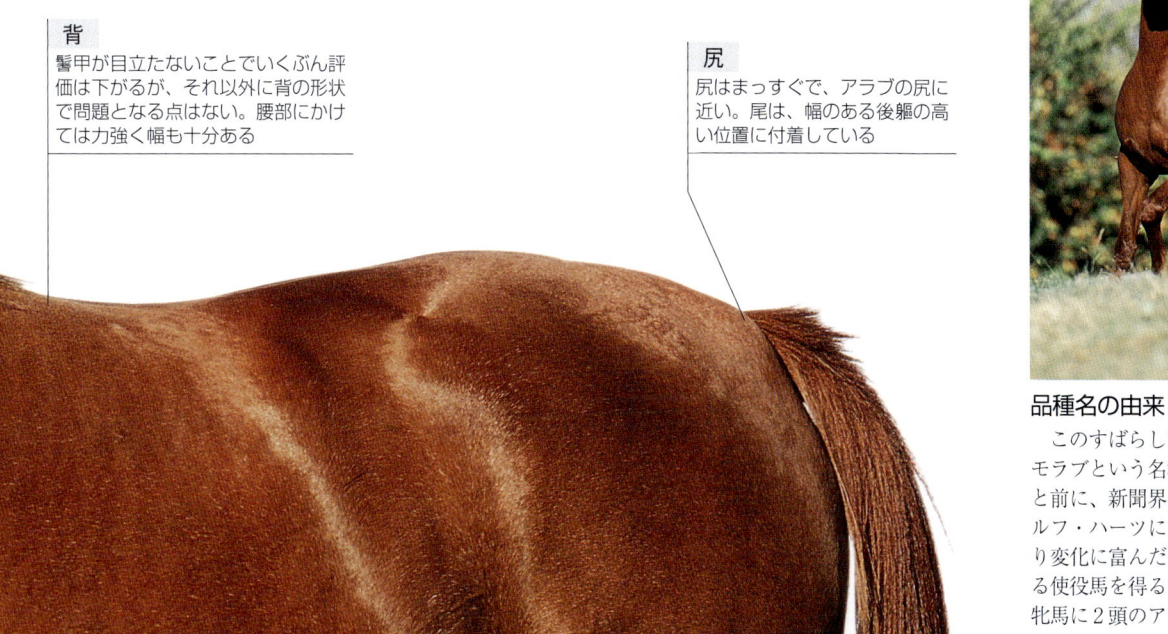

背
鬐甲が目立たないことでいくぶん評価は下がるが、それ以外に背の形状で問題となる点はない。腰部にかけては力強く幅も十分ある

尻
尻はまっすぐで、アラブの尻に近い。尾は、幅のある後軀の高い位置に付着している

品種名の由来
　このすばらしい馬は、モラブの最高の馬といえる。モラブという名称は、品種協会ができるよりもずっと前に、新聞界の大物であったウイリアム・ランドルフ・ハーツによって命名された。彼は、起伏があり変化に富んだカリフォルニアの自分の牧場で用いる使役馬を得るために、自らが所有するモルガンの牝馬に2頭のアラブの種牡馬を交配した。

体幹
体幹がやや長めならいうことはない。肋のふくらみは良好だが、胸はいくぶん深さに欠ける

後肢
写真の馬の後肢は、現在では改良されたが、昔のアラブにはよくみられた体型上の欠点を引き継いでいる。外弧肢勢や内弧肢勢の疑いはないが、注意深く矯正しても、後肢がこのモラブを特徴づける長所になることはない

2つの世界が生んだ最高傑作
　モラブの繁殖家の意図は、アラブの最上級の資質と米国自身が生み出したトップクラスの馬であるモルガンとを結びつけることにある。モルガンの血は、米国の品種改良史における礎ともいえるべき存在で、アラブと同様、桁外れに強い影響力をもっている。MHAは、モラブの品種の登録基準を、モルガンとアラブの血が25：75の比率までとしている。

下肢
下肢は欠点というほどでもないが、飛節が高い位置にある点に不満が残る。蹄はどれも丈夫（アラブの特徴でもある）で、関節も特に問題はない

ロッキー・マウンテン・ポニー
Rocky Mountain Pony

ロッキー・マウンテン・ポニー（現在はポニーではなくホースとされることが多い）の存在は、米国人がいかに革新的で改良の才があるかを示すものである。品種として認定するには十分に特性が固定されてはいないが、1986年には血統書が刊行され、飼養頭数は年々増加している。

由来

この馬は、他の多くの米国原産の馬と同様、初期に輸入されたスペイン馬と、それから派生したムスタングに由来している。ただし、この特色ある馬の作出の栄誉はケンタッキー州スタウト・スプリングスのサム・タトル氏に与えられるべきである。彼はナチュラル・ブリッジの州立休暇村の乗馬に関する権利を得て乗馬クラブを運営していた。氏は騎乗者に人気があり、アパラチアの岩だらけの丘陵地帯をものともしないオールド・トーブという名の1頭の牡馬をもっていた。37歳になってもまだ現役だったオールド・トーブは、性格が良く、しっかりした蹄を備え、スペイン馬の祖先から受け継いだ自然な側対歩で歩くことのできる優秀な種牡馬だった。

ロッキー・マウンテン・ホースの良否はおもにその歩様によって判定される。この馬は時速7マイル（11km）の速度で快適に走行し、短い距離なら時速16マイル（26km）で走る。丈夫な馬ばかりで、寒い山の冬を耐え抜くことができる。

アウトライン
ロッキー・マウンテン・ホースは丸みを帯びたほほえましいアウトラインをしている。総じて均整がとれている

歩法
ロッキー・マウンテン・ホースに通常みられる自然な歩法は、一般的な速歩ではなく側対歩である。その歩様はゆったりしていて非常に快適である。この歩法は昔のスペイン馬に一般的だったもので、中世以来ちょっと乗馬で出かけるような場合には好まれてきた。

後姿
たっぷりとした亜麻色の尾とたてがみはロッキー・マウンテン・ホースのきわだった特徴であり、まれにみる豪華なチョコレート色の被毛と完全に調和している。黒鹿毛の色調はこういう馬の毛色としては非常にまれなものである。

ロッキー・マウンテン・ポニー／ROCKY MOUNTAIN PONY

頭部
頭部は魅力的で、意外に長い優雅な頸へとつながっている。この特徴は全体的なバランスの良さの一因となっている

鬐甲
鬐甲はくっきりと目立つものではないが、背の構造とその尻へのゆるやかな勾配は称賛に値する

スペインに由来する馬
中くらいの大きさのロッキー・マウンテン・ホースの外観はスペイン馬の血をしのばせるが、チョコレート色の被毛がスペイン馬からくるものだということを示唆する証拠はない。

気質
ロッキー・マウンテン・ホースの気質は穏やかで素直であるといわれている。ただし生気がないわけではなく、足場の悪いところでも非常に動きは良い。

歩様
側対歩を生まれつき示し、時速約7マイル（11km）のスピードで移動する。動きが滑らかなため、長距離でも騎乗者は疲れずに乗っていられる。

多用途に使える馬
米国の馬は、体を伸展させて呈示するのが習慣になっている。これはポーズを保つのには良いが、ヨーロッパでは不自然と考えられている。ロッキー・マウンテン・ホースは、乗用ばかりでなく、農作業用や軛用にも優秀な能力を発揮する。

四肢
四肢のつくりは良く、蹄はかたく良い形をしている。ロッキー・マウンテン・ホースは、丈夫な蹄と乗り心地の良さで知られている

体高
体高は142〜143cmである。

ポロ・ポニー
Polo Pony

現在のポロ・ポニーは、用語の定義からすれば厳密には品種とはいえないが、他の多くの中間種と比べれば、特徴は固定されているといえよう。

歴史

1916年以降、体高の制限が撤廃されたが、その結果、ポロ・ポニーは現在体高150～153cmである。今はアルゼンチン・ポニーが多くを占めるが、体型の良い小型のサラブレッド・ポニーも他の地域では生産されている。アルゼンチン・ポニーは最良のサラブレッドと丈夫な在来のクリオージョ（p.152～153参照）を交配し、その産駒に再びサラブレッドを交配することで得られる。

アルゼンチンでは、膨大な数の馬が供給できるということと、ポロが命ともいえるガウチョの伝統的技術とに支えられた、特異な馬文化によってポニーの優位性が保たれている。

細くてしなやかで独特なアルゼンチン・ポニーは、ほかに例をみない飛節と後躯、力強い四肢、堅牢な蹄を有するという点でサラブレッドを凌駕している。同時にすばやく機敏で、大変勇気があり持久力にも優れている。

またこのポニーは、カウ・ポニーが牛に対したときに見せるのと同じように、ボールを追うときに本能的な"ボール勘"を見せつける。

競技に臨む準備

競技の準備として、スティックが絡まないようにポニーの尾をポロ用に編み上げ、四肢すべてに肢巻を装着する。また競技中の事故を防ぐため、細心の注意を払って鞍の検査をする。

頸部

バランスをとるため十分長く筋肉の発達した頸が、ポロ・ポニーの必須条件である。ただし太すぎてはならない

頭部

スティックが絡まるのを避けるため、ポロ・ポニーではたてがみを短く刈る習慣がある。この点を除けば、頭部はサラブレッドとよく似ている。ポロ・ポニーは陽気で賢く、そして、とても品がある。アルゼンチン・ポニーは、カウ・ポニーが本能的に牛を追うのと同様、ポロ競技に対する生まれもった才能があるようにさえみえる。

蹄

ポロ競技場の地面は硬い場合が多く、また、競技中ずっと襲歩で走るため、蹄はかたくて堅牢でなくてはならない

ポロ・ポニー／POLO PONY

特性
ポロ・ポニーは、外観はサラブレッドのようにみえるが、鋼のようなしなやかさと強靱さが特徴である。

体幹
制御しやすいポニーの条件として、突き出た鬐甲と筋量が豊かで強い肩があげられる。また背は短く、肋は弾力に富んでいなくてはならない

後軀
後軀がしっかりしていることは明らかに重要である。ポロ・ポニーは襲歩（全速力）で走り、一瞬で停止し、すぐさま方向転換をしなければならないからである

クリオージョ
アルゼンチン在来の馬であるクリオージョは、古くスペインの馬を基礎とした品種で、おそらく世界で最もタフで病気知らずの馬である。この馬はガウチョがカウ・ポニーとして用いていたが、サラブレッドと交配されることによって、アルゼンチン産のポロ・ポニーの基礎となった。必ずしも美しい馬ではないが、多くの点からみて、他と比べようのない馬といえる。骨量が十分あり、関節は強固で、蹄も堅牢である。ひ弱な所はみじんもない。

なくてはならない特徴
ポロ・ポニーに求められるものは、スピード、スタミナ（常に襲歩で走るため）、勇気とバランスの良さである。加えて、性質は大胆で、かつ明るくなくてはいけない。興奮しやすいポニーは失格である。

毛色
ポロ・ポニーはどんな毛色でも許される。このポニーは鹿毛である

四肢
四肢と関節は、過酷な運動、すなわちすばやい加速、後退、停止などが正確にこなせなくてはならない。短い管骨と丈夫な骨は、トップクラスのポニーの特質である。しかし、特にストライドが長いとか姿勢が低いとかいうことはあまり必要とはされない

朝の調教
ポロ・ポニーがケンタッキー・ホース・パークの調教場で朝の運動を行っている。ここは米国でも有数の競技場で、定期的にハイ・ゴールのポロ競技が行われている。米国は一貫して高い競技レベルを維持している。

体高
アルゼンチンのポロ・ポニーの理想的な体高は、およそ151cmである。

ポロ

ポロは、世界で最も古くてスピーディーな競技のひとつである。ポロの発祥地は東洋で、約2500年前にペルシャ、中国およびその近隣の地域で行われていた。英国人が19世紀にインドでこの競技を見い出し、その後、この競技を西欧世界に持ち込む役割を担った。

騎馬ホッケー

インドのアッサム州とミャンマーに挟まれた小さなマニプール州のカチャール渓谷では、動きの速いマニプール・ポニー(体高122cm)に乗って行うポロが非常に盛んだったが、これが現在のポロ競技の原型となった。マニプール人は、チベットで行われている競技と融合して、その競技をチベット語でプルと呼んでいた。

1859年に、カチャールの最高責任者であるロバート・スチュワート大尉とベンガル軍のヨゼフ・シャー中尉によって、ヨーロッパ人による最初のポロ・クラブが結成された。シャー中尉は後に少将となったが、「現代ポロの父」として知られている。

1870年までには、英国領インドの全域でポロの試合が行われるようになっていた。1869年には、英国で初めての試合が、アルダーショットにおいて第10代ハッサー家の人々によって行われた。当時は「騎馬ホッケー」と呼ばれており、1870年にハッサー家が第9代ランサー家と試合を行ったとき、各チームは8騎で構成されていた。すぐにこの競技は上流社会の社交シーズンである「ロンドン・シーズン」の行事となり、ハーリンガムに本拠地が置かれた。そしてハーリンガム・クラブが主体となり、現代の競技ルールが制定された。

米国が熱狂的ともいえる態度でこの競技を受け入れたのは1878年のことだが、それは英国がこの競技をアルゼンチンに持ち込んだ翌年だった。1886年以降、この競技は300×200ヤード(275m×180m)の低い塀で囲まれたグラウンドで、4騎からなるチームで競われるようになったが、米国とアルゼンチンのチームは、すぐにこの競技で傑出した存在となっていった。用いられる馬の体高は150〜153cmであるにもかかわらず、必ずポニーという呼称が使われる。ポロでは籐製の木槌(マレット)を使い、相手方のゴールに3インチ(8cm)のボールを打ち込むことを目指す。競技者にはそれぞれ-2〜+10ゴールのハンディキャップがつけられる。試合は7分30秒を一単位とするチャッカーごとに行われ、1時間未満で終了する。

チーム競技

ポロはチーム競技であり、プレーヤー同士の呼吸が合うことと、徹底して協力しあうことが重要である。フォワードはNo.1とNo.2で、No.2はミッドフィールダーとして競技をするが、両者のうちで腕の立つプレーヤーがこれを受け持つ。No.1は相手方のNo.4を、No.2は相手方のNo.3をマークしなければならない。No.3はきわめて重要なポジションで、通常は主将がここを受け持ち、ゲームを指揮する。

No.3は自分のチームのゴールへの攻撃を阻止するために守りを固めると同時に、味方のフォワードにボールをパスしなければならない。また、相手方のNo.2に対する注意も怠ってはならない。

No.4はバックを守る。No.4の役目は自分のチームのゴールを守ることである。相手をよくマークして、打球のラインから敵の馬を追いやったり、押し出したりすることが試合に勝つためには不可欠である。上手なプレーヤーはまず敵地に乗り込み、ボールを奪う。

"競技の王"（上図）

　パキスタン北西部のフロンティア地方をはじめ、アジア地域では、ゲームが白熱してときには暴力に発展することがある。スリナガルの上流にあるジルギット・ポロ・グラウンドにある岩には「他人には別の競技をさせよ。競技の王は、今もお王の競技（ポロ）であることに変わりない」という一節が彫り込まれている。

パルム・ビーチのプレーヤー（最上図）

　米国のポロ競技の中心地であるパルム・ビーチで、ポロ・ホースと呼ばれる練習台に乗ってストロークの練習をする選手たち。ポロ・ホースで通常行う練習は、4種類の基本ショットの技術向上のためには大変有用である。

アメリカ大陸のポロ（左図）

　米国人とアルゼンチン人は、完璧なテクニックと荒々しい体当たりを駆使し、スピーディーで激しい競技をする達人であり、乗る馬も常に良馬である。

ピント
Pinto

ピントは、16世紀に米国へ輸出されたスペイン馬の子孫である（ムスタング、p.172～173参照）。ピントはペイント・ホースあるいはキャリコとも呼ばれているが、科学的には毛色のタイプというべきで、米国でだけ品種として認められている。

タイプ

米国ピント・ホース協会はホース、ポニー、ミニチュアの3系統の登録を行っている。これはさらにクォーターホースを遺伝的背景にもつ使役タイプ、サラブレッドの狩猟タイプ、アラブやモルガンの娯楽用タイプ、サドルブレッドやテネシー・ウォーカーの乗用タイプに分かれる。ピント・ホース協会は、使役タイプについては毛色よりも血統に重きを置いて登録をしている。

毛色

ピントは、その特異な毛色ばかりでなく、勇敢な気性にも大きな価値があるが、これらの特質は19世紀に米国の先住民（特にスー族ならびにクロー族）に尊重されていた。またカウボーイのあいだでも人気があった。

毛色は2種類に分けることができる。優性遺伝をするトビアーノと劣性遺伝をするオベロである（特徴と毛色、p.28～29参照）。

トビアーノは白い毛色の上に濃い色の大きな斑紋があるもので、オベロは濃い色の毛色の上に白い不定形の斑紋があるものを指す。登録文書上では、現代のピントは通常優れた体型の魅力的な馬である、とされているが、固定されたタイプはない。

体高
ピントは通常の意味で認定された品種ではないので、体高の規定はない。

トップライン
優雅で対称的なトップラインは特に好ましいもので、ピントの魅力的な特徴となっている

カモフラージュ
濃い地色あるいは明るい地色に、斑紋やしまが散在し、四肢にもしま模様のある姿は、自然の迷彩システムである。原始的な馬は肉食獣から身を守るために、こうした模様のある被毛を有していた。6000万年前の最初の馬であるエオヒップス（p.10参照）は、ほぼまちがいなく似たような模様の被毛を有していたものと考えられる。米国の先住民は、すぐにその長所を見抜いた。

毛色
このピントはオベロで、栗毛に白い斑紋がある

頭部
この馬は最も優れたインディアン・ポニーにしばしばみられる形の良い賢そうな頭部を有している。サラブレッド・タイプのピントも存在するが、ほとんどは米国の先住民に愛用されていた敏捷な馬に近く、多用途に利用できる馬である。

四肢
現代のピントは良い四肢をしている。この品種では特に四肢の下部と蹄とに注意が払われ、慎重に育種改良されてきている

ピント／PINTO 183

アウトライン
写真のピントは繁殖タイプに近く、それに向いた体型をしている。この馬は力強くピントの見本ともいえる。後軀が特に力強く体型も優れている

歩様
ここに載せたタイプのピントの多くは、御しやすく長距離を乗りつづけても快適な歩様で知られている。この資質はかつては重要なことだった。

トビアーノ
トビアーノとは、白い毛色の上に有色の大きな斑紋のある毛色パターンを指す。通常四肢は白く、背から臀部にかけても白い。ヨーロッパの愛好家は米国人ほど毛色のちがいを気にはしない。部分的か付加的かといった言葉を使おうとしても、これら2色の毛色パターンには、うまく当てはめられない。黒と白がパッチ状に認められる毛色はピーボルドと呼ばれ、他の毛色が加わるとスキューボルドと呼ばれる。

尾
ピントのまばらな尾は、アパルーサ（p.186～187参照）の特徴でもある。未開の樹木の多い土地で低木に引っ掛からないように、このような尾の馬が選択的に育種されてきた

カウボーイ
自分の服装や道具を飾りたてるのが好きなカウボーイは、色どりの派手なピントを好んだ。そうすることで他の地味な仲間のなかで目立とうとした。

2つの協会
米国の斑紋のある馬は、ピント・ホース協会とペイント・ホース協会という2団体の統括下にある。状況は複雑だが、約束事がないわけではない。簡単にいうと、より規模の小さいペイント・ホース協会では、サラブレッド、クォーターホース、ペイント・ホースの系統の使役タイプの馬の登録を行い、毛色よりは血統を重視した登録基準を有している。大部分のペイント・ホースはピントに含まれるが、すべてのピント・ホースがペイントとみなされるわけではない。

パロミノ
Palomino

パロミノの名で知られる、印象的な金色の毛色は、ヨーロッパおよびアジアの古い工芸品にもみられる。また秦の時代（紀元前221〜206年）より以前の日本や中国の芸術品のなかにも認められる。この毛色はさまざまな品種で出現する。すなわちパロミノは"毛色の種類"であって、真の意味での"品種"ではない。

繁殖

パロミノが広く飼育されている米国では、パロミノ・ホース協会の努力によって、この馬は事実上品種としての地位を獲得した。ちなみにこの協会は、1936年に「血統を記録し、条件を満たしている馬に血統書を発行することによってパロミノを維持し、また改良するため」に設立されたものである。

協会では、パロミノの望ましい特性として、体高については141〜160cmを公式な基準と定めている。

スペイン人が米国に持ち込んだ馬のなかにパロミノもいた。この毛色は現在多くの米国の品種でみられる。クォーターホースおよびサドルブレッドにしばしば発現するが、純粋のアラブあるいはサラブレッドにはみられない。

パロミノは西部で、"パレード"用としてだけでなく、乗馬用としても需要が多い。これらの馬は馬術大会の会場でもみられるが、娯楽用や馬車用にも利用される。また、パロミノのクォーターホースは、ロデオで人目をひくエキサイティングな存在でもある。

体高
パロミノの体高は141〜160cmである。

イザベラ
スペインでは、イザベラ女王がこの毛色の馬の生産を奨励して以来、この毛色はしばしば"イザベラ"とも呼ばれる。

体型
体型は遺伝力が強く、繁殖タイプあるいは写真で示すようなパレード・タイプになる傾向にある。

登録
米国で登録するには、両親の一方がパロミノとして登録されており、もう一方がクォーターホース、アラブあるいはサラブレッドでなくてはならない。

頭部
頭部はクォーターホースに似ている場合もあるし、逆にアラブあるいはサラブレッドに似ている場合もあるが品位がなくてはならない。「粗野だったり、まるで軛用馬のようだったり、シェットランドあるいはピントのような」場合には、登録は許可されない。

毛色
毛色は鋳造されたばかりのコインのような金色と定義されている。これより3段階以上明るかったり、暗かったりしてはならない。たてがみと尾は輝く白で、濃い色の毛が15％以上混じっていてはならない。また被毛のしみや汚れは好ましくない

判定基準
毛色がパロミノであることが最も重要な基準であることはいうまでもない。だからといって貧弱な体型が大目にみられるわけではない。

アラブとの混血
純粋なアラブでパロミノは存在しないが、しばしばこの毛色の馬をつくるのにアラブが用いられる。

毛色と流れるような動き
パロミノにおける毛色と流麗な動きの組み合わせには魅力を感じずにはいられない。最も豪華なパロミノをつくり出すために好まれている交配は、栗毛×パロミノである。栗毛とクリーム色あるいはアルビノを交配させても良い。

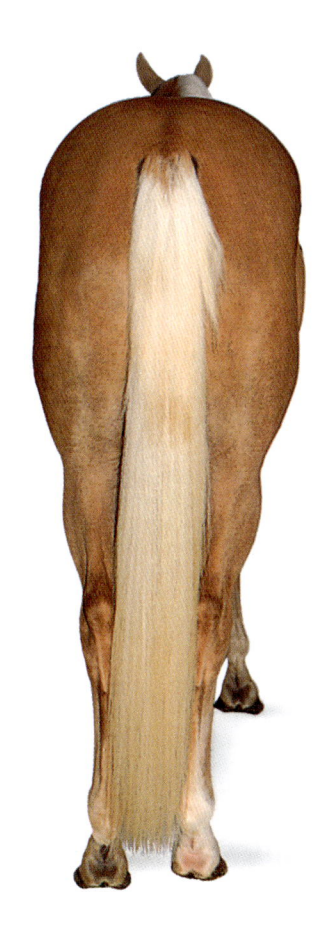

名前の由来
パロミノという名は、この毛色の馬をヘルナン・コルテスから受け取ったスペインの名士ホアン・デ・パロミノに由来しているという説がある。一方、スペインの金色のブドウの名に由来するという説もある。

白徴
しばしば四肢に白徴のある馬もいるが、この白徴は肘、飛節より上に広がってはならない。四肢とも良い形をしていなければならない。皮膚の色は暗い色、あるいは金色である

後姿
尾はたっぷりとしていて白く、背には河原毛にみられるような鰻線があってはならない。改良の進んでいない馬の印である四肢のしま模様も同様に許されない。

アパルーサ
Appaloosa

アパルーサは、スポット・ホースの米国版で、米国の品種として正式に認知されている特色のある馬である。ただし、小斑の遺伝子は競馬と同じくらい古い。

歴史

2万年ほど前にクロマニョン人によって描かれた洞窟壁画には、小斑のある馬が描かれている。小斑のある馬はヨーロッパとアジアで広く知られており、さまざまな名前で呼ばれ、しばしば非常に珍重された。デンマークではクナーブストラップ（p.126～127参照）がおり、フランスにはティグレーと名づけられた馬がいた。英国には、王家の牧場にも一時飼われていたブラグドンが存在した。この馬をジプシーはチャバリーと呼んでいた。現在、英国アパルーサ協会が盛んに活動をしているが、まだ品種として認められるにはいたっていない。

米国のアパルーサは、18世紀にネズパース族の先住民によって、スペイン人が持ち込んだスペイン馬を基礎としてつくり出された。そのうちの何頭かは小斑の遺伝子をもっていた。

ネズパース族はオレゴン州の北東部に住んでいた。土地は肥沃で、防壁となる渓谷があったが、主要な河川がパルース川であったため、これがなまってアパルーサという名前になった。彼らは馬の育種繁殖に巧みで、厳格な選択淘汰を行った。その結果、特色ある毛色をした実用的な使役馬がつくり出された。

1876年に、この部族とその馬は、米国の軍隊がこの部族の土地を襲撃したため、大部分消滅した。1938年にアイダホ州のモスクワでアパルーサ・ホース・クラブが設立され、この品種は復活した。

体高
アパルーサの体高は通常142～152cmである。

たてがみ
たてがみはまばらで短いのが特徴である

眼
アパルーサの条件は、白い強膜が眼を取り囲んでいることである

皮膚
鼻の上の皮膚、特に鼻孔の周囲の皮膚に、まだらで黒と白の不整形の小斑が認められることがよくある。同じ模様が外部生殖器の周囲にも認められる

毛色のパターン

この写真の馬の毛色パターンは、ブランケットに近い。アパルーサの毛色のパターンは5種類ある。「レオパード」は腰と尻が白く濃い卵形の小斑がある。「スノーフレーク」は全身に小斑があるが、通常尻の部分に多い。「ブランケット」は尻の部分が白く、白の中に濃い色の小斑はない。「マーブル」は全身がまだらである。「フロスト」は濃い色の地に白い小斑がある。

アパルーサ／APPALOOSA　187

さまざまなタイプ
同じアパルーサでも米国とヨーロッパでは相違が認められる。しかし最高とされるものは、有能なカウ・ポニーとしての外観を示すと同時に、体型がコンパクトで丈夫な四肢をもっていなければならない。

後軀
米国では、アパルーサにクォーターホースの血が導入された。その結果、多くのアパルーサの臀部は極端に発達している。もちろん、ここで示したヨーロッパのアパルーサには、そういった点は認められない

敏捷で従順な演技者（上図）
アパルーサは繁殖、娯楽、パレードのほか、障害飛越競技、競馬などにも用いられている。この馬は活動的で敏捷なだけでなく、従順な演技者としての資質も備えている。

尾
先祖の資質を伝えるアパルーサの尾は、薄くて短く量も少ない。ネズパース族は、これを実用的な特徴とみなした。なぜなら、そういう尾であれば、鋭い刺のある密生した低木や、やぶに引っ掛かるのが防げるからである

アパルーサ・ホース・クラブ
アパルーサ・ホース・クラブは1938年に設立されたが、登録は数頭のネズパース族の馬の子孫から始められた。設立の目的はこの品種の保護にあった。現在、本品種の登録数は世界で3番目に多く、6万5000頭を超える馬が登録されている。

気質
ネズパース族の先住民は、自分たちの馬を実用的で、丈夫で、かつ戦闘にも狩猟にも使える多才な馬を目標に育種改良した。また彼らは、賢くておとなしい性質の馬をつくり出すのにも非常に気を使った。結果として、アパルーサは無限ともいえるスタミナと忍耐力をもつ馬となった。

蹄
蹄は非常に良質でかたく、黒と白のよく目立つ縦じまがある場合が多い。ネズパース族のアパルーサは、蹄鉄を装着されたことがなかった

シャイアー
Shire

シャイアー・ホースは、ブリティッシュ・ブルドッグと同じくらい英国的である。多くの人々から最高の大型輓用馬と考えられている。この馬が「シャイアー」と呼ばれた理由は、この品種がリンカーン州、レスター州、スタッフォード州およびダービー州などの中部諸州（シャイアー）原産であったからである。

由来

この品種の祖先は、中世に英国で軍馬として用いられたグレート・ホースである。グレート・ホースは、イングリッシュ・ブラックとしても知られていたが、その名は、短期間英国が共和国だったとき、オリバー・クロムウェルが命名したものである。

重量感のある現在のシャイアーをつくり出す際におもな影響を及ぼしたのは、大型のフランダース馬であった。16世紀および17世紀前半に、英国の沼沢地域の灌漑工事を請け負ったオランダ人は、自分たちの力の強い馬を連れてきた。これらの馬は英国にいた馬と交配された。

またフリージアン（p.104～105参照）は、イングリッシュ・ブラックの動きを軽くするのに貢献したもうひとつの品種である。チャールズ2世の治世でも、王の近衛隊はオールド・イングリッシュ・ブラックを使用していた。

基礎

シャイアーの根幹種牡馬は、1755～1770年までアッシュビー・デ・ラ・ゾーチにいたパッキングトン・ブラインド・ホースと考えられている。この馬は1878年の1巻目の血統書に記載されている。1884年に初めてシャイアーという名前が用いられ、同時に英国輓馬協会に代わってシャイアー・ホース協会が設立された。

体高
シャイアーの体高は162～172cmである。

力強さ
シャイアーはがっしりした体型をしており、体重は2240～2688ポンド（1016～1220kg）もある。1924年のウェンブリの品評会で、2頭のシャイアーがダイナメーター（牽引力を測定する機械）を引いたとき、最大目盛りを振り切ってしまった。彼らは50トン（5万kg）を牽引することができると計算された。

四肢
四肢はすっきりしていて丈夫で、繋までの高さは11～12インチ（28～30cm）である。豊かな距毛を有するが、これはまっすぐで絹のような手ざわりでなくてはならない

頭部
頭部は平均的な大きさで、鼻はわずかにローマ風、すなわち凸状で、眼のあいだが広く離れている。眼は大きくて従順な感じで、この"親切な巨人"の穏和な気質を示すものでなければならない。輓用馬のため、頸はかなり長く、肩は厚みがあって傾斜しており、首かせをかけるのに十分な広さがある。

シャイアー／SHIRE 189

胸部
胸囲は平均6〜8フィート（183〜244cm）で、胸は厚くて力強い。これは健康で優れた能力を示している

体幹
短い背、腰にかけて特に厚みのある力強い筋肉、そして広くて茫洋とした臀部は、強靱さと輓用馬に必須の重い体重を示している

毛色
シャイアーで最も人気のあるのは、昔からいた白い距毛を有した青毛の馬である。この写真のような鹿毛や黒鹿毛も存在し、芦毛も多い

すき牽引競技
シャイアーは、もはや農業では重要な役割を果たしてはいないが、すき牽引競技は今でも広く行われており人気がある。また、シャイアーが市街地で酒造業の重い荷馬車を引いている姿も見かけられる。酒造企業がこの品種の保護に尽力している。

戦争に用いられた馬
中世のヨーロッパでは、英国のグレート・ホースは板金製の鎧を着て重い武器を持った騎士を乗せ、なおかつ戦闘に際しては敏捷に動けるのに十分な力強さを備えるように改良された。騎士は戦いが始まる直前まで馬に乗らず、それ以外のときは従者に引かれていた。そのため戦闘用の馬はデスティア（軍馬）と呼ばれるようになった（従者が右手で引いたため、ラテン語のDextrarius、すなわち右側という言葉からきている）。

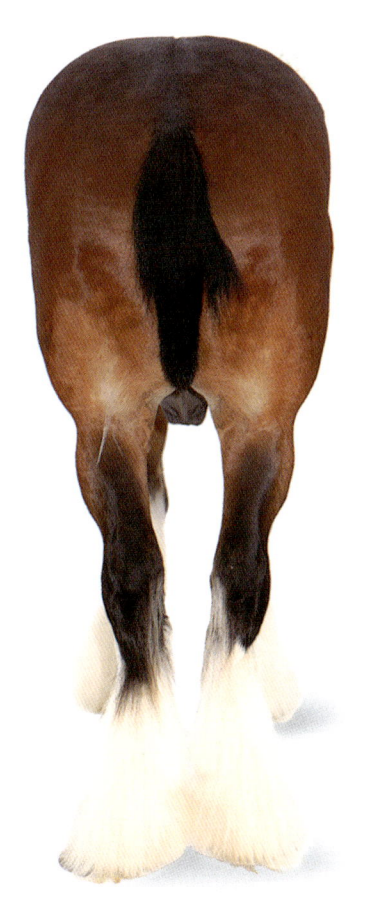

後姿
輓用馬で最も重要な部位は、肢と飛節である。肢は広踏みで非常に頑健で繋の長い完璧な形でなくてはならない。飛節は太くてすっきりしており、てこの作用が有効に働くため効率の良い角度をもち、互いに近接していなければならない。前後の動きは直線的である。

サフォーク・パンチ
Suffolk Punch

東アングリアのサフォーク・パンチは、英国の重種のなかで最も古い品種であり、また、おそらく最も愛らしい馬である。英国の辞書には、パンチを英国の馬の一品種で、四肢が短く、樽型の体型をしていて、"短く、太った仲間"と定義しているが、この定義はまさに的を射ている。この純粋種独特の特徴は、トーマス・クリップスの所有していたホース・オブ・オーフォードという一頭の種牡馬に由来する。1768年に生まれたこの馬は、すべてのサフォークの祖先に当たる。この馬の毛色は、サフォークの特徴である栗毛であった（栗毛chestnutの綴りはサフォークの場合、"chesnut"になる）。

農作業
この絵には18世紀の日常的な農作業に従事している2頭のサフォークが描かれている。活動的で力のあるサフォークは、さまざまな牽引作業に用いられていた。

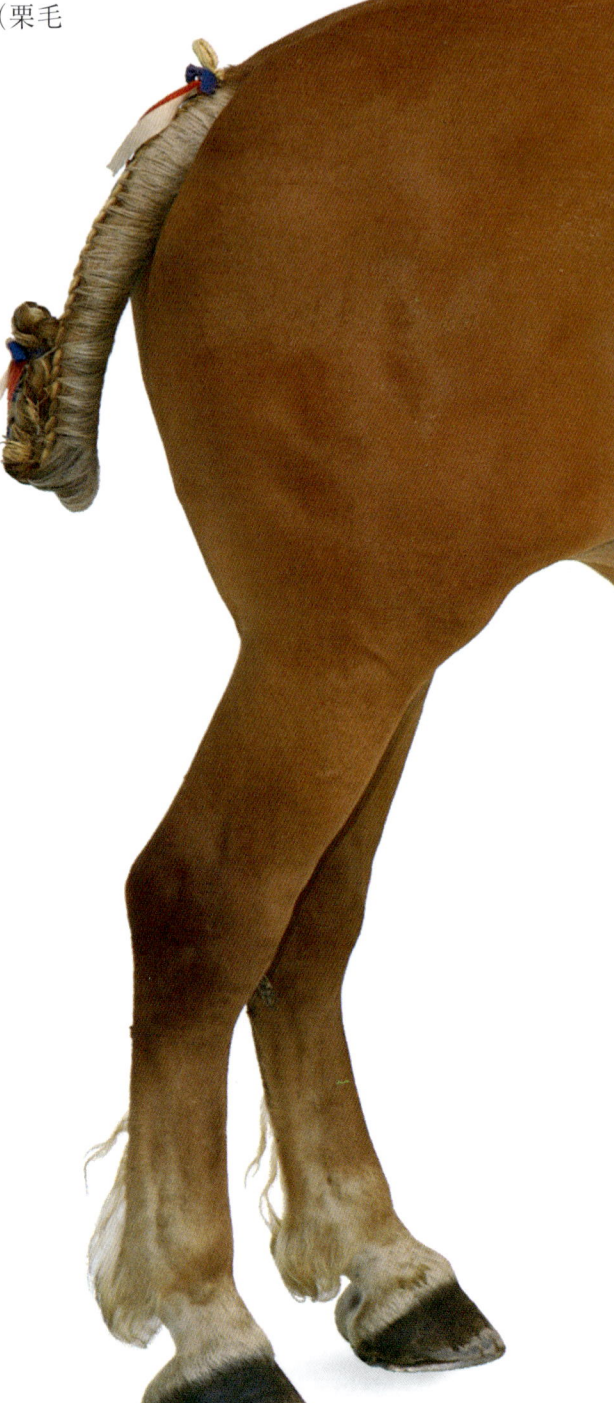

由来

サフォークの起源ははっきりしないが、16世紀以降に東アングリアで作出された速歩馬のノーフォーク・ロードスターや、より重いフランダース馬がこの品種と関係があると考えられている。どちらの品種も、現在サフォーク・パンチに特徴的とみなされている毛色を有している。また、フランダース馬は強健なトロッターでもあった。

サフォーク・パンチは、農用馬として育種された。この馬はきれいな（距毛のない）四肢を有しているが、この特質は重い粘土質の土地に適合している。また、この馬は牽引力が強く、昔は市街地で重いものを牽引させるのに需要が高かった。

サフォーク・パンチは成長が早く長生きのため、経済的に有利な馬といえる。スタミナの点は異論の余地がなく、力が強いにもかかわらず他の重種と比較して飼料が少なくてすむ。

東アングリアの典型的な農場では、この馬は午前4時30分に給餌される。2時間後には野外に出て、短時間の休憩をはさんだだけで午後2時30分まで働く。他の重種ならば、正午にもう一回給餌のために休憩し、さらに食休みの時間が必要となるだろう。

体高
サフォーク・パンチの体高は160〜163cmである。

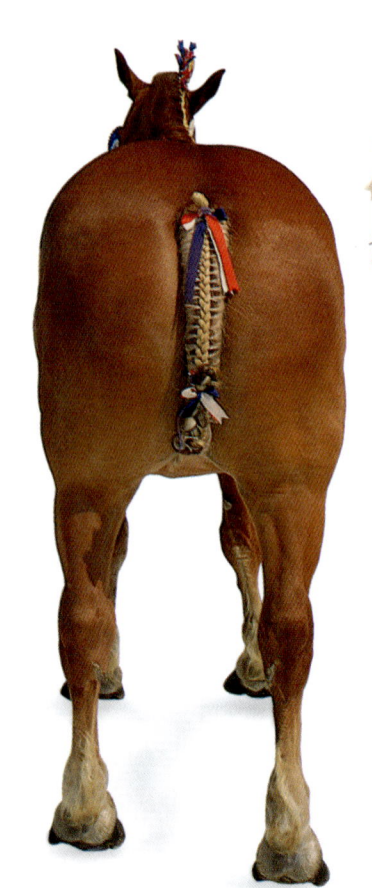

後姿
後軀は非常に力強いことは明らかだが、後肢は9インチ（23cm）のあぜ道を歩けるように、また砂糖大根の列のあいだも歩けるように肢間が十分に狭くなくてはならない。「この馬は鍬で耕すというよりも蹴り出している」と評される。長い尾は作業のじゃまにならないように編み上げて組み紐で飾っていたが、それが伝統となっている。

サフォーク・パンチ／SUFFOLK PUNCH　191

頸部
頸は太く、バランス良く肩に付着している。たてがみの飾りは、普通は品評会のときに用いられる

馬体
すばらしく厚みのある丸みを帯びた体幹と、力強く短い四肢を有したサフォーク・パンチは、重種のなかで最も魅力的な馬である

毛色
サフォーク・ホース協会によって7種類の毛色が認められている。すべて「栗色」だが、色合いは淡くてほとんど白に近いものから、濃くて黒鹿毛に近いものまである。もっとも普通にみられるのは、ここで示したような明るい赤みを帯びた毛色である

四肢
丈夫な骨、角度のある繋、すっきりとした四肢はこの品種の特徴である。かつて育種家がつくり上げた長所である低い肩は、この品種の牽引力を高めている

蹄
蹄は中程度の大きさで、多くの重種よりも小ぶりだが強固で、脆弱な点はまったくない。近年、サフォーク・パンチの蹄の質と形の改良に多大な努力が払われた

頭部
頭部は非常に大きく、額はきわめて広い。横顔はまっすぐか、わずかに凸状で、注意深そうな短めの耳を有している。

倒木牽引テスト
この品種のセリ市場では、馬を重い倒木につないで検査が行われる。木を動かす必要はないが、この検査をパスするには、サフォーク特有の牽引姿勢である、膝に正確に力の入る姿勢をとる必要がある。

クライズデール
Clydesdale

クライズデールは、せいぜい150年前に作出された品種であり、馬の歴史のなかでは特に古い品種とはいえない。しかし、ペルシュロン（p.194〜195参照）を除けば、この英国の馬は世界中に輸出されてきたという点で、重種のなかではおそらく最も成功している品種といえる。この品種は遠く離れたドイツ、ロシア、日本、南アフリカ、米国、カナダ、オーストラリア、ニュージーランドなどの国々で見ることができる。

由来
この品種の基礎となったのは、18世紀にラナクシャーのクライド・バレーに持ち込まれたフレミッシュ・ホースである。また力強いシャイアーの影響も受けている。19世紀のクライズデールの2人の育種家、ローレンス・ドリューとその友人のデビット・リデルは、クライズデールとシャイアーは同じ品種から分かれたものだと信じていた。

特性
クライズデールは、シャイアーほど重量感はなく、サフォーク・パンチのようなずんぐりした体型もしていない。この3品種のなかでは最も動きが良く、歩様は軽快である。1878年に最初に血統書を刊行したクライズデール・ホース協会は、この馬について、「華麗なスタイル、派手な生き生きとした仕草、輓用馬のなかでも特に上品な高々とした歩様」を示すと解説している。

クライズデール・ホース協会は1877年に設立されたが、そこが刊行した血統書の第1巻には1000頭以上の種牡馬が記載されている。米国クライズデール協会は翌年に設立された。ほどなくして、この品種は米国およびカナダで定着した。

世界中で人気のある馬
クライズデールは世界中に輸出されている。1990年には、体高182cmのクライズデールの子馬が、スコットランドのパースのフェアウエイズ・ヘビー・ホース・センターから日本に2万ポンドで売却された。それ以前の売却記録は1911年における9500ポンドであった。

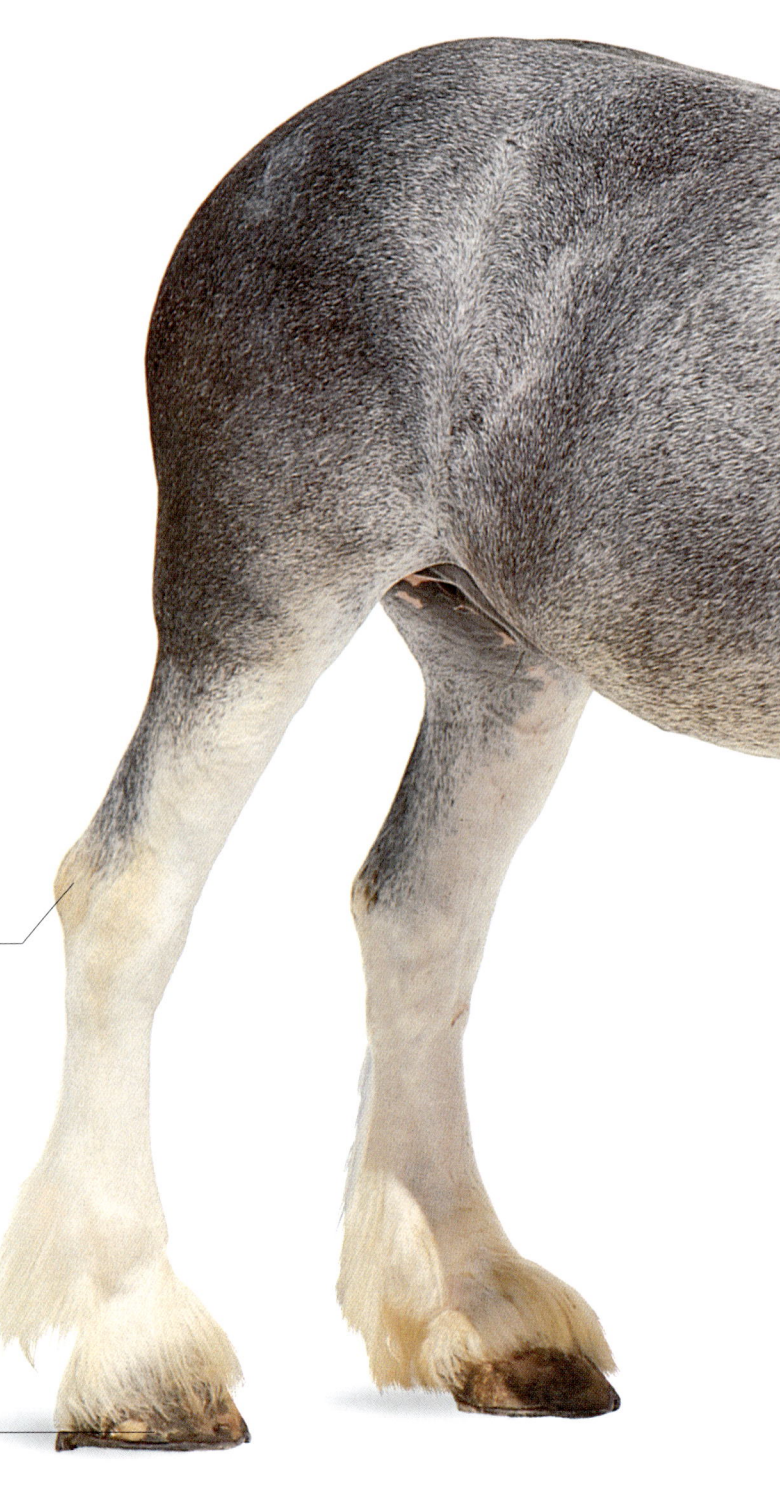

尾
丹念な尻尾の飾りつけは、この重種を展覧する際の装飾である。最高の品評会は、ロイヤル・ハイランド・ショーで開催される。

飛節
後肢が互いに近接しあっている外弧肢勢は、この品種の特徴のひとつである。これは体型上の欠陥とはみなされない

蹄
肢端には、豊かで絹のような距毛が生えており、蹄はやや平板ではあるが形は良く強固である

体高
平均体高は162cmだが、種牡馬は170cm以上でなければならない。

クライズデール／CLYDESDALE

頸部
クライズデールの頸は、シャイアーと比較して体長のわりに長い

頭部
クライズデールの頭部は、他の大半の重種と比べて上品である。クライズデールの横顔は、凸状のシャイアーの頭部とは異なり、まっすぐで品の良い印象を与える。

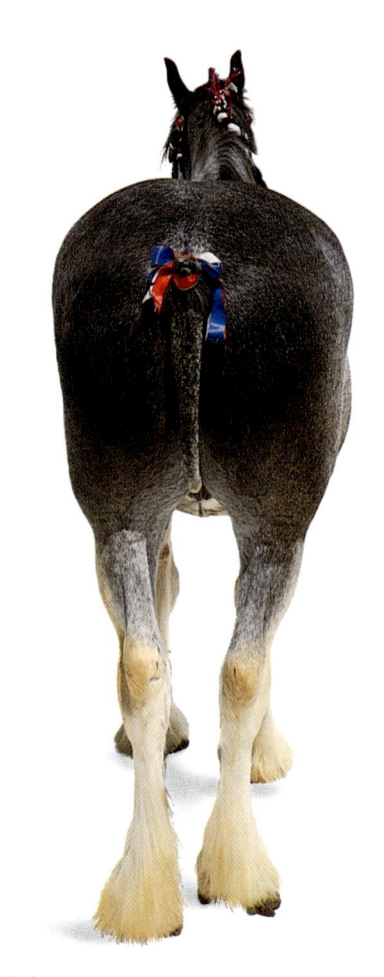

肩
肩は傾斜している。また、鬐甲は牽引に都合が良いように尻よりも高い位置にくるように改良され、非常に尖出しているのが目につく

毛色
クライズデールに多い毛色は鹿毛と黒鹿毛だが、芦毛、青毛および写真のような青粕毛もみられる。また顔面、四肢および体幹の下部に、しばしば大きな白徴がみられる

オーストラリアの建設
クライズデールは、カナダと米国の草原では通常7頭を一組にして、3台のすきを同時に引いていた。また"オーストラリアを建設した馬"という肩書きもつけられている。

牽引作業
クライズデールは体重が1トン（1000kg）かそれ以上あるが、非常に軽快で、気質もきわめて従順なため、市街地での運搬作業にはうってつけの馬である。「クライズデールの魅力が平凡なビールの運搬作業を公的行事に変えてしまう」といわれる。

後姿
現在のクライズデールは大型の馬だが、昔のものよりは軽く、そしてより活動的である。四肢の長い馬が多いが、胸はどの馬も深い。飛節は非常に力強いが、おおむね外弧肢勢である。

ペルシュロン
Percheron

ペルシュロンは、容姿が美しく、すっきりした肢を備え、自在な歩様を示す重種で、原産地はフランス北西部のノルマンディー、ル・ペルシェの石灰岩地帯である。ブーロンネ（p.202～203参照）と同様、この品種は重種のなかで特に上品な馬であり、東洋原産の馬の血が多く混入している。19世紀には、専門家により「気候風土と何世紀にもわたる農作業により影響を受けたアラブ」と記述されている。彼はこの品種を高く評価しているが、東洋の馬の強い影響が認められる点には疑いの余地がない。

牽引力（上図）
ペルシュロンは3410ポンド（1547kg）という非公式牽引記録をもっている。この品種は非常に従順で、どんな仕事もこなす。

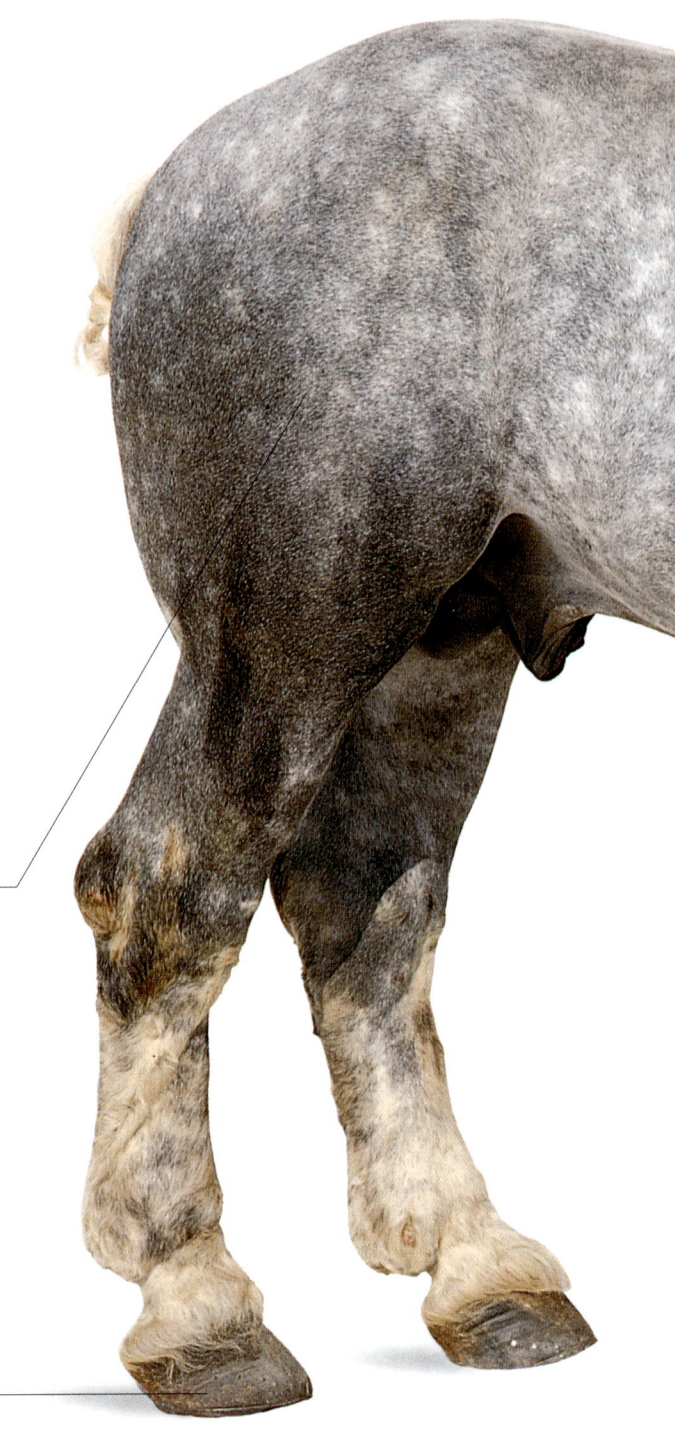

歴史
732年、ポアチエでイスラム教徒を打ち破ったカール・マルテルの軍団が乗っていたのは、ペルシュロンの祖先であった。このとき、敵の乗っていたバルブもしくはアラブを戦利品として持ち帰り、それがフランスの育種家の手にわたったと考えている人もいる。

1096～1099年の十字軍の遠征後には東洋原産の馬が導入されており、また、1760年頃にはペルシュロンの育種家は、ル・パンの種馬牧場でアラブの種牡馬を利用することができるようになった。

最も影響の強かったペルシュロンは、アラブとの異系交配が多く行われた系統で、ゴドルフィンとギャリポリーの2頭に代表される。ギャリポリーは、ペルシュロンの種牡馬のなかでも最も有名な1830年生まれのジャン・ル・ブランの父である。

長い歴史のなかで、ペルシュロンは軍用、馬車用、農用、重砲兵用、そして乗用に用いられてきた。現在のペルシュロンは非常に力強く丈夫で多才である。この馬は重種のなかでも独特な気取った歩き方をする。すなわち、歩幅が広く自在で姿勢の低い歩様を示す。

尾
ペルシュロンのたっぷりとした尾は、馬車を引く際は通常、"ポロ用編み上げ"のようにたくし上げておく。

後軀
ペルシュロンは卓越した力強い後軀で知られている。斜尻で後軀は輓用馬としては非常に長い

体高
体高は162～170cmまでとなっているが、多くは152～162cmである。世界で最も大きい馬は、ドクトゥール・ル・ジェアという名のペルシュロンだった。この馬は牡で体高は210cm、体重は3024ポンド（1372kg）あった。

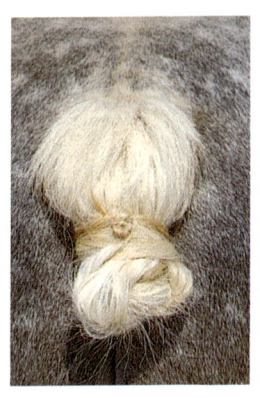

蹄
蹄は固く青みがかった色をしており、大きさは中程度で距毛はない。これらの点は、この非常に人気のある品種にきわだった特徴である

ペルシュロン／PERCHERON 195

頸部
頸部は長くて湾曲しているのが特徴で、たてがみはきわめて豊かである

髻甲
髻甲は明瞭で、肩は傾斜している

体幹
幅があり、胸は非常に深く、四肢は筋肉質で力強く、関節は柔らかくて丈夫である。歩幅の広い比較的低い歩様をみせる

毛色
この品種の毛色で多いのは、ここで示した連銭芦毛か青毛だが、フランス品種協会ではときとしてみられる鹿毛、栗毛、粕毛も認めている

軍馬
第一次世界大戦の際、何千頭ものペルシュロンが、米国およびカナダから戦場へと送り込まれた。英国の軍隊で犠牲になった50万頭の馬の多くは、ペルシュロンあるいはペルシュロン・タイプの馬だった。

頭部
ペルシュロンの頭部は美しい。額は広くて角ばっており、横顔はまっすぐである。また、耳は長くてすっきりしており、眼は大きく注意深そうである。鼻梁はフラットで、鼻孔は非常に広く開張している。

使役馬
ペルシュロンはどんな気候条件にもたやすく順応する。この馬は米国、カナダ、オーストラリア、南アフリカ、日本などのほか、フォークランド島へも輸出されている。フォークランド島では、在来のクリオージョとのあいだで交配が行われた。

輓用馬

19世紀末まで、いや20世紀初頭にいたるまで、世界の経済は馬の力に負うところが大きかった。米国における馬の総数が2500万頭を上回っていた頃から、まだ100年も経ってはいない。現在でも東ヨーロッパの発展途上国では、馬は必要不可欠な存在になっている。

さまざまな用途

今日では、重種の輓用馬は、もっぱら観光農場でしか見られなくなってきた。そのひとつであるケンタッキー・ホース・パークには、ベルギー輓馬（p.208〜209参照）が飼育されており、かつての使役馬の様子を知ることのできる馬として人気を集めている。

大きな酒造企業では、市内で製品を運ぶときに、宣伝のために昔からやっていたように重種の馬に醸造工場の大荷車を引かせることもある。また競技会では、多くの輓用馬の品種愛好家のための部門も開催される。

一方、ヨーロッパでは、たくさんの重種の馬が食肉用に飼育されている。

昔は、必ずしも現在のような状況ではなかった。英国の産業革命（18〜19世紀）は、成長期の製造業に携わっていた無数の馬の力の上に成り立っていた。運河や大規模な鉄道には、莫大な数の馬が必要とされた。1938年の時点でも、ロンドンにあるミッドランド・アンド・スコティッシュ（LMS）鉄道会社は、ロンドンだけで8500頭の馬を使用していた。

1世紀前のロンドンには、トロッコや乗合馬車を引く馬が2万2000頭おり、1880年のニューヨーク市には、あらゆる運搬作業に従事する馬が15万〜17万5000頭飼われていた。

農耕用の馬

現代の人々は、美しい田園風景に組み込まれた農耕用家畜として、重種の馬のことを思い描きがちである。

実際には、農耕用の家畜として馬の数が牛を上回ったのは18世紀になってからに過ぎず、馬の力による農業の黄金時代は、馬車と同じくらい短命であった。

牛はヨーロッパで第一次世界大戦後も使われており、中東とアジアでは今でも利用されている。

一方、馬は効率の良い耕作用のさまざまな装置が開発されたことにより、農業の発展に対して短期間だがきわめて重要な貢献をした。

米国

馬の力によって米国西部の草原地帯に広がる何百万エーカーもの土地が開拓されたのは、驚くべきことというほかはない。

そこでは、6人の人間が制御する40頭の馬が巨大なコンバイン・ハーベスターを牽引していた。この機械がすばらしいものであったことは言うまでもない。

また、大型のすきや農耕用ドリルを36頭の馬につなぎ、それを人間が1人で操作するという方法も、非常に優れたものだった。

農用馬（上図）
東アングリアのサフォーク・パンチ（p.190〜191参照）はすっきりとした四肢を有した馬で、この地域で行われている農業に見事に適応した多才な農用馬である。"経済的"な馬で、他の品種に比べ、少ない飼料で働かせることができる。

酒造企業の荷馬車（最上図）
酒造企業の荷馬車を格調高いシャイアー（p.188〜189参照）が引いている。シャイアーは重種のなかでも特に傑出した品種として、競技会の会場でも人気があり、宣伝役としても大きな効果を上げている。

農耕作業（右図）
引き具でディスクローラーに縦並びにつながれた農耕馬。かつて農耕馬は、給餌のために2回の休憩はあったものの、午前6時半から午後2時半まで、過酷な8時間労働を強いられていた。

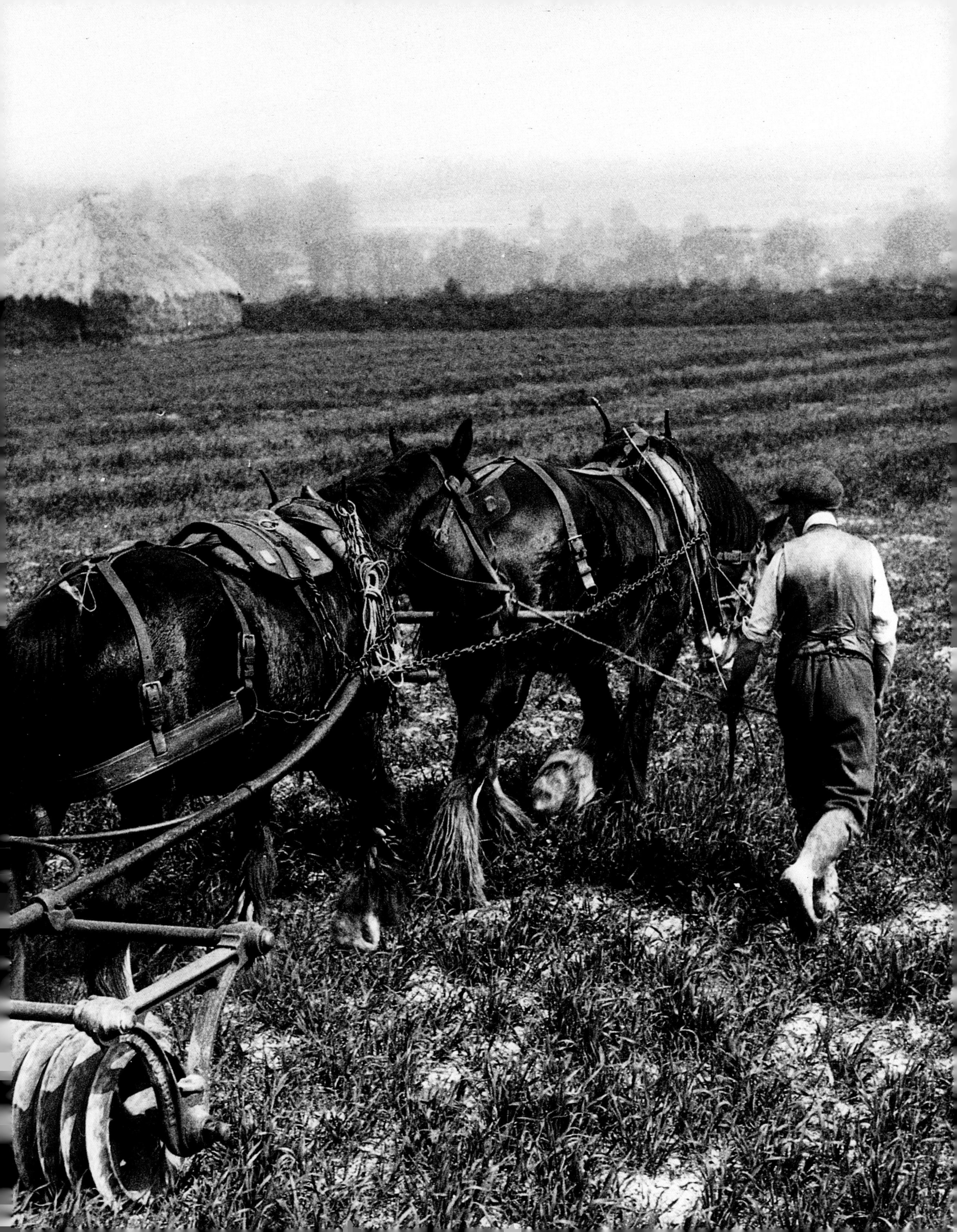

アルデンネ
Ardennais

フランスとベルギーをまたぐアルデンヌ地方原産の重種であるアルデンネは、ヨーロッパの重種の草分け的存在で、最も古い品種のひとつであると考えられている。その祖先の存在は2000年前にすでに知られていた。その馬は、おそらくソリュートレで化石が発見された獅子鼻の先史馬の子孫であったと考えられる。

歴史

19世紀以前には、アルデンネは現在ほど大型ではなく、乗用や軽い牽引作業に用いられていた。19世紀初めに、アラブ、サラブレッドとの交配が、ペルシュロン、ブーロンネとの交配とともに行われたが、常に成功を収めたというわけではなかった。これらの交配の結果、3種類の馬ができあがった。

すなわち、体高約150cmの小型のアルデンネで現在ではあまり見られなくなったタイプ、中央の写真で示した、ベルギー輓馬（p.208～209参照）と交配してつくられたより大型のアルデンネ・デュ・ノールもしくはトゥレ・デュ・ノール、そして本来のアルデンネを大きくした非常に力強いオクソワである。

アルデンネが生産されている地域の気候は過酷なため、このがっしりした体型の馬は非常に丈夫である。また、この馬は格別に穏やかで、取り扱いが非常に容易である。この品種は今でも重い物を牽引する作業に用いられているが、大部分は食肉にされる。

使役時

他のどんな輓用馬よりもがっしりしているアルデンネは、重心の低い、スタミナと持久力を備えた従順で働き者の馬で、管理もしやすい。そのエネルギーは、東洋原産の馬との異系交配に由来するものであり、馬格はベルジャンに由来する。

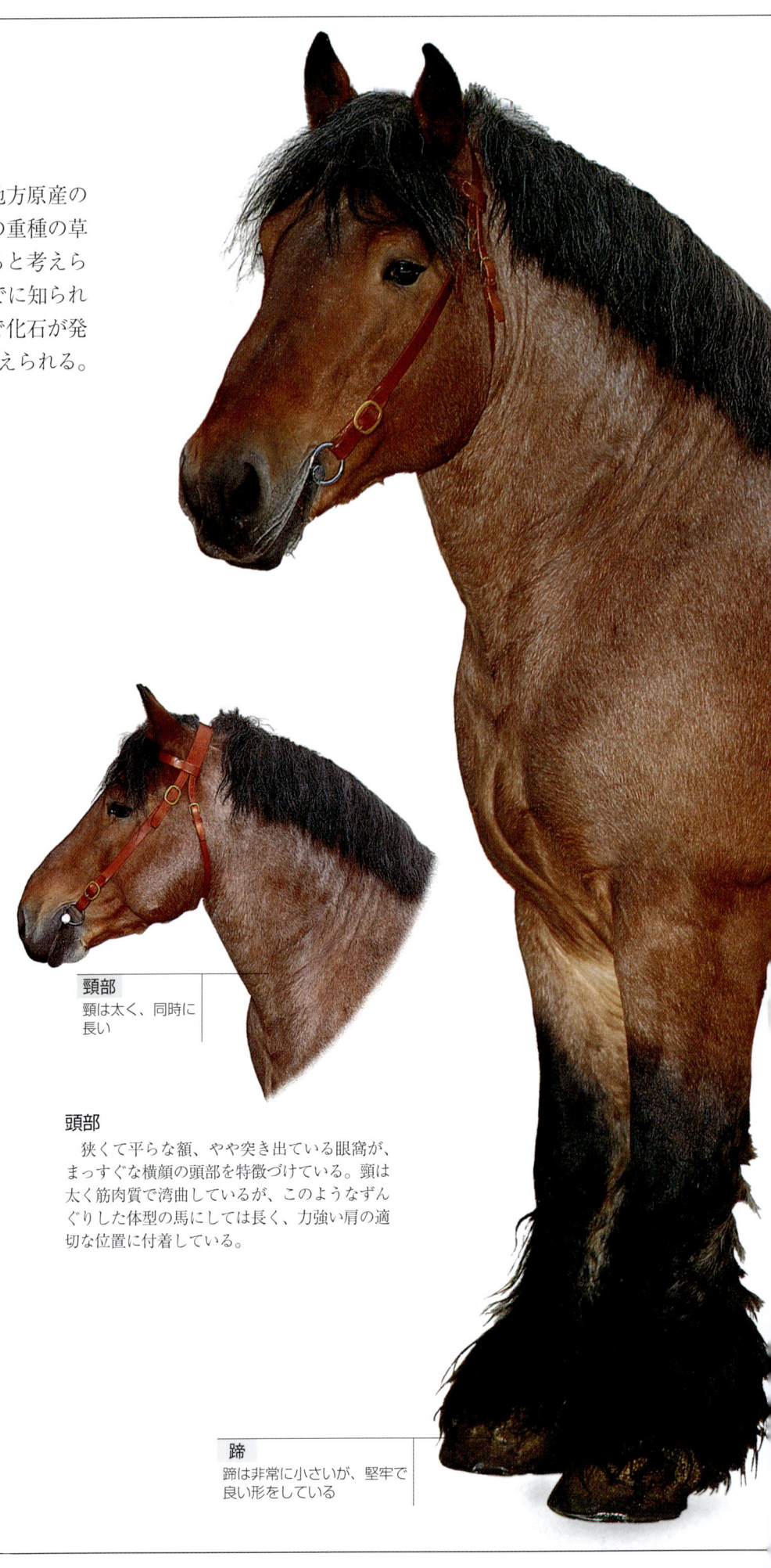

頸部
頸は太く、同時に長い

頭部
狭くて平らな額、やや突き出ている眼窩が、まっすぐな横顔の頭部を特徴づけている。頸は太く筋肉質で湾曲しているが、このようなずんぐりした体型の馬にしては長く、力強い肩の適切な位置に付着している。

蹄
蹄は非常に小さいが、堅牢で良い形をしている

毛色
好まれている毛色は粕毛、写真の赤っぽい粕毛、鉄錆のような芦毛、濃い栗毛、鹿毛である。明るい栗毛とパロミノも許されるが、青毛は許されない

オクソワ
ブルゴーニュにいる古い品種であるオクソワは、中世以来アルデンネとともに飼われてきた。この品種は、おそらくアルデンネから分かれたと考えられており、赤っぽい粕毛の馬もみられる。ただし、この品種の四肢ならびに後躯はアルデンネほど重くはない。

背
アルデンネはコンパクトな体型で、背は短く腰は非常に筋肉質である

後躯
アルデンネの後躯の筋肉は特に短く、厚みがあり力強い

ムラコーザ（上図）
ムラコーザという名前は、ハンガリー南部のムラコーズという町の名に由来している。この品種は20世紀に、在来のムア・インスランに、アルデンネ、ペルシュロン、ノリーカー、そしてより優れた資質を有したハンガリーの馬を交配してつくられた。この馬はスピードを備えた輓用馬で、アルデンネのような距毛は生えてはいないが、アルデンネの重厚な骨格とその穏やかな性質を、ある程度受け継いでいる。

四肢
"小さい樫の木のような"四肢は、非常に短くて力強く、豊かな距毛が生えている。小型の古いタイプのアルデンネは、距毛の量はもっと少なく、体重も軽くてスピードがあった

"北の輓用馬"
ロレーヌ地方でよく知られている大型のアルデンネは、今でも"北の輓用馬"と呼ばれている。しかし、ナポレオンの軍勢の馬車を、敗北の地ロシアから引いて帰った活気に満ちたアルデンネの早馬の面影はほとんどない。

体幹
アルデンネは骨太で、筋肉もそれに見合った力強さを備えている。生まれつき深い胸をもち、全体的に力のある印象を与える。鬐甲は多くの重種と異なり、尻の高さと同じか、やや低いくらいである

体高
体高は150～160cmである。平均体高は153cmである。

ブルトン
Breton

ブルターニュ地方（フランス西部）の育種家は、ヨーロッパで最も優れた技術を有している。中世の時代以降、この地域ではブラック山脈に住む改良の進んでいない小型で毛深い馬を基礎とした、独特のブルトン・タイプの馬が生産されていた。一時期、ブルトンには次の4タイプの馬がいた。速歩馬が2タイプ、乗用と輓用を兼用するタイプ、ならびに大型の輓用タイプである。乗用タイプのシュヴァル・ドゥ・コルレイは草競馬で競走にも使われていた。

アウトライン
前後に詰まった四角っぽい魅力的な外観を有している。幅があり力強く、かつ厚みもある。後躯は強大なパワーを感じさせる

タイプ

現在では2つのタイプが認められている。ブルトン重輓馬は重量感のある早熟な馬で、おもに食肉用として生産されており、アルデンネの血が入っている。これよりもはるかに活発で、すっきりした四肢を有するブルトン・ポスティエは、サフォーク・パンチ（p.190～191参照）を軽量にしたものともいえ、フランス騎馬砲兵隊の誇りだった時代もあった。

ブルトン・ポスティエは、ブーロンネ（p.202～203参照）とペルシュロン（p.194～195参照）を交配して作出されたものだが、両品種とも活発で洗練されており、ノーフォーク・ロードスターを祖先にもっている。この馬は、ペルシュロンとブーロンネの速歩時のすばらしいエネルギーを受け継いでおり、軽い牽引作業および農作業に理想的な馬といえる。

ブルトン・ポスティエは1962年以来、重輓馬と同じ血統書に記載されているが、別々に育種改良がなされている。ブルトン・ポスティエは、今でもフランスのあちこちで目にすることができる。また、未改良の馬の資質向上のために、北アフリカ、日本、スペイン、イタリアなどに輸出されてきている。

尾
ブルトンにはノルマン・コブ（p.108～109参照）同様、断尾の習慣がある。この習慣は馬に軽快な印象を与え、かつ手綱が尾の下に巻き込まれることがないようにするためと考えられている。

異系交配に適した馬
丈夫さ、力強さ、スタミナと従順な性質とを併せ持つブルトンは、改良の進んでいない馬との異系交配にうってつけである。

農作業
ブルトンはスピードのある活発な馬である。どんな農作業でもこなすことのできる馬で、南フランスのブドウ園でも広く活用されている。

ブルトン／BRETON

頸部
頸は体型によく適しており、太くて短く湾曲している。それにつづく肩は、傾斜はあるがやや短い。ただし、ブルトンは常歩時でも速歩時でも生き生きとしたスピード感のある自在な歩様を示す

毛色
典型的な毛色は赤みがかった粕毛だが、ここで示した栗毛のほか、鹿毛、芦毛も認められる。青毛はこの品種では存在しない

四肢
四肢は短く力強く、大腿部と前膊部の筋肉がよく発達している

蹄
蹄は形良く強固で、大きすぎるということはない。四肢はおおむねすっきりしており、距毛はほとんど生えていない

頭部
　ブルトンの四角い頭部は、まっすぐな横顔をもち、鼻孔は大きく開いており、眼は明るくて従順そうな印象を与える。よく動く耳は小さくて、頭部のかなり低い所に位置にしている。

体高
体高は150～161cmである。ブルトン・ポスティエはブルトン重輓馬よりも小型である。

ブーロンネ
Boulonnais

フランス北西部の在来馬であるブーロンネは、最も品のある輓用馬という評価を得ている。また、多くの美点をもった最も美しい馬でもある。否、おそらく不幸なことに、かつてはそうであった。その体型の美しさとすばらしいラインは、東洋原産の馬に由来する。

由来

この品種は、紀元前の時代からフランス北西部にいた在来の重種の馬を祖先にもっている。シーザーが率いるローマの軍勢が、1世紀に英国を侵攻するため、その地に集結した際、彼らの連れてきた東洋原産の馬と在来馬との交配が行われた。ずっと後になって、十字軍の時代にアラブの血がさらに導入された。

育種にとりわけ熱心だったのは、ブローニュ伯爵のオスターシュとアルトア伯爵のローベールで、両者とも革新的で練達の育種家であった。

14世紀に重い鎧が用いられることが多くなり、体重と馬格を増大させるために、北方の大型馬の血の導入がなされ、また、スペイン原産馬との交配も行われた。

17世紀にこの品種はブーロンネと名づけられたが、そのときには2つのタイプが存在していた。小型の馬は160cm以下で、マレユー（潮の馬）という名で知られていた。この馬は、魚貝類をブローニュからパリへ運搬するのに用いられていたが、現在ではほとんど存在していない。

大型のブーロンネは今でも生産されているが、大部分は食肉用である。

体高
ブーロンネの体高は153～163cmである。マレユーは151～153cmだった。

前躯
頸は太いが、優雅に湾曲している。他の輓用馬よりも肩の傾斜が強く筋肉質で、鬐甲はかなりはっきりしている。前躯はすばらしく、輓用馬としては独自のものである

頭部
ブーロンネの頭部は非常に特色があり、東洋原産の馬との異系交配の影響がはっきりと現れている。横顔はまっすぐで、眼窩はやや突き出ており、下顎はすっきりしていて額はフラットで広い。眼は通常かなり大きく、鼻孔は開いており、耳は非常に小さく直立していてよく動く。

ブーロンネ／BOULONNAIS 203

歩様
歩様は輓用馬としてはすばらしく、直線的で歩幅が広く、非常にスピードがあってエネルギッシュでもある。この品種はスタミナも備えているので、長時間一定のスピードを維持することができる。

被毛
皮膚は絹のような手ざわりで、血管が浮き出るほど薄い。たてがみは美しく、ふさふさとしている。重種のもつ粗野な感じはまったく認められない

後躯
ブーロンネの後躯は丸みを帯びており筋肉質で、尻は筋が二重に盛り上がっている。尾はふさふさとしていて、他の輓用馬よりもはるかに高いところに位置している

体幹
体幹部はコンパクトで厚みがある。背は広くてまっすぐで、胸は深く、肋骨はアラブ同様、弾力に富む。上品な感じとも相まって、全体的に威厳を感じさせる

四肢
ブーロンネの四肢は力強く、前肢も後肢も十分筋肉が発達している。他の特徴として、管骨が太くて短いこと、距毛がないこと、関節が大きくしっかりとしていることなどがあげられる

毛色
毛色は写真で示したような芦毛が多い。ただし、その色合いはさまざまである。鹿毛と栗毛がときとしてみられる。それらの毛色はかつては人気が高かった

ノース・スウェディッシュ・ホース

ノース・スウェディッシュ・ホースは、現在でもスウェーデンの森林で用いられている引き締まった体型の輓用馬である。この馬は切り出した木材を牽引する役目を担っている。ワンゲンの種馬牧場では、使役馬に対する牽引試験と定期的な獣医学的検査からなる計画的な繁殖プログラムが実施されている。

19世紀末以前は、ノース・スウェディッシュ・ホースは古いスカンジナビアの在来馬を基礎とした混血の馬だった。この馬は今でも、最も近い品種であるノルウェーのデール・グッドブランダール（p.104〜105参照）の面影を強く残している。この品種の体高は153cmである。

この馬は丈夫で病気に対する抵抗性が強く、その寿命の長さと非常に活発な歩様、見事な牽引力でよく知られている。おもな毛色は河原毛、黒鹿毛、栗毛および青毛である。青毛では肢に白徴を伴う。

ポアトヴァン
Poitevin

フランスのポアトゥ地方は、醜いアヒルの子ともいうべき重種馬で、ミュラシエとも呼ばれるポアトヴァンの故郷であること、巨大なポアトヴァン・ロバ、バウデ・ドゥ・ポアトゥの故郷でもあること、さらにそれら2種の家畜を交配してつくるラバの産地であること、という3つの点で有名である。

湿地帯の馬

ポアトヴァンは、オランダ、デンマークおよびノルウェー原産の重種の混血馬の子孫で、ラ・ヴェンデおよびポアトゥの湿地の灌漑作業のために、17世紀にポアトゥに持ち込まれた。

その後、ポアトヴァンの牝馬をバウデ・ドゥ・ポアトゥの牡と交配して大型のラバを生産するようになり、それがひとつの産業として発展した。その産駒はヨーロッパや米国に輸出されたが、トルコ、ギリシャ、イタリア、スペイン、ポルトガルなどの国々では、耕すのが困難な荒れた土地を開墾する際に重宝された。

"醜いアヒルの子"

ポアトヴァンの起源を初期までたどると、古くヨーロッパに生息していた森林馬(p.10～11参照)にたどり着く。魅力的な馬とは言いがたいが、体型にはかつて必要とされた特徴がほとんどすべて残されている。粗野で、動きは緩慢で、大きくて板のように広がった湿地帯の馬特有の蹄を有している。

気質はこれに相応して穏健で、ポアトヴァン・ロバの理想的なパートナーといえる。ちなみにこのロバは体高が160cmもあり、あらゆる点で注目に値する動物といえる。

被毛
たてがみと尾の被毛は密生して量が多く、木目が粗い

頭部
頭部は粗野で重量感があり、針金のような被毛で覆われていることも多い。耳は厚ぼったくて、動きは少ない

四肢
四肢は太く、むくんでいるようにみえる。下肢は粗野で厚い被毛で覆われている。肩は非常に力強いが、極端に立ち気味である。関節は丸みを帯びていて、はれぼったい場合が多い

蹄
蹄は、湿地で生活するヨーロッパの古い重種馬の特徴を示しており、桁外れに大きく平べったい。ポアトヴァンは、ポアトゥ湿地帯の灌漑作業に従事していた

体高
ポアトヴァンの体高は160～162cmである。

ポアトヴァン／POITEVIN 205

背
通常、背は長く、鬐甲は不明瞭である。ポアトヴァンは動きが鈍くて体が重そうな印象を受けるが、重労働を強いられるポアトゥ湿地帯の灌漑作業にも十分耐えうる力強さを備えていた

後軀
後軀は尻から低い位置に付着した尾へと、なだらかに下がっている場合が多い。ただし、臀部は広くてゆったりとしている。この牡馬の体型は、ポアトヴァンの牝馬よりも優れている

始祖の毛色
バウデ・ドゥ・ポアトゥとのあいだに生まれたラバを連れたポアトヴァンの牝馬は、この品種に典型的な河原毛で、この馬の出自を体現している。下肢に横じまが認められることも多い。ラバの作出以外に、品種を維持するためにポアトヴァンの種牡馬とも交配される。品種の維持等で不要とされた場合、食肉として出荷される。

後肢
この牡馬の太い後肢には力強さがある。短くて太い特有のプロポーションをしており、筋肉が非常に発達している

体幹
体幹は太くて長い。肋の側面は平板で、肘は体幹の近い位置にある

飛節
飛節は大きい。肉厚で弾力性があるが、力が出せる構造といえる。膝および飛節の下には、カールした被毛が房状に生えている

ポアトゥのラバ
ポアトヴァン・ラバは多才で、なみはずれた力強さをもつことで有名である。この地方では、農業でラバを不可欠とする国々に、この家畜を輸出することで収益を得ている。ラバは体質的に健康で働くことをいとわないうえ、長生きで、飼育費用も安くて済む。多くのラバは25才までは使役に使うことができる。

バウデ・ドゥ・ポアトゥ
ポアトヴァン・ロバは、重種馬ミュラシエの牝馬からポアトヴァン・ラバを生産する際に種牡として用いられるが、大きさはポアトヴァンの牝馬と変わらない。粗野な点が多いが、想像以上に歩幅が広く動きは確実で速い。体の大きさや力のある体型に注意を払って育種した結果、このロバは、なみはずれて頑丈な家畜となった。

ユトランド
Jutland

デンマーク原産の重種であるユトランドは、かなり昔からユトランド半島で生産されてきた。12世紀には、この馬は軍馬として用いられた。馬格が立派で、鎧をつけた騎士を乗せ、戦場の辛苦に耐えることができる馬としてよく知られていた。

由来

ユトランドは、おそらくドイツ原産のシュレスウィッヒ作出の基礎となったものと思われる。また、20世紀にはデンマーク馬の血が導入されている。

現在のユトランドをつくり出すある段階で、クリーブランド・ベイならびに同系統のヨークシャー・コーチ・ホースとの交配が行われた。

しかし、圧倒的な影響があったのは、1860年にデンマークに輸入された濃い栗毛のサフォーク・パンチ（p.190〜191参照）、オッペンハイム62である。今日でもサフォーク・パンチ、ユトランド、シュレスウィッヒには非常に多くの類似点が認められる。ユトランドの最も重要な血統は、オッペンハイム62の多くの子孫のうちの1頭であるオルドラップ・ムンケダールに始まる血統である。

特性

ユトランドは、持久力のすばらしさときわめて従順な性質から、馬車を引かせるのにも農作業にも理想的といえる。残念なことに、この非常に好ましい魅力に富んだ重種の馬は、近代化に伴って数が減少してきている。しかし、今でも市街地で馬車を引くのに用いられており、大変素直な使役馬として高い評価を得ている。

また、ユトランドは競技会に出場したり、土地を耕すのにもわずかではあるが用いられている。

体高
ユトランドの体高は150〜160cmである。

前躯
鞍用馬に典型的な短くて太い頸を有し、肩は力強く筋肉が非常に発達している。胸は鞍用馬としてもかなり広い

頭部
ユトランドの頭部は、まったく洗練されていない。大きくて非常に平板で、遠い祖先である森林馬に似ているともいえる。しかし、表情にはやさしさが感じられる。この点は、この品種の従順で素直な気質を反映したものである。一方、体型にはサフォーク・パンチとの関連が明らかにうかがえる。クリーブランド・ベイの血がかつて導入されたが、その面影は認められない。

ユトランド／JUTLAND　207

体幹
コンパクトでずんぐりした体幹は、他の部位も含めてこの品種がサフォーク・パンチと関連が深いことを明らかに示している。さらに胸が非常に深いのも特徴的である

背
背は短く広くて力強く、体に引き締まった印象を与えている。鬐甲はかなりフラットで幅があるが、これはヨーロッパの重種にみられる特徴である

毛色
ユトランドの魅力的な毛色は、まちがいなくサフォーク・パンチから受け継いだものである。この品種の毛色は、亜麻色のたてがみと尾を有した濃い鹿毛で、例外はほとんどない

後軀
祖先のサフォークと同様、ユトランドは丸みを帯びた感じの良い後軀を有している。また、量感があり筋肉が非常に発達している

鞁用馬
馬車を引くユトランドは楽しげで魅力的である。ユトランドの引く馬車は、競技会でも市街地でも常に人目をひく存在である。丈夫で扱いやすいユトランドは、疲れを知らない従順な使役馬といえる。

四肢
四肢は短く、豊かな距毛が生えているが、育種家はそれをなくそうと努力している。関節は、個体によっては丈夫さと力強さに欠ける馬もいる

距毛
距毛の下部に密生している距毛は、重種の馬においては蹄冠部の炎症や繋輝（けいくん）の原因となりやすい

蹄
蹄は一般的に質は良いが、かつてのサフォークの美点を完全には受け継いではおらず、シュレスウィッヒが備えている模範的な蹄にはほど遠い

後姿
四肢が距毛に覆われている点を除けば、ユトランドの後姿は、サフォーク・パンチの重厚で丸みを帯びた外観を受け継いでいる。この馬は骨格のしっかりした中型の鞁用馬で、歩様は素早く自在である。

ベルギー輓馬
Belgian Draught

ベルギー輓馬は、ブラバントという名でも知られている。この名は、この品種の主産地にちなんでつけられたものである。世界的にみて重要な品種で、原産国ベルギー以外の多くの国々で、育種改良に寄与してきた。この品種は、英国ではほとんど知られておらず、原産国でも十分に認められてはいないが、米国ではその価値が認識されており、人気があり評価も高い。ケンタッキー・ホース・パークでは、数多くのベルギー輓馬が飼育されている。

由来

ベルギー輓馬は、きわめて古い品種のひとつで、より古いアルデンネ（p.198～199参照）の直系の子孫である。これはヨーロッパ原産の重種の基礎となった森林馬あるいはディルビアル・ホース（エクウス・シルヴァティカス）の子孫であることを意味している。

これらの重種はローマ人に知られていた。シーザーの所有していたデ・ベロ・ガリコは、従順で疲れを知らない馬と称えられていた。中世の頃、ベルギー輓馬は、フランダース馬と呼ばれていた。この時代に、イングリッシュ・グレート・ホースの、後にはシャイアー（p.188～189参照）の改良に寄与した。

また、この品種はクライズデール（p.192～193参照）作出の基礎となった馬であり、サフォーク・パンチ（p.190～191参照）に大きな影響を与え、さらにアイルランド輓馬（p.106～107参照）にも影響を及ぼしている。

ブラバント
ベルギー輓馬は、最初ブラバントで飼育されており、かつてはブラバントと称されていた。この馬の育種家は、厳格な淘汰基準、他品種の遺伝子流入の排除、また、ときとして近親交配を行うことで非凡な品種をつくり出した。

3つの血統
1870年代までは、ブラバントは体型ではなく血統から3つのおもなグループに分けることができた。その血統とは、馬格の立派なグロ・ドゥ・ラ・ダンドル系の基礎となったオランジュI系、尾花栗毛と赤みがかった粕毛を産するグリ・デゥ・エノー系の基礎となったバヤール系、そして、コロス・ドゥ・ラ・メイク系の基礎となったジャンI系である。

後軀
ベルギー輓馬の大きな力強い後軀は、独特の丸みがあり、尻は"筋肉が二重"になっているのが特徴である

毛色
毛色は血統によって異なる。鹿毛、河原毛および芦毛もみられるが、四肢の先端部が黒く、全身に赤みがかった粕毛、尾花栗毛およびここで示した栗毛が多い

蹄
短くて頑強な四肢の先には、通常豊かな距毛が生えている。蹄は中程度の大きさで良い形をしている

ベルギー輓馬／BELGIAN DRAUGHT

背
ベルギー輓馬は幅があり、短軀である。コロス・ドゥ・ラ・メイク系は、短い背と腰の強さが特に知られている

頭部
頭部は体に比較して小さく角張っており、いくらか平板だが、表情は賢くて従順な印象を与える

頸部
頸部は短くて太くて力強く、それにつづく鬐甲と肩も同様である。こうした体型は、どんなものを牽引する場合でも理想的なプロポーションといえる

体幹
力強さがこの重厚な馬の特徴だが、その力強さはベルギー輓馬の深い胸とコンパクトな体型に現れている

四肢
ベルギー輓馬は、短い四肢が非常に力強く丈夫なことで有名である。四肢の力強さは3つの系統のすべてにみられた特徴である

農作業
　ベルギー輓馬は、この国の伝統的な農作業のやりかた、気候、肥沃で湿り気の多い土地およびこの地の経済的ならびに社会的な需要に見合うよう、細心の注意を払って品種改良された。この品種の歩様は華やかではないが、その目的からみれば、きわめて合理的である。

体高
ベルギー輓馬の体高は162～170cmである。

イタリア重輓馬
Italian Heavy Draught

重種馬のなかで、イタリアで最も人気があるのは、イタリア農用馬とも呼ばれるイタリア重輓馬である。イタリアの種馬牧場に繋養されている種牡馬のなかで、3番目に多いのはこの品種である。この馬はイタリア北部および中部で飼育されているが、特にベニス周辺に多い。この品種の特徴のひとつに早熟という点がある。このことは、使役馬として都合が良いばかりでなく、食肉用に生産されている馬としての長所ともいえる。

歴史

　イタリアでは、大型のベルギー輓馬、すなわちブラバントを輸入し在来馬の改良に用いた時期があった。その後、より動きの良いブーロンネやペルシュロンを改良に用いようと試みたが、どの馬も小型で動きの軽い馬をつくりたいというイタリア人の要求を満たすことはできなかった。最終的には、より軽量の四肢のすっきりしたブルトン・ポスティエ（p.200〜201参照）と何回も異系交配させることによって解決された。

　ブルトンはノーフォーク・トロッターもしくはロードスターの流れを汲んでいるが、そうしてつくられた馬は、速歩時のスピードが速いことでよく知られるようになったと同時に、イタリアの農業で求められる軽い牽引作業および農作業にもってこいの馬となった。

　この馬は、より多く飼われているイタリア輓馬と交配されるが、その産駒は力が強く、おとなしくて従順な気質を示す。動きの軽さゆえ、このイタリア馬は、ティロ・ペサンテ・ラピド、すなわち"スピードのある重輓馬"という肩書きをもっている。

体型
　イタリア重輓馬は、その基礎となったブルトンほど魅力的ではないが、引き締まった均整のとれた体型の馬で、ブルトンの美点と体型上の特徴をある程度受け継いでいる。

前軀
ブルトンと同様、胸は非常に深く、前肢は互いに十分離れている。粗野な部分が若干認められるが、それは普通の、資質の点で劣るイタリア原産の牝馬から受け継いだものである

四肢
四肢は明らかに筋肉質だが、関節は丸みを帯びる傾向がある。これは資質の低い基礎馬群にみられた特徴である

バルディジアーノ（左図）
　バルディジアーノは、北部アペニン地方原産の山岳ポニーの系統に属する。このポニーには、より大型の山岳ポニーや、ハフリンガー（p.252〜253参照）とほぼ同一のポニーであるアベリネーゼの血がいくらか混じっている。また、東洋の馬の影響も強く認められる。

　このポニーは力強くて良い体型をしており、丈夫で動きが軽い。きわめて多様な品種の血が入っているが、トロッター、サラブレッド、サレルノを除けば、他のイタリア原産の品種よりも、育種改良には多大な注意が払われてきたようである。このポニーはたしかにイタリアで最も魅力的な品種である。

イタリア重輓馬／ITALIAN HEAVY DRAUGHT

毛色
イタリア重輓馬の印象的な特徴のひとつは、その毛色である。大部分の馬は、若干アベリネーゼを思い起こさせる暗い赤みがかった栗色で、たてがみと尾は明るい色である。ここで示したような芦毛や栗色の馬もいる

馬体
背は短くて平坦で、胸は非常に深い。頸は短くて力強く、美しいたてがみを有している

後躯
後躯は形が良く、丸みを帯びており、明らかに力強い。一方、尾は思ったより高い位置にある。烙印はこの馬の出自を示している

後肢
管骨は長く、管囲は期待されるよりも細いが、四肢、特に後肢は満足できるものである。すっきりした四肢を有するブルトン、あるいはアベリネーゼとはちがって、イタリア重輓馬はいくぶん粗野な特徴を残している

蹄
蹄の形は悪く、蹄底が狭くなる傾向がある

頭部
驚くべきことはイタリア重輓馬の頭部は、体型から想像されるよりきわめて美しいということである。頭部はかなり長く、先が尖っており、用心深そうな様子をしている。この品種はおとなしくて従順で、動作が愛らしいことで知られている。

アベリネーゼの影響
全体的な体型からは、ブルトンの影響がはっきり見てとれる。ただし、より小型で軽いアベリネーゼ（p.252参照）の影響も認められる。その影響は、これといった特徴のない基礎馬群から引き継いだものと考えられる。

歩様
素早く仕事をこなす能力、長い歩幅、エネルギッシュな速歩が、イタリア重輓馬を魅力的な馬にしている。

体高
体高は150～160cmである。

ノリーカー
Noriker

ノリーカーは、2000年以上の歳月をかけて育成されてきた品種で、今ではオーストリアの馬総数の50％を占めている。ノリーカーの生産の拠点で、この品種形成に最も大きな影響力をもっていたのはザルツブルグ地方であるが、この地はローマ時代にジュバブムという名で知られ、馬産地として有名な地域であった。

ザルツブルグ血統台帳

ノリーカーという名前は、ほぼ現在のオーストリアに一致するノリクムというローマの属国に由来する。ローマ人は重種の軍馬を生産しており、鞍馬や駄載用の馬としても使用していた。

中世からは、修道院がノリーカーの発展の重要な要となった。ザルツブルグの大司教の下でザルツブルグ血統台帳がつくられるようになり、細心の注意を払って制定された標準に沿って馬を生産する牧場がつくられた。

小斑の系統

18世紀にスペイン馬と異系交配したところ、ピンツガウアー・ノリーカーという呼び名のいわれとなったピンツガウ地方で、小斑をもつ馬が生産されるようになった。現在のノリーカーはこのピンツガウアーと、それ以外に認められている4系統とで構成されている。順応性があって頑丈なノリーカーは、山林地帯での仕事にぴったりなため、森林作業に多く用いられる。品種の基準は厳密に決められており、種牡馬と繁殖牝馬の能力検定も行われている。

典型的なノリーカーの系統は、ドイツのマルバッハにある最古の国立牧場で飼育されており、ブラック森林馬と呼ばれている。

体高
ノリーカーの体高は160〜170cmである。

主要な系統

ザルツブルグ血統台帳では、小斑のあるピンツガウアーのほかに、ノリーカーの主要な血統であるカリンシアン（カルツナー）、ステイヤー、チロリアン（チロラー）および南ドイツ冷血種とも称されることのあるバーバリアンの4系統が認められている。いずれも、頑健、健康、従順な性質を備えていることで名高い馬ばかりである。

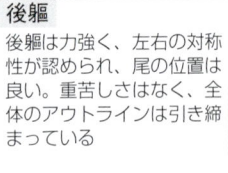

後駆
後駆は力強く、左右の対称性が認められ、尾の位置は良い。重苦しさはなく、全体のアウトラインは引き締まっている

後肢
後肢の力強さには特筆すべきものがある。飛節は地面に対して低い位置にあり下腿部とのつながりも良い

ノリーカー／NORIKER　213

たてがみ
亜麻色のたてがみは、鮮やかな栃栗毛の毛色に伴う特性である

幅の広さ
両耳のあいだから項（うなじ）にかかる部分と、大きくて美しい両眼のあいだは、なみはずれて広い

頭部
鼻口部に向かうに従って細くなる角ばった頭部には、気品があふれており、この魅力的な馬の特徴のひとつとなっている

肩
力強くて、動きが自在で、明瞭な鬐甲を基点としてよく傾斜した肩は、効率的な動きと長い歩幅を可能とする

四肢
厳密な品種の標準が存在したことで、大きくてすっきりとした関節と、筋肉の発達した前膊ができあがった。管骨は短く、膝下にも十分な骨量がある

蹄
もともと山岳馬であったこの馬の蹄は、特有の形状をしている。当然良い形をしており、かたくて丈夫であり、体型とも釣り合いがとれている

毛色の系統
ぶち毛、青毛の頭部をもつ連銭芦毛、黒鹿毛、暗い栗毛など、異なった毛色の系統が、ノリーカーの品種協会によって認められている。マルバッハの馬は古くからある栃栗毛で、亜麻色のたてがみと尾をもっている。ノリーカーと血縁関係のあるハフリンガー（p.252〜253参照）との類似点をみることができる。

多才な馬
小型で足腰のしっかりしたノリーカーは、山岳地帯での重労働に適した農用馬で、森林地域では木材の運搬作業に使われることもある。この品種が育種され始めて間もない頃は、良馬は高所であるグロス・グルックナーの山岳地帯で生産されていた。動きが速く活動的なノリーカーは、素直で優秀な馬車用馬でもある。

エクスムア
Exmoor

エクスムアは、英国の山岳地帯および未開地に生息していた最古の在来馬で、タルパンのような"原始の馬"を除けば、おそらくすべての品種のなかで最も古いといえる。このポニーはそのおもな祖先である第1のポニー・タイプ（p.10～11参照）にみられた特徴、たとえば7番目の臼歯がある特徴的な下顎の構造をもつ点など、他の馬にはみられない特異性を有している。

由来

この品種の名称は、もともとの生息地であり、何世紀にもわたって隔離されていた英国南西部の、標高の高い未開の荒野の名からとったものである。この途方もなく頑健で忍耐強いエクスムア独特の特徴は、その過酷で荒涼とした環境に由来している。19世紀に、このポニーを"改良"しようとする努力がなされたが、たいした成功は収められなかった。

ただし1815年以降、後にカーターフェルトの名で知られるようになった、荒野に生息していた1頭の"幻の馬"を通じてスペイン馬の遺伝子が混入したと考えられている。この馬はやがて捕獲されたが、どこから来たのかはついに判らなかった。この馬は、河原毛で、四肢の先端が黒く、背にははっきりとした鰻線が認められたと記録されている。

エクスムアには今でもエクスムア・ポニー協会によって純系が保たれ、形質が細心の注意を払って管理されている群れがいる一方、人為的に繁殖飼育されている群れも存在する。しかし、荒野から切り離されて飼育されているポニーは、その特有の性質を失いつつある。ブリーダーがこの馬にもともとあった特徴を維持するためには、従来の系統のポニーとのあいだで戻し交配を行う必要がある。

体高
エクスムアの体高は122～123cmである。

力強さ
エクスムアは非常に力が強くバランスがとれていて、体の大きさのわりに重い荷物を運搬することができる。この品種は、狩猟のため一日中人を乗せていたことが知られている。

頸部
青銅器時代、ポニーにチャリオット（戦車）を引かせる際、革紐を頸にかけて牽引させたが、その結果、頸の下側の筋肉が発達した。かつてチャリオット用に使われていたエクスムアは、代を重ねるに従って、その特徴がきわだつようになってきた

頭部
エクスムアの頭部はきわめてユニークである。鼻口部は白っぽい色をしている。鼻孔は大きく、耳は短く厚みがあって尖っている。額は広く、眼は大きくて突き出ている。過酷な気候に耐えるための厚いまぶたから、ヒキガエル状の眼と表現される。肺に吸入する空気が暖まるように鼻が長いため、頭部は他の品種よりもやや大きめである。

エクスムア／EXMOOR　215

烙印（左図）
1年に1回、秋の"集牧"の際に、品種検査官によって妥当と認められた子馬には、肩の近くに純粋のエクスムアであることを示す星形の烙印が押される。星の下には群れの番号の烙印が押され、左の臀部には、群れの中のそのポニーの番号が押される。この烙印により、すべてのポニーを個体識別することができる。

毛色
エクスムアの毛色は特色がある。鹿毛、黒鹿毛、四肢の先端が黒い河原毛のポニーがいる。鼻口部、眼の周り、脇腹と大腿部の内側、そして下腹部は白っぽい色をしている。白徴は許されない

歩様
動きは直線的で滑らかでバランスがとれており、膝を持ち上げるような誇張された歩様はみられない。エクスムアは襲歩とジャンプに秀でていることが知られている。

エクスムアの故郷
このポニーは、氷河期以前にはエクスムア一帯を自由に駆け回っていた。このポニーの特徴は、そういった過酷な環境によって形づくられてきた。ある意味では、エクスムアは野生馬として残されているともいえる。1年に1回、検査のために集められるが、生まれつきこの品種は、人に対して臆病である。また、犬に対しても神経質だが、それはおそらく犬との出会いが、狼に狙われていた先祖の記憶を思い起こさせるからと考えられる。

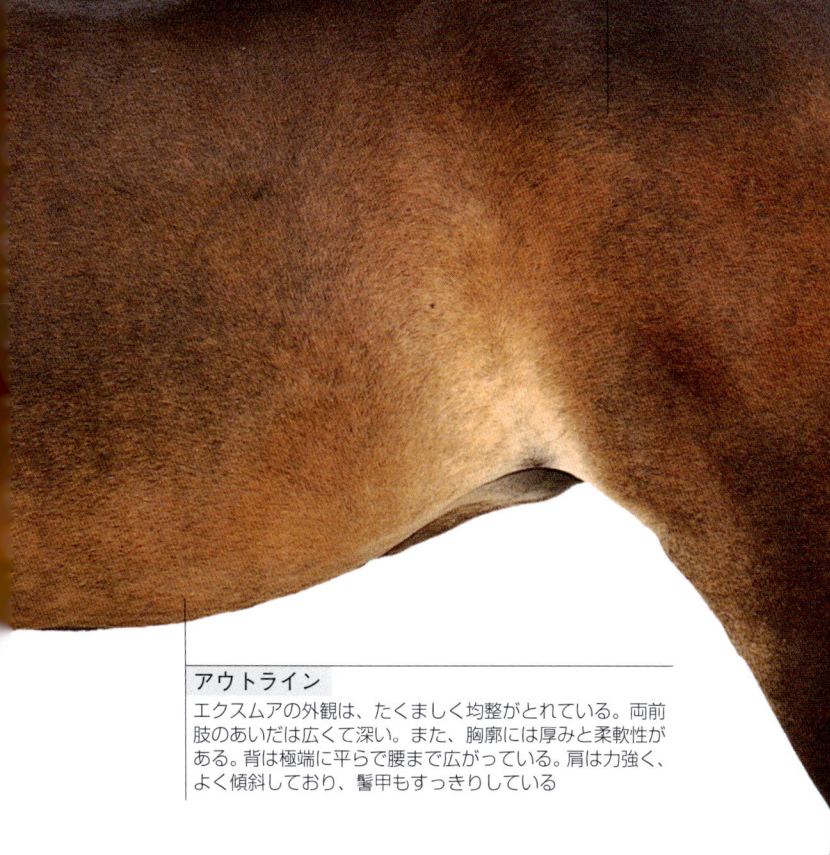

アウトライン
エクスムアの外観は、たくましく均整がとれている。両前肢のあいだは広くて深い。また、胸廓には厚みと柔軟性がある。背は極端に平らで腰まで広がっている。肩は力強く、よく傾斜しており、鬐甲もすっきりしている

四肢
この品種の特徴は、四肢がどれも短いこと、ならびに前肢が相互に適切な位置にあり、体幹に対して方形を形づくっている点である。後肢は十分離れており、飛節から球節にかけては垂直で、飛節は骨盤骨の真下にある

蹄と管囲
このポニーの大部分は短い管骨、丈夫な骨、堅牢で均整のとれた蹄を有している

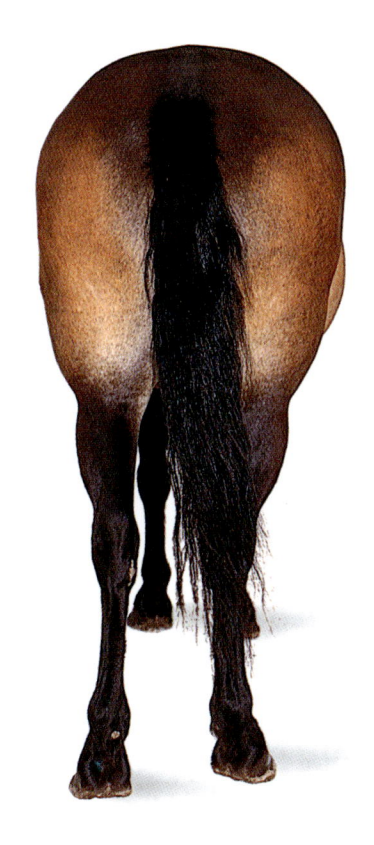

後姿
もともとエクスムアの尾は、たっぷりとしていて先端が扇状になっている。この"氷河時代"の尾は、雨や雪から馬体を守ることができる。被毛は二重構造になっており、防水機能がある。冬には被毛は厚くてぼさぼさで弾力性をもつようになる。夏には薄くてかたくなり、独特の金属光沢をもつようになる。

ダートムア
Dartmoor

「英国のダートムア近郊では、ポニーによる競馬の人気が高い。そのポニーは山岳地帯のごつごつした道や岩だらけの未開地で飼われているために、足どりはしっかりしていて頑丈である。ダートムアはエクスムアよりも大型だが、あえていえば品は良くない」

これは馬の権威であったウイリアム・ヨーアットが1820年に記した文章である。

特性

それから50年後、フィールド・マガジン誌に、このポニーのジャンプの能力について「ムーア・ヒツジと同じくらいジャンプ力があり、ジャンプの仕方までそっくりである」という評が掲載された。

今日でもダートムアは障害飛越が得意である。しかしヨーアットが、かつてとは様変わりしている現在のダートムアを見たら当惑するであろう。彼が観察したポニーとはすっかり異なり、今ではこの品種は世界で最も上品なポニーのひとつとされている。

由来

ダート川、タウ川およびテイビー川に囲まれたダートムアの森の荒れた未開地が、この品種の原産地である。今日、ムアではポニーはほとんど飼育されていない。

ダートムアはいくつかの異なる品種の影響を受けている。古い時代にはオールド・デボン・パック・ホースならびにコーニッシュ・グーンヒリー・ポニーからの影響を受けた。前者はダートムアにもエクスムアにも影響を与えたが、現在では両者とも消滅している。

また、12世紀には東洋原産の馬が導入された可能性がある。19世紀に改良に用いられた品種のなかには、速歩馬のロードスター、ウェルシュ・ポニー、コブ、アラブ、小型のサラブレッド、エクスムアなどが含まれている。

第二次世界大戦中にダートムアは消滅しかかった。1941～1943年にかけては牡2頭と牝12頭の登録しかなかった。この品種が消滅を免れたのはポニー乗馬協会（現在の全英ポニー協会）に負うところが大きい。

頸部
ダートムアの頸部は力強いが、乗用ポニー向きの長さである

肩
ダートムアは、乗馬としての最高の動きができる、スロープのついたすばらしい肩をしていることで知られている。この肩は、ダートムアが一級の資質をもつポニーであることの証明でもある

頭部
頭部は優雅に頸に付着しており、"純粋なポニー"の形質を備えている。小ぶりで品がよく、耳は特徴的なほど小さく、非常に用心深そうである。気質もすばらしい。ダートムアは乗りやすく滑らかな動きから、子供用の理想的なポニーとされている。

ダートムア／DARTMOOR 217

毛色
ダートムアは写真で示した鹿毛のほか、青毛、黒鹿毛のポニーもいる。ぶち毛や青ぶち毛は協会では認めておらず、また極端な白徴も好ましくない

腰
腰と後肢は特に好ましい。ダートムアは体型がすばらしいため、生まれつきバランスが良い

ライディング・ポニーのチャンピオン
ダートムアは、ウェルシュ・ポニーと並んで乗用ポニーとしては卓越しており、美しい英国のライディング・ポニーの生産に大きく寄与してきた。このポニーはヨーロッパでは非常に人気があり、サラブレッドあるいはアラブともしばしば交配が行われる。サラブレッドと2代にわたって交配すれば、競技用馬をつくることができる。

ザ・リート
ダートムアの改良に最も貢献したのは、種牡馬のザ・リートと、その飼い主のシルビア・カルマディ・ハムリンである。彼女は、32年間にわたって、ダートムア・ポニー協会の名誉書記を務めた。純血種ではなかったザ・リートは体高122cmで、"堂々としたポニー"と表現されていた。
　このポニーの父は砂漠で改良されたアラブのドワーカで、母は青毛で体高130cmのブラックダウンという名の、ダートムアの牝とコンフィデント・ジョージとのあいだに生まれたポニーであった。

四肢
四肢と蹄は最高の部類に属する。管骨は短く管囲も十分すぎるほど太い

歩様
ダートムアの歩様は膝を挙上しないため、ポニーのなかでも目立つものといえる。歩様は低く、歩幅が広くむだがない。"典型的な乗用ポニーの歩様"といえる。

体質
英国原産のすべての品種と同様、ダートムアも頑健で、生まれつき健康である。

体高
体高は122cmを超えることはない。

ウェルシュ・マウンテン・ポニー
Welsh Mountain Pony

1902年に刊行されたウェルシュ・ポニー・アンド・コブ協会の血統書は、4セクションに分けられている。すなわちポニー2セクションとコブ2セクションである。ウェルシュの品種改良の基礎となったのは、4種の純血種のなかで最も小型のポニー、ウェルシュ・マウンテン・ポニーで、このポニーはセクションAに分類される。このポニーを基礎にして、ウェルシュ・ポニー（セクションB）、コブ・タイプのウェルシュ・ポニー（セクションC）、力強いウェルシュ・コブ（セクションD）が発展した。

由来
ローマ人が在来馬ウェルシュの最初の"育種家"だった。彼らは東洋の馬の血を導入したが、そうした異系交配は、この品種の歴史のなかでしばしば認められる。

記録に残されている最初の導入馬は、サラブレッドのマーリンである。この馬はダーレー・アラビアンの子孫で、18世紀にクルイドのルアボンの丘で生まれた。またメリアンスの種牡馬アプリコットもこの品種に影響を与えた。この馬は、山岳地帯の牝の在来馬とアラブ／バルブの混血馬とのあいだに生まれたとされている。

現在のマウンテン・ポニーの根幹となったポニーは、"小型のアラブ"を母にもつといわれる1894年生まれのディオル・スターライトであることが知られている。ディオル・スターライトに次ぐものとして、スター・ライトの孫を母にもつコード・コフ・グリンドゥールがあげられる。

特徴
現在のウェルシュ・マウンテン・ポニーは、最も美しいポニーとは言いがたいが、その特筆すべき頑健さ、体型上の力強さ、生まれつきもつ丈夫さ、この品種特有の機敏さは、改良の過程でも失われなかった。このマウンテン・ポニーは子供用のポニーとして優れており、馬車を引かせても華麗である。また、より大型のポニーを生産するためには、またとない存在である。

体高
ウェルシュ・マウンテン・ポニーの体高は120cmを超えることはない。

毛色
ディオル・スターライトの影響が、セクションAに属するポニーに芦毛が多い要因となっているが、ここで示した鹿毛や栗毛も生じる可能性がある。また、パロミノの系統も多い

母馬と子馬
現在のマウンテン・ポニーは、コード・コフ・グリンドゥールに負うところが大きい。そのポニーは、1924年にM.ブロドリック女史が、北ウェールズのアバーギル、ドルウェンに設立した、ウエルシュの牧場コード・コフの基礎を築いた種牡馬である。この牧場は有名であると同時に、影響力も大きかった。このポニーの偉大な祖父は、コブタイプのエドウィン・フライヤーだった。

ウェルシュ・マウンテン・ポニー／WELSH MOUNTAIN PONY

山での姿
ウェルシュ・マウンテン・ポニーの歩様、体型、丈夫な体質は、昔の環境のなかで培われてきたものである。また荒れた土地、乏しい餌、過酷な気候条件は、このポニーの飼料の利用性を高めた。その結果、このポニーは粗末な餌でも飼育できるようになった。

体幹
体幹は非常にコンパクトだが胸は深く、小柄な体型のわりに、大きく力強い肺と心臓を収容するための十分な容積を有している。短く、力強い腰は特にきわだっている

耳
ポニーに特徴的な小さな尖った耳は、マウンテン・ポニーでは特に目をひく部位である

ディオル・スターライト
ディオル・スターライトは、古い品種と現在の洗練されたポニーとの分岐点に立つポニーだった。ディオルの名を冠した牧場名は、この馬を生産したミューリック・ロイドが名づけた。クラベット・アラブ牧場の持ち主だったウェントウォース夫人は、ロイドが臨終の床についているときに、スターライトを転売しないという条件でこの牧場を譲り受けたが、約束を破ってこのポニーを1925年にスペインに売ってしまった。このポニーは1929年に死亡している。

歩様
マウンテン・ポニーの歩様は、力強い後肢および体の真下に位置する魅力的で模範的ともいえる飛節なしには考えられない。肩の動きはきわめて自在だが、膝の振れは不整地を安全に駆けるのに必要とされたものである。

蹄
蹄は大部分の山岳地帯原産の品種同様に緻密で、蹄壁は青っぽい色をしており、非常に堅牢である

頭部
ウェルシュ・マウンテン・ポニーの頭部には、ウェルシュの誇りでもある大きな輝く眼が備わっている。眼と広く開いている鼻孔は、しゃくれた顔とともに、このポニーに対する東洋原産の馬の影響が強いことをうかがわせる。このポニーは従順だが、生まれつき勇気と活力を備えており、世界で最も美しいポニーといえよう。

ウェルシュ・ポニー
Welsh Pony

セクションBに属するウェルシュ・ポニーは、血統書には「上品で、乗用に向く歩様を示し、適度な骨量で肉付きがよく、丈夫で均整のとれた体型をしたポニーとしての特質を備えた」乗用ポニーと記載されている。この英国産のポニーは、ときとしてサラブレッド・タイプのライディング・ポニー（p.236～237参照）に似すぎる場合もある。しかし、競技用ポニー、狩猟用ポニー、ショー・ポニーとしての経済的価値をなくしているわけではない。

由来

"古い品種"であるかつてのポニーは、多くの場合、マウンテン・ポニーと小型のウェルシュ・コブの種牡馬とを異系交配し、さらに資質を高めるために、アラブや小格のサラブレッドを交配することで生産されたものだった。このポニーは山で飼育され、その多くは人を乗せて羊の管理ならびに狩猟の際に用いられた。

現在のポニーは、体型、歩様とも非常に改良が進んでいる。このポニーは、世界の乗用ポニーのなかでは比べるものがないほどの存在であり、大部分は本来もっていた丈夫さとポニーとしての典型的な特徴を残している。

影響

セクションBの"始祖"はタニブルフ・バーウィンである。その息子、タニブルフ・バーウィンファは、セクションBに属する有名なコード・コフの系統の根幹種牡馬であり、東洋原産の馬の影響を受けていた。バーウィンは1924年生まれで、その父は1913年にジブラルタルで購買されたバルブ（あるいはよりアラブに近い馬）の種牡馬、母はウェルシュ・マウンテン・ポニーの種牡馬、ディオル・スターライトの孫であった。

有名な種牡馬であるクリバン・ビクターは、20年後に生まれた。このポニーもマウンテン・ポニーと本質的には関連があった。父はコード・コフ・グリンドゥールの息子のクリバン・ウィンストンであり、母はウェルシュ・コブの有名な種牡馬、マサラハル・ブロードキャストの娘であった。

すなわち、このポニーはウェルシュの血統書を構成する各セクションの"混成品"だったのである。

さらに、東洋の馬の明らかに強い影響は、世界チャンピオンのスコウロネックならびにラシームからもたらされたものである。

肩
セクションBのポニーは、マウンテン・ポニーよりも頸が長い。肩の傾斜と鬐甲はかなり特徴的である

耳
小さくて尖ったポニー特有の耳を有している

頭部
ウェルシュ・ポニーの頭部は、あらゆる点でセクションAのウェルシュ・マウンテン・ポニーに似ている。小さく尖ったポニーとしての耳は特に重要で、長いホース・タイプの耳は許されない。頭部は全体的にすっきりしており、粗野な部分はまったく認められない。

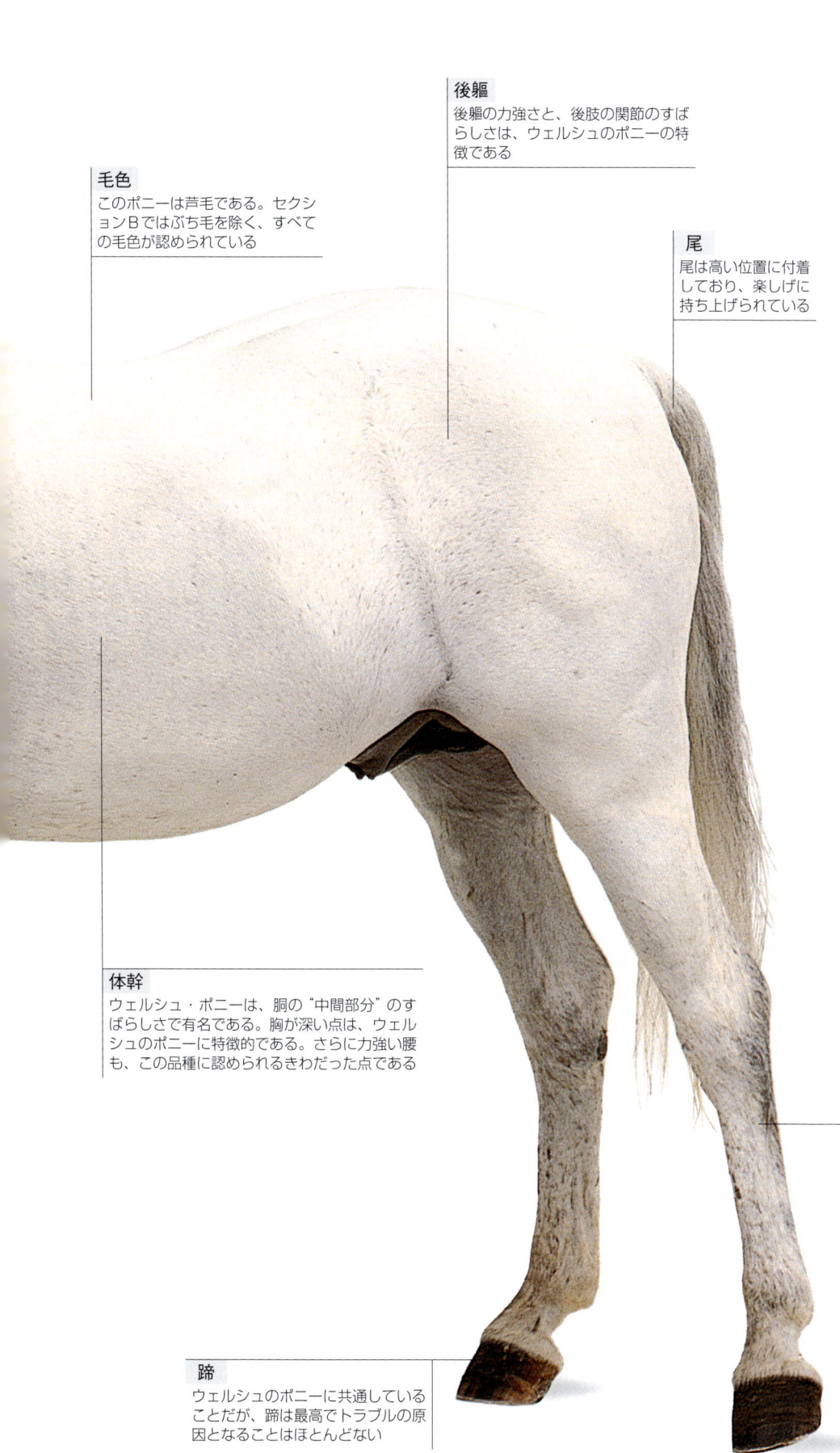

ウェルシュ・ポニー／WELSH PONY

毛色
このポニーは芦毛である。セクションBではぶち毛を除く、すべての毛色が認められている

後躯
後躯の力強さと、後肢の関節のすばらしさは、ウェルシュのポニーの特徴である

尾
尾は高い位置に付着しており、楽しげに持ち上げられている

体幹
ウェルシュ・ポニーは、胴の"中間部分"のすばらしさで有名である。胸が深い点は、ウェルシュのポニーに特徴的である。さらに力強い腰も、この品種に認められるきわだった点である

蹄
ウェルシュのポニーに共通していることだが、蹄は最高でトラブルの原因となることはほとんどない

四肢
セクションBに属するポニーは、体型的に長い部位が目立つが、管骨は決して長いとはいえない。また管囲も十分である

体高
体高は132cmを超えてはならない。

オーストラリアン・ポニー

オーストラリアン・ポニーは、セクションAおよびBに属するウェルシュ・ポニーと遺伝的つながりが深い。ウェルシュのポニーは、少なくとも19世紀初頭にはオーストラリアへの輸出が行われていた。オーストラリア、シドニーでのポニー輸入については、1803年に最初の記録がある。1920年にはオーストラリアン・ポニーが、一定の基準を満たした固定されたタイプとして表舞台に登場した。そして1929年、オーストラリアン・ポニー登録協会が設立された。設立の目的は、高資質の"国産"乗用ポニーの生産にあった。オーストラリアン・ポニーが、この目的にかなっているのは疑いの余地がない。このポニーの体高は120～140cmと一定していない。

特徴

大型のウェルシュ・ポニーは、体型的にはマウンテン・ポニーとは異なっているが、ウェルシュを特徴づける活力を備えている。

歩様

ウェルシュ・ポニーは、歩幅が広く膝をあまり曲げずに、前方に沈むように進む歩様が特徴的である。こうした歩様のため、多用途での利用が可能となっている。後躯については、力強い飛節が有効に働いている。歩様は非常に直線的である。

馬上競技

馬の背に乗って行う競技は、古代から馬文化の中核となっていて、アジアの多くの地域では今も伝統的に行われてきている。こうした競技は、正規の騎馬隊では日常的な演習や訓練とみなされており、最高の状態を維持するのに適している。しかしヨーロッパでは、馬上競技に取り組んでいるのは、ほとんど例外なく若者になりつつある。

ポニー・クラブの競技

ジムカーナ（この用語はインドを起源にしている）と呼ばれる馬上競技は、オーストラレーシアや英国（この国がポニー・クラブ組織を創設した）では、ポニー・クラブの活動のひとつの目的ともいえる。

英国では、1957年にフィリップ殿下ことエジンバラ公によって、ポニー・クラブ・馬上競技選手権が創設され、現在も「プリンス・フィリップ・ゲーム」と呼ばれている。決勝は10月の「ロンドン・ホース・オブ・ザ・イヤー競技会」で行われ、英国各地から集まった熱烈な愛好家のチームによって激しく競われる。

どの種目も、ポニーの鞍上でプレーが行われる。ベンディング競走、サック競走および各種のリレー競走がよく知られているが、なかには軍事演習を思い起こさせるものもある。いずれも楽しい競技だが、騎手にはバランス感覚、敏捷性および完成度の高い乗馬技術が要求され、ポニーに対しては素早さ、十分な調教、緊迫した空気に動じない気質が求められる。

伝統的な競技

中央アジア、イランおよびアフガニスタンで行われている特有の競技は、楽しいというよりは残酷といった色合いが濃いが、強靭な体力とともに卓越した乗馬技術が必要とされる。

ブズカシというアフガニスタンでの競技は、100人程度のプレーヤーがヤギの死体を奪い合うもので、恐ろしい競技という意味では引けをとらないが、ほかにもう少し残酷ではない競技もある。

キズクーはアジアの各地域でさまざまな形で行われているもので、騎馬遊牧民による花嫁強奪に由来する競技である。複数の男性が、最低でもキスをしようと花嫁にしたい少女を追いかける。しかし、少女は決勝ポストに向かって馬を走らせながら、鞭で強くたたいて誘いを拒否することもあれば、もちろん好意をもった男性に従うことを決心することもある。

また鞍上で行う格闘技はオーダリッシュ、サイスなどと呼ばれ、カザフスタンやキルギスで人気がある。さらに中央アジア全体ではジジットという曲芸的な乗馬がさかんである。

テントペッギング

テントペッギングの生まれ故郷は、インドとパキスタンである。この競技は個人または4人のチームで競われるもので、一般市民、軍人のいずれにも浸透している。あらかじめ決められた競走路（パチ）の端に、バルサ材の杭を打つことを目標とするもので、全ポイントを勝ちとるには、バルサ材の杭を槍につけて49フィート（約15m）運ばなければならない。

テントペッギング (上図)

この競技の起源はインドの騎兵の演習にあるが、この写真はオーストラリアのキャンベラ競技場で開催されたときのものである。騎兵は、立ち並んだ敵のテントを全速力で駈け抜けながらテント固定用の杭を抜き、敵の寝ているテントをつぶすことで、相手を混乱におとしいれることができた。

ポール・ベンディング (最上図)

ベンディング競走は、馬の競技会が開催される所ならどこでも見物客に人気がある。この競技は、騎手のバランス感覚、制御力、総合的な乗馬技術が試されるばかりでなく、馬の従順性を高める調教としてもきわめて効果がある。

ピギー・バック (左図)

この動きの速い競技は"シャープシューター競走"の変形で、1頭のポニーに2人の騎手が乗り、そのうちの1人が飛び降りて目標物にボールを当て、急いで再騎乗してゴールまで競走するというものである。

ウェルシュ・コブ
Welsh Cob

ウェルシュ・コブは、タフで持久力があり生まれつき健康である。この品種は多用途に用いられる自家用の馬だが、活力があり、管理がしやすく飼養するのも経済的である。コブの主産地はカーディガンシャーだが、そこでは今でも田園生活に欠かせない存在である。

由来

血統書のなかではセクションDとされているウェルシュ・コブは、当初ウェルシュ・マウンテン・ポニーとローマから持ち込まれた馬との交配によって改良が開始された。11世紀ならびに12世紀には、スペインのバルブ・タイプの馬を用いて改良が行われた。

こうしたなかから、12世紀以来、英国の軍隊で騎兵用馬として用いられてきたポウイス・コブと、中型だが力強いウェルシュ・カート・ホースがつくられた。後者は現在では消滅してしまっている。

現在の馬

現在のウェルシュ・コブは、18世紀および19世紀に、ポウイスの系統の馬を、ノーフォーク・ロードスター、ヨークシャー・コーチ・ホースなどと異系交配することによってつくられた。

コブの4系統は、これらの要素に加えてアラブの血をときに応じて導入した結果、生み出されたものである。さらにコブにはウェルシュ・マウンテン・ポニーに由来する美点が諸処に残されている。

昔はウェルシュ・コブは銃騎兵もしくは騎兵用の馬としてさかんに用いられた。また乳業や製パン業など大都市の製造業者が材料や製品の運搬に大いに活用していた。現在のコブは馬車を優雅に引くこともできるし、また足もとの確かな落ち着いた狩猟用馬でもある。

アウトライン
ウェルシュ・コブのアウトラインはウェルシュ・マウンテン・ポニーとほとんど変わらない

体高
132cm以上と規定にはあるが、普通は142〜152cmである。

頭部
ウェルシュ・コブの人目をひく品の良い頭部は、ウェルシュ・マウンテン・ポニーに代表される改良の基礎となった馬の影響を明らかに反映している。マウンテン・ポニー（p.218〜219参照）と同様、ウェルシュ・コブの頭部にもくぼみがあり、大きな眼と広く開帳した大きな鼻孔を備えている。

毛色
ウェルシュ・コブはぶち毛以外のすべての毛色が許される。青毛、鹿毛、栗毛、パロミノ、クリーム色、河原毛などがある。このウェルシュ・コブは、暗い茶褐色の栗毛である。シムロ・ルイドは、河原毛もしくはパロミノで、現在のコブに影響を残している。ウェルシュ・コブでは芦毛はまれである

根幹馬
セクションDの基礎となった種牡馬は、次にあげる4頭である。ウェルシュ・カート・ホースとノーフォーク・ロードスターの血を引くロッティング・コメット（1840年）。ヨークシャー・コーチ・ホースを父とし、有名なアラブを母とするトゥルー・ブリトン（1830年）。クロウシェイ・ベーリー・アラブを父として、ウェルシュを母とするシムロ・ルイド（1850年）。そしてノーフォーク・ロードスターのアロンゾ・ザ・ブレーブ（1866年）である。

コブ・タイプのウェルシュ・ポニー
血統書でセクションCに分類される小型（132cm）のコブ・タイプのウェルシュ・ポニーは、すばらしい鞍用ポニーである。またトレッキングに最適で、子供や小柄な人にとってうってつけの乗用ポニーといえる。またハンターとしても利用できる。この品種は、マウンテン・ポニーの牝と小型の速歩の得意なコブとの交配によって作出されたものである。しばしば"農場のポニー"と呼ばれたように、このポニーは丘陵地帯の農場でさまざまな仕事に用いられていた。また、北ウェールズの鉱山から粘板岩を港まで運ぶのにも用いられていた。1949年にこのタイプのポニーが消滅の危機にいたって初めて、血統書に加えられるようになった。セクションCはセクションC同士で繁殖が行われるようになってきているが、今でもウェルシュ・マウンテン・ポニーの影響は強く残っている。

サラブレッドとの交配
サラブレッドとコブの交配、特に二度交配を繰り返すことによって、必要とされる馬格、歩様、スピードを備えた丈夫な競技用馬を生産することができる。

歩様
ウェルシュ・コブの歩様は自在で力強い。前肢全体を肩から踏み出し、肢を地面につける前に完全に伸ばしきる。

能力
種牡馬の認可制度が導入される前は、しばしば一定区間における走行能力に基づいて選択淘汰が行われていた。よく用いられた経路は、ダウレスからカーディフまでの登り道35マイル（56km）で、この距離を3時間以内に走ることが条件とされた。

馬車を引く姿
ウェルシュ・コブは活動的でスタミナがあり、勇気もあるので馬車競技には理想的である。サラブレッドと1回交配することで馬格とスピードが増大する。コブはノーフォーク・ロードスターの優れた速歩の能力を受け継いでいるため、生まれついての鞍用馬ともいえる。

踵
踵に絹のような距毛が適度に生えているのは許されるが、その毛が剛毛であってはならない

デールズ
Dales

デールズ・ポニーは、ノース・ヨークシャー（英国）のタイン、アレン、ウェアおよびティーズのアッパー・デールズ原産の品種である。このポニーは共通の祖先をもつフェル（p.228～229参照）に近いが、より大型で重量感がある。デールズ・ポニーは、アレンデールおよびアルストン・ムアの鉛の鉱山で働いていた。おもに地下で働き、鉛をタインの港へ運ぶこともした。また炭坑でも使われたし、普通の農耕用にも、荷物の運搬用にも用いられた。彼らは体の大きさと比較して多くの荷物を運搬することができ、224ポンド（100kg）の荷物を運ぶことができる。

由来

かつてのデールズ・ポニーは、鞍用ならびに乗用の優れた速歩馬として知られていた。この馬は、きわめて重い荷物を駄載して1マイル（1.6km）を3分で走破することができた。この能力を維持するために、19世紀にウェルシュ・コブとの交配が行われた。特に速歩馬の種牝馬だったコメットの影響は大きかった。

クライズデールとの異系交配がよく行われ、1917年にはデールズは血量の2／3がクライズデールとみなされるまでになった。その力強さと、すばらしい蹄、四肢、骨格から、「軍隊用としては国内でこれにまさるものはない」ともいわれていた。

特性

現在のデールズ・ポニーは、すばらしい骨格と四肢、堅牢な青色を帯びた蹄を継承している。この馬は非常に力強く、かなり重い荷物でも運搬できる能力をもっているが、クライズデールとの関係は、もはやはっきりとは認められない。このポニーは優れた勇敢な鞍用馬だが、同時に乗用ポニーとしても多く用いられるようになってきている。

デールズは勇気とスタミナ、そして穏やかな気質を併せ持っている。このポニーの飼育には経済的負担が少なく、また丈夫な体質を有しており、めったに病気にならない。これらの長所から、トレッキング用ポニーとして特に利用価値の高いポニーといえる。

毛色
英国産のデールズに最も多い毛色は青毛である。まれに鹿毛あるいはこの写真のポニーのような黒鹿毛もみられる。ごくまれだが、クライズデールの名残と考えられる珍しい芦毛のポニーも存在する

鼻部
粗野ではない中程度の幅の鼻部が望ましい

頭部
デールズの頭部には、過去においてクライズデールを交配したことを示す形跡はまったく認められない。眼は明るくおとなしそうで、間隔は広い。ポニーの特徴を有する小さい耳は、用心深そうでよく動く。全体的に賢い印象を受ける。

デールズ／DALES 227

背
デールズ・ポニーは特に力強い短い背を有しており、体型も美しい。この体型は、このポニーが重い荷物を運ぶ特有の能力を備えていることを示している。また同時に、この品種で特に認められる力強く正確な速歩を可能としている

ロンドンへパンを運ぶ
ロンドンへ食料を運んでいるポニーを描いた1840年代のエッチングである。デールズを正確に表しているとは言いがたいものの、荷物の大きさから、この駄載用ポニーが、一日中、でこぼこした道を重い荷を運んでいたことが示されている。

胸
この品種になくてはならないものは、非常に深い胸とよく湾曲した助骨である

蹄
何世紀にもわたって、デールズ・ポニーはすばらしい堅牢な蹄を備えていることで知られてきた。踵には絹のような距毛が生えている

後姿
後ろから見たデールス・ポニーは、全体的に引き締まった体のなかに濃縮された非常な力強さを感じさせる。このポニーの動きにはきわめて生気があり、直線的で正確である。その強烈な推進力は、力強い飛節と後軀によって生み出される。

体高
体高は142cmを超えてはならない。

フェル
Fell

昔から、フェルは英国のペンニン山脈の北端、およびウエストモアランドやカンバーランドの未開地で飼われてきた。一方、遺伝的に関連の深いデールズ（p.226～227参照）はペンニン山脈の反対側のノース・ヨークシャー、ノーサンバランドおよびダーハムで飼われてきた。どちらのポニーも同じ系統から分かれたものであり、利用目的に応じて品種改良がなされてきた。

由来

ヨーロッパに生息していた原始的な森林馬の子孫である青毛の重種、フリージアン（p.104～105参照）が、これらの北辺のポニーに対して、ごく初期に影響を与えたことは疑いの余地がない。フリースラント人とその青毛の馬は、北ヨーロッパを占領していたローマの軍隊に補助騎兵隊として雇われていた。

最も影響を与えたのは、力強くスピードのあるギャロウェイで、その影響は現在のフェルに色濃く残されている。ギャロウェイは国境警備隊の馬で、後にスコットランドの牧場で用いられるようになった。この馬は、ニスデールからギャロウェイ岬にかけての地域で生産されていたが、19世紀以降消滅してしまった。ただし、その長所は今でも英国の馬に受け継がれている。

ギャロウェイの体高は130～140cmであった。この馬は丈夫で、堅牢な蹄を有していた。また、人を乗せても馬車を引かせても非常に速かった。この馬はおそらく"ランニング・ホース"作出にも影響を与えたものと思われる。ランニング・ホースとは17～18世紀に東洋産の種牡馬を基礎につくられた馬で、英国のサラブレッドのもととなった。

特性

かつてフェルは、遺伝的に近いデールズと同様、駄載用のポニーであった。しかし大部分のフェルは、おそらくデールズよりも軽量ですばらしい速歩馬だったため、乗用馬として利用されていたと考えられる。

今日では、この品種はこれらの目的に加えて、競技用馬を生産するための繁殖用のポニーとしても高い評価を得ている。フェルはウィルソン・ポニーを介して現在のハクニー・ポニー（p.98～99参照）の基礎ともなっている。

肩
体型の重要なポイントは肩にある。フェルにおいては、肩は十分後方に傾斜しており、乗馬としての動作に向いている。ただし、鬐甲はそれほど美しくない

耳
フェルの耳は小さく、上品である

下顎
下顎は粗野ではない

横顔
フェルは小さくて上品な頭部を有していることで知られている。額は広く、鼻口部は先細で、鼻孔は大きく開いている。やや突き出た明るい眼は賢さを示していると同時に、この品種の穏やかな気質も感じさせる。

"鉄のように頑丈"

この品種の規定には「フェル・ポニーは生まれつき鉄のように頑丈である」と記されている。18世紀には駄載用ポニーとして用いられていたが、当時このポニーは、平均重量約224ポンド（100kg）の荷物を駄載して240マイル（384km）の距離を1週間で行くことができた。

リングクロッパー

初期の頃のフェルで最も有名な馬としては、18世紀に活躍したリングクロッパーがあげられる。ただし、この馬はギャロウェイだった可能性もある。この馬はヤコバイトの反乱の際にウエストモアランドのステンモアで戦ったが、人を乗せていても"ヒースを収穫している"ようにみえたとされている。

毛色
フェルの毛色は青毛、写真で示した黒鹿毛、鹿毛、芦毛などで、白徴はないが、額の星は時折みられる

尾
フェル・ポニーのたっぷりしたたてがみと尾は、伸びるままにしておく

馬車を引く姿
フェル・ポニーは、スピードのある均衡のとれた速歩、勇敢さ、忍耐力、スタミナから鞍用ポニーとして理想的である。かつて、エジンバラ公はフェルのチームで競技会に出場していた。

特性
フェルは、全体的には、持久力、資質の高さ、外観から感じられる注意深そうな性格が印象的である。

歩様
歩様は「きびきびとしていて正確である」と記されている。膝と飛節の動きが滑らかで、肩の出が良く、深く屈曲する飛節は力強い推進力を生み出す。まさに「すばらしい歩様と持久力」を備えているポニーといえる。

四肢
この品種の特徴のひとつは、太くてすっきりした管骨である。管囲は最低でも8インチ（20cm）と公式に規定されている

飛節
フェルの飛節は力強くよく屈曲するため、後肢の蹴りは強烈である

蹄
蹄は特に堅牢で、蹄壁は青みを帯びて、丸く良い形をしており、高原地帯の石だらけの土地での使役にも耐えられる。もうひとつの特徴として、踵に美しい距毛がたっぷりある点があげられる

体高
体高は140cmを超えてはならない。

ハイランド
Highland

現在のハイランド・ポニーは、異系交配を重ねた結果作出されたものだが、その起源は非常に古い時代にまでさかのぼる。氷河期が終わった後、スコットランド北部およびスコットランド周辺の島々には、ポニーが生息していた。このハイランド・ポニーには、1万5000年～2万年前のフランスのラスコー洞窟の壁に描かれた動物の神秘的な面影が認められる。

由来

1535年頃、フランスのルイ12世は、スコットランドのジェームズ5世に馬を贈った。ペルシュロン・タイプのこれらの馬は、17～18世紀にスペイン馬が用いられたのと同様、在来馬の改良に供せられた。昔のハイランドの育種家のなかの第一人者、アトル侯爵は、16世紀に東洋原産の馬を導入した。またジョン・マンロー・マッケンジーは、ムル島の有名なカルガリーの系統をつくり出すのに、シリア産のアラブを交配に用いた。

現在のハイランドの始祖といえる馬は、ハイランド・ラディーの産駒で1881年に生まれ、アトルの種馬牧場が1887年に購買したハード・ラディーである。

特性

強健なハイランド・ポニーは、スコットランド原産の多用途に用いられていたポニーだが、現在でも多才な面は残されている。ハイランドは一級の乗用ポニーで、重さをものともせず、どんな状況でも足どりはしっかりしている。何百頭ものポニーがスコットランド人が考案したトレッキングに用いられている。

このポニーは馬車を引いたり、森で働いたり、狩猟の際に荷籠を運ぶためにも使われている。なかには、18ストーン（252ポンド＝114kg）もある鹿を運ぶものもおり、また、常に冷静なポニーでもある。

体高

ハイランドの体高は142cmを超えてはならない。

戦争

ハイランド・ポニーは、18世紀のジャコバイトの革命のときに輝かしい活躍を示した。南アフリカのボーア戦争（1899～1902年）ではロバトの偵察兵もトゥリバルダン・スコットランド騎兵隊の侯爵も、共にハイランド・ポニーに騎乗していた。

体型

ハイランドのコンパクトな体型は、穏やかな気質とともに、サラブレッドとの交配相手として願ってもない点といえる。1回目の交配で賢いハンターを生産でき、もう1回交配することで、力強い競技用馬を得ることができる。

ハイランドに住むポニー

ハイランド・ポニーは飼育に手間がかからず、やせた草地でも成育し、特に飼料を追加する必要はない。このポニーは沼地を進むことができるぐらい、生まれつき足どりがしっかりしている。ハイランドは、きわめて強健で遺伝的疾患をもたず、非常に長寿のポニーである。また、従順で愛情が細やかだが、決して鈍感というわけではない。

頸部

頸部は力強いが決して短くはなく、喉もとはすっきりしている

ハイランド／HIGHLAND 231

毛色
ハイランドほど、さまざまな毛色のみられる品種はない。写真で示した原毛色が河原毛の芦毛のほか、ネズミ色、黄色、金色、クリーム色、キツネ色まである。また、芦毛、黒鹿毛、青毛、鹿毛、まれには銀色のたてがみと尾をもった非常によく目立つ栃栗毛のポニーもみられる。大部分のポニーの背には鰻線が認められ、一部のポニーでは四肢にしま模様もみられる。アトルの種馬牧場で最初の種牡馬として記録されているモレルは、現在では認められていないぶち毛であった

背中の鰻線
写真のハイランド・ポニーの背には、はっきりした鰻線が認められる

鼻孔
鼻孔の形は良く、大きく開いている

頭部
良質のハイランドの頭部には、クライズデールの影響はまったく認められない。額は広く、眼から鼻口部までのあいだは短く、鼻孔は広く、従順そうな表情を有している。

四肢
ハイランドの管骨は短く、骨は堅固でまっすぐである。前肢は非常に力強い。膝は大きくてフラットである。四肢の距毛は柔らかくて絹のような手ざわりがする

蹄
蹄の質は良く、栄養価の高すぎる牧草を与えて過食させたりしない限り、疾病の発生はほとんどない

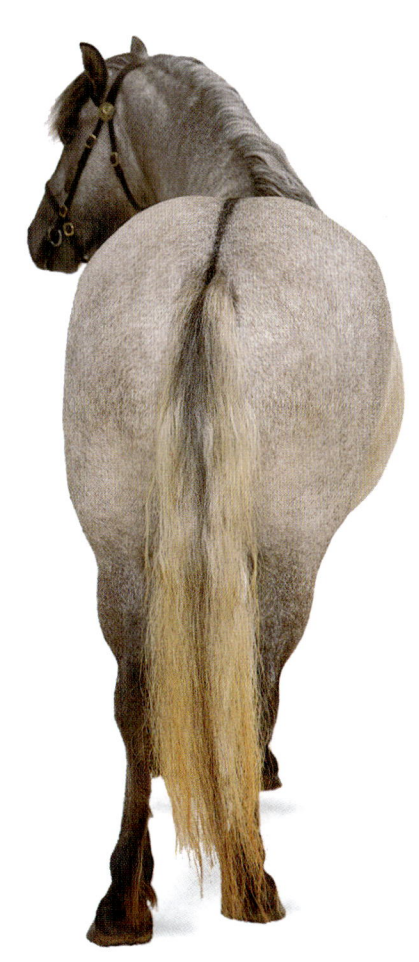

後姿
大腿部から脛骨にかけての部位が、特によく発達している。尾は通常高い位置に着しており、たてがみや距毛同様、美しく絹のような手ざわりがする。決してごわごわした感触があってはならない。距毛はよく目立つ球節の凸部に生えている。

コネマラ
Connemara

コネマラの名は、アイルランドのコリブ湖およびマスク湖の西側一帯の未開の土地の名に由来している。このポニーは、アイルランドの唯一の在来のポニーである。さまざまな品種が、コネマラ・ポニーの資質を高めるために交配に用いられた。そして、現在の傑出しているといっても過言ではないほどのポニーができあがった。

由来

16世紀および17世紀に、バルブとスペイン馬の交配によって、有名なアイリッシュ・ホビーがつくられた。コネマラの先祖であるホビーは丈夫で敏捷なポニーで、ギャロウェイと同様、サラブレッド作出の際に用いられた。

19世紀にはアラブが輸入され、多面的な品種改良計画のもとに、ウェルシュ・コブ、サラブレッド、ロードスター、ハクニーなどとの交配が行われた。

さらに在来種としての資質の退行を防ぐために、クライズデールとの交配も行われた。アイルランド輓馬の種牡馬や、有名な純血のアラブのナジールの血統も用いられた。障害飛越競技用のダンドラムはサラブレッドの種牡馬リトル・ヘブン産駒で、カルナ・ダンの系統の馬である。

血統書

コネマラ・ポニー生産者協会は1923年に、また英国コネマラ協会は1947年につくられた。コネマラの血統書に最初に記載された種牡馬は、1904年に生まれたキャノン・ボールだった。

このポニーは16年にわたってオーターアードでのファーマーズ競走で優勝をつづけた。1922年に生まれたレベルと、その10年後に生まれたゴールデン・グリームも、この品種の改良には強い影響を及ぼした。

特性

こうしてできあがったポニーは、おそらく現在のところ最も優れた能力をもったポニーといえる。コネマラはスピードがあり、勇気と賢さを備えた見事なジャンパーである。コネマラの生まれ育った環境が、このポニーの丈夫さ、持久力、そして独特の個性をつくり出したのである。

頸部
コネマラは頸が格別に長い

肩
乗用にぴったりの肩が「まさに障害飛越のために生まれた」といわれるほどの折り紙つきのポニーである

前軀
均整のとれた前軀は、コネマラの美点のひとつである

管囲
管囲は7〜8インチ（17〜20cm）が普通である

頭部
コネマラの頭部は小さくて先細で、東洋原産の馬の影響を感じさせるものがある。改良には多くの品種が用いられたにもかかわらず、思惑道りのタイプのポニーに固定することができた。利用範囲の広いコネマラは、大人ばかりでなく子供でも乗ることができるが、これは、このポニーが非常に従順であることの証明でもある。

コネマラ／CONNEMARA　233

理想的な競技用馬
コネマラ・ポニーはヨーロッパ各地に輸出され、現在非常に多く飼育されている。このポニーは、子供にとっての理想的な競技用馬と考えられ、ドイツでは厳格な能力検定が実施されている。

毛色
毛色は写真で示した芦毛、河原毛、青毛、鹿毛、黒鹿毛などである。まれに粕毛と栗毛もみられる。青ぶち毛とぶち毛は協会では認めていない

農場での使役馬
遠く離れたギャルウェーで、コネマラはあらゆる農作業に使われていた。また海藻、ジャガイモ、泥炭、トウモロコシなどを運ぶ鞍用馬としても用いられた。
昔の河原毛のコネマラについて、コッサー・ユーアット博士は、「彼らは野生のポニーでなければ餓死してしまうようなところで生き延びることができ……ラバのように力強くて丈夫で、繁殖力が旺盛で、遺伝的疾患もない。このポニーの消滅は国家的損失となろう」と1897年の過密地域委員会による答申において記している。

トップクラスの馬
コネマラとサラブレッドを交配すると、当然のようにトップクラスの競技用馬が得られる。

タイプ
「…バルブとアラブの面影を多く残した丈夫で屈強なタイプのポニー」。これは1897年のロイヤル・コミッションでのウッシャー・C.B.氏による形容である。

体型
この、能力のあるポニーの美点は、実質を伴った優雅さ、体型のすばらしさ、正確な乗馬としての歩様という言葉に集約できる。コンパクトな体は非常に厚みがある。

蹄
多くの在来種同様、蹄はすばらしく、またコネマラは非常に足どりがしっかりしている

体高
コネマラの体高は130〜142cmと規定されている。

ニュー・フォレスト・ポニー
New Forest Pony

ハンプシャー南西部（英国）のフォレストは、西へ向かう主要交通路が交錯する場所だった。このため、ニュー・フォレスト・ポニーは、何世紀にもわたって多くの品種から遺伝的な影響を受けてきた。

由来

1016年、カヌートのフォレスト法が公布されたが、その後も引きつづき、フォレストのポニーに対する改良の努力はつづけられてきた。1208年にはウェルシュの牝馬がフォレストに持ち込まれた。18世紀にはサラブレッドの種牡馬マスクが、フォレストの牝馬と短期間交配された。そして19世紀にはビクトリア女王からアラブとバルブの牝馬が貸与された。

しかし、大きな役割を果たしたのはセシル卿とルーカス卿で、どちらも革新的でかつ偉大な"改良者"とされている。彼らは、ハイランド、フェル、デールズ、ダートムア、エクスムア、およびウェルシュ・ポニーの血を導入した。ルーカス卿はボーア戦争のときにバスト・ポニーまで持ち帰った。品種のるつぼのなかから、このような特色のあるタイプのポニーができたのは驚くべきことである。

特性

現在の商品価値の高いニュー・フォレスト・ポニーは、ほとんどが牧場で生産されているが、特有の性質ならびに行動は、野生の環境で獲得したものを受け継いでいる。このポニーは完璧な乗用馬としての肩を備えていて、歩幅が広く低いという典型的な歩様を示す。キャンターのときにはっきりわかるが、その歩様は"フォレストのペース"と呼ばれる。

人との交流の歴史が長かったこともあり、馴れやすく、他の在来種に比べて神経質ではなく、ひねくれてもいない。このポニーはすばらしい能力を備えており、非常に丈夫である。大型であれば、大人が騎乗することもできる。

体高
体高の上限は142cmである。フォレストで生まれ育っている系統はもっと小型と考えられる。

サラブレッド（左図）
おそらく過去、最も偉大な競走馬とされるエクリプスの父はマスクであるが、この馬は1765年から短期間、フォレストと交配されていた。その後、エクリプスが名声を得たため、マスクはヨークシャーの種馬牧場に戻された。

基礎となった種牡馬
基礎となった種牡馬は、ウェルシュ・ポニーのディオル・スターライトの血統のデニー・ダニー、フィールド・マーシャルとの関連が深いグッドイナフと、ブルックサイド・デービッド、そしてブルーミング・スリッポンとハイランドのクランスマンの孫のナイトウッド・スピットファイアーである。

ポロ・ポニーの血
フォレスト・ポニーに大きな影響を与えたのは、ウェルシュ・ポニーの牝馬から生まれたポロ・ポニーの牝馬、フィールド・マーシャルだった。このポニーは1918～1919年にフォレストで供用された。

飼料
フォレストで飼育されているポニーは、湿原周辺の荒れた土地の草を食べて生きており、特にハリエニシダの芽を好んで食べる。

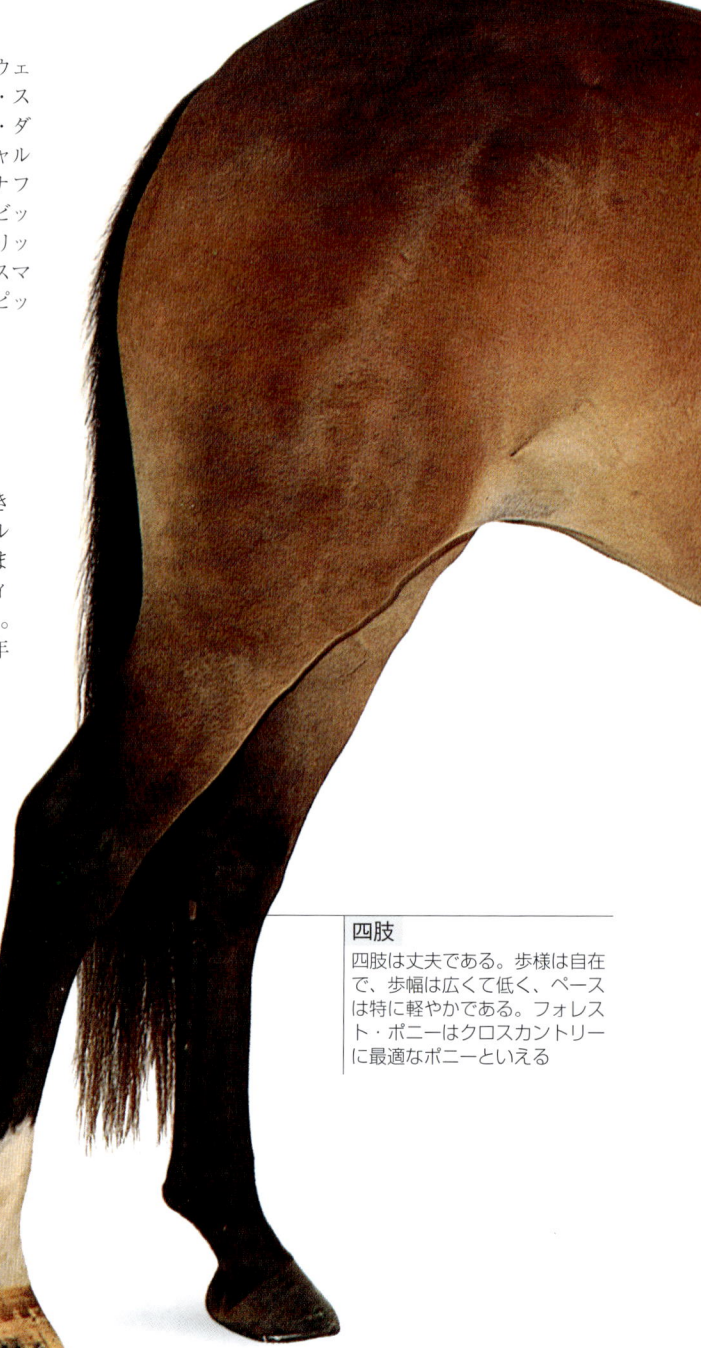

四肢
四肢は丈夫である。歩様は自在で、歩幅は広くて低く、ペースは特に軽やかである。フォレスト・ポニーはクロスカントリーに最適なポニーといえる

ニュー・フォレスト・ポニー／NEW FOREST PONY　235

肩
肩は長くて傾斜しており、乗用ポニーとして最適といえる

品種協会
この品種を統括する協会として、1938年に、それ以前の協会を合併して設立されたニュー・フォレスト・ポニー＆キャトル協会がある。血統登録は1960年に開始された。

頭部
ニュー・フォレスト・ポニーは、さまざまなタイプに分かれており、普通の馬に近い頭部を有したポニーも見かけられる。全体的には知的な印象を受ける。また、このポニーは簡単に調教することができる。現在のフォレスト・ポニーは、その外観と能力からヨーロッパにおいて人気は高い

毛色
ニュー・フォレスト・ポニーでは、青ぶち毛、ぶち毛、青い眼をしたクリーム色以外の毛色はすべてあり得る。ただし、ここで示した鹿毛と黒鹿毛が多い

体幹
フォレスト・ポニーはオールラウンドの乗用ポニーであり、胸は非常に深い

蹄
多くのポニー同様、蹄は非常に丈夫である

環境の影響
豊富とはいえないまでも食物に不足はないフォレストの自然環境が、多才で足もとのしっかりしたニュー・フォレスト・ポニー特有の性質および独特の動きを形づくった。遺伝的に関係のある品種が多岐にわたるにもかかわらず、セシル卿はフォレスト・ポニーについて、「これらのすべてのタイプがこの土地に最も合うように磨かれて同化される、自然の不思議な力」と述べている。

ライディング・ポニー
Riding Pony

ライディング・ポニーは、馬術用に特につくられた品種である。本質的に、このポニーは上品なサラブレッドの競技用ハックの子供版である。良質のポニー、特に体高が122〜132cmの中サイズのポニーは、おそらく世界で最も完璧なプロポーションといえよう。

由来

半世紀にも満たない期間でライディング・ポニーがつくり出されたことは、必要とされる目的に合致したものを生み出そうとして、選択的交配をした場合の成功例のひとつといえる。ライディング・ポニーは、英国在来種（特にウェルシュ、そしてやや貢献度は低いがダートムア）、アラブ、サラブレッドの混血として生み出された。

このような特色のあるポニーをつくり出せたことは、英国のサラブレッドの"大攻勢"とは同じ範疇の成功には入らないかもしれないが、馬の育種改良の歴史のなかでは顕著で、めざましい成果といえる。

特性

ライディング・ポニーの動きは、優雅で肩からのバランスが完璧にとれている。その動きは英国のサラブレッドの、自在で歩幅の広い、低い姿勢の歩様を継承している。

このポニーは、祖先の軽種の特性をすべて受け継いでいると同時に、完全に馴致されており、かつ、体質や優れた感覚機能は在来種の先祖の資質を残していなければならない。これらがライディング・ポニーに認められることは、育種家の技術が最高水準にあることを示している。

体高
平均体高は132cmである。競技会は体高によって3種類に分かれている。すなわち、122cm以下、122〜132cm、そして132〜142cmである。

横顔
ライディング・ポニーのアウトラインは、完璧なプロポーションのサラブレッドのミニチュア版ともいえる。しかし、明らかにホースではなく、ポニーの顔立ちをしている。

たてがみと下顎
たてがみは柔らかくて絹のような手ざわりである。下顎には厚みはなく、後頭部の屈曲が防がれている

耳と眼
耳は小さくてよく動く。眼は大きく、また間隔が広く離れている

鼻口部
鼻口部は小さいが鼻孔は大きく、空気を吸いこむ際には大きく開く

頭部
頭部の皮膚は薄く、静脈がはっきり見える。非常に洗練された印象を与えると同時に、知性を感じさせるが、ポニーとしての特徴は残している。ライディング・ポニーに"凡庸な馬の頭がのっている"のは見たことがない。

頸部
頸部はかなり長く、優雅に曲線を描いており、鬐甲と肩の部分へ滑らかにつづいている

肩
肩はこのポニーが優れた乗用馬であることを示している。肩甲骨は広く、よく傾斜しており、上腕骨は短い

膝
上腕の筋肉は太くて長い。また管骨は短い。膝自体は平坦で大きく、腱が動けるゆとりは十分にある

ライディング・ポニー／RIDING PONY

存在感
存在感があることが、ライディング・ポニーに必須の条件である。注目を集め、断固として"私を見ろ"と主張しているように見えることが個性であり、人気を得る条件でもある。

後軀
後軀は筋肉がよく発達しているが、大きすぎたり丸すぎたりすることはない。飛節と後膝とのあいだの筋肉も発達している

尾
尾は臀部の適度に高い位置に付着している。低い位置にある尾は体型上の欠陥とみなされる

毛色
このポニーはパロミノである。ライディング・ポニーはどんな毛色でも許される。すなわち、青毛、鹿毛、栗毛（中央の写真）、芦毛、パロミノ、そして薄い粕毛まである。白徴は認められるが、青ぶち毛とぶち毛は認められない。

体幹
ライディング・ポニーの鬐甲はきれいな形をしており、背は中程度の長さで、胴は肋骨が張っており胸は深い。考えられるかぎり完璧な体型をしたポニーも存在する

飛節
飛節は大きいが、瘤状になったりふくれたりしていることはない。飛節は低いところに位置する。高さは前肢の附蟬（ふぜん）と同じレベルである

後肢
この後肢はスピードを生み出す。つまり、尻から飛節までが長いため、推進力は最大級のものとなる

蹄
ライディング・ポニーの蹄は最高のものである。大きさは均一で、広がりがあり、堅牢である。距毛は生えていない

後姿
後ろから見た姿は対称性を示す。歩様は直線的できっちりしており、後肢は前肢の蹄跡を正確に踏む。

エリスキー
Eriskay

スコットランドのウエスタン・アイルズ（ヘブリディ諸島）のポニーは、古代に起源をもち、これよりも大きくてよく知られているハイランド（p.230～231参照）の基礎となったポニーである。交雑により純粋種の数が減り、ついには小さなエリスキー島に、ほんの一握りの年老いたポニーしか残っていないという状況にまでなってしまった。

農民のポニー

1968年に、愛好家がこの品種を再興させようと立ち上がったときから、エリスキーと呼ばれるようになった。現在でも消滅の危機にある品種に分類されてはいるものの、エリスキー・ポニー協会の活動もあって、エリスキーの数は300頭を越すまでになった。

19世紀には、ウエスタン・アイルズのポニーは小農地でのさまざまな仕事に使われていた。しかし、もっと大型で力のあるポニーが求められ、在来のポニーとクライズデールやフィヨルド、ときにはアラブとの交雑が進められた。しかし、エリスキー島は非常に辺鄙だったため、そうした影響を受けにくく、外部からの馬の導入にはいたらなかった。1970年代には、エリスキーの集団は20頭前後に減っていた。

現在、エリスキーは、かつて多く飼われていたウエスタン・アイルズ種の生き残りで、珍しい未改良のポニーという位置づけにある。希少品種保護協会（RBST）によって、未だに最高ランクの"危険"に分類されてはいるが、子馬の数は年々増えているので、今後は心配なくなるものと考えられる。

体高
エリスキーの体高は120～132cmである。

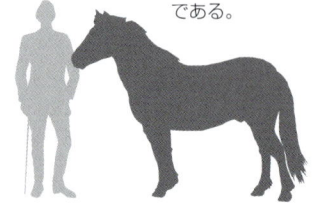

前軀
頸は手綱をつけたときにちょうどよい長さで、傾斜のある肩の高い位置に付着している。胸部の幅は広すぎず、頭部との釣り合いも良い

性質
エリスキーに住む男性は海の仕事で生計を立てていたので、小農地での仕事は、女性、子供およびポニーが担った。結果的にポニーはいっしょに仕事をする人々の近くで生活するようになり、必然的に穏やかで友好的な性質を有するようになっていった。実際、この過酷な環境では感傷の入り込む余地などなく、適応できないポニーは淘汰されていった。

エリスキー／ERISKAY

背
背はこの品種の長所のひとつで、力強くて短い腰とともに、非常に堅牢な構造となっている。背の長さは中程度で、幅が広すぎるということはない

後軀
尻は、尾と、強くて機敏な動きをする後軀に向けて、なだらかに傾斜している。腰幅が十分にあるため、角張った印象を強く受ける。後軀の各部位の比率のバランスは優れている

頑健な品種
生息環境は過酷で厳しいうえ、湿気が多く、風が強くて寒い場所だった。餌も乏しく、ポニーはしばしば海岸に打ち上げられた海藻を食べて生き延びてきた。また、被毛を厚く伸ばして防水機能を増し、尾の毛を密生させて体を守ることで、このポニーは環境に適応し、ほぼ4000年もの年月をかけて、無類の頑健さと耐久性を獲得した。現代のポニーは子供の乗馬として最適である。飛越が上手で、馬車を引かせることもある。

尾
尾は太く、馬体を守る役割を果たすが、さわってみても粗野ではない。この品種は、芦毛が最も多いが、青毛や鹿毛がみられることもある

体幹
このポニーの胸は深く、胴回りも十分である。肋骨は長くて丸みを帯びており、騎乗に適している

働き者のポニー
エリスキーは活動的で、足どりのしっかりしたポニーであり、小農地ではあらゆる種類の仕事をこなした。泥炭や、背の両側にかけられた魚籠に入った海藻の運搬も行った。荒れた土地で荷車を牽引したり、農地ですきを引いたりもした。また、学校まで子供たちを乗せていくこともあった。

四肢
四肢は優れた特徴のひとつで、骨量は豊かですっきりとしている。蹄はどれも丈夫で堅牢である

ランディ・ポニー
Lundy Pony

ランディ島は、奥行き3.5マイル（5.6km）、幅0.5マイル（0.8km）の花崗岩の塊の島といわれており、大西洋とブリストル海峡との境界の海洋上に隆起している。まさに南北の方向に位置し、西側は南西部からの突風にさらされているが、東側は比較的気候は緩やかである。ランディ島は動植物の宝庫で、1928年以来、島ではポニーの集団の育成がすすめられてきた。

ランディの群れ

1928年、ランディ島の持ち主だったマーチン・コールズ・ハーマンは、この島で飼育するために、ニュー・フォレストのポニーを購入した。船旅の途上ではさまざまな出来事があったが、最後にポニーは、ボートから海岸まで泳いで上陸した。

この試みに用いられた2頭の種牡馬のうち1頭はサラブレッドだった。特に驚くことではないが、その馬とその子馬は厳しい冬を乗り切ることができなかった。後にランディ島に連れてこられたウェルシュとコネマラの種牡馬のほうがはるかにうまく適応した。

特有のランディ・ポニー・タイプができあがったのはコネマラとの交配が行われたためで、これにはコネマラの種牡馬、ローゼンハーレイ・ピーダーの影響が強かった。しかし、1970年代には、ニュー・フォレストの種牡馬も用いられた。

ランディ島では、現存のポニーを改良するために、絶えず"実験"が行われてきた。もともとニュー・フォレストは、飼われていた土地で、どのポニーにも増して外来の馬の影響を受ける機会が多かったポニー（ニュー・フォレスト・ポニー、p.234～235参照）だったが、ランディ・ポニーが当初のコネマラの導入によって、品位とともに、持久力と頑健さを備えた得難いポニーになったことは疑いの余地がない。

ランディ・ポニー保護協会は、ランディ島の集団のほかに、英国本土にいるランディ種のポニーについても管理している。英国本土では種牡馬としてコネマラのみが使われてきた。

体高
ランディ・ポニーの体高は平均132cmである。

後躯
後躯と、魅力的で左右の対称性を有するアウトラインには、ニュー・フォレストを基礎にして、コネマラの影響を強く受けたという感じが見てとれる。このポニーの後躯はすばらしく、障害飛越競技に向いていることをうかがわせる

体幹
引き締まった体幹と力強い腰は称賛に値する。体型は総じて構造的な強さに関係しているが、このポニーは理想的な競技用ポニーの資質を備えている

後肢
下腿部の筋肉の発達が良く、関節や下肢の構造も問題はない

ランディ・ポニー／LUNDY PONY 241

頸部
頸は特に優れている。長さ、筋肉のつき方、優雅さの点で申し分なく、鬐甲から項（うなじ）までの長さは、手綱を扱うのにほどよいといえる

頭部
まさに利口なポニーといった顔つきである。すっきりした頭部で、驚くほど機敏な表情を見せる

肩
強くて傾斜のある肩はコネマラから受け継いだ特徴のひとつで、このポニーは特に形が良い。胸の深さは十分すぎるほどである

前肢
両前肢とも見事である。前膊は肉付きが良く、胸前は幅があるが、広すぎるということはない。蹄、関節、骨は、いずれも構造的に高い水準にある

独自性
　ランディ・ポニーは独特のポニーだが、本土のポニーはコネマラとの交配によって改良され、タイプも外見もランディ島のものとは異なっており、現在約20頭を数える。現在のランディ・ポニーの種牡馬はローゼンハーレイ・ピーダーの孫にあたる。

毛色
　ランディ保護協会の活動は盛んである。このポニーは気性が良く、いろいろな競技にも使えて、子供用の乗馬に適している。ランディ島で多くみられる毛色はクリーム色に近い河原毛、金色に見える河原毛、明るい鹿毛、濃い鹿毛で、種牡馬にニュー・フォレストが使われた場合には、濃い色の河原毛と鹿毛とが多く生まれる。本土の集団には、明るい色の鹿毛と一部青毛のもの以外に、濃い色の河原毛も存在する。

シェトランド
Shetland

英国で最も小型のポニーの原産地、シェトランド島は、スコットランドの北東約100海里（185km）に位置する、荒涼とした強風が吹き荒れる島である。この島には木が生えていない。また岩が露出しており、表土は酸性で薄く、まばらな草とひねたヒース以外、ほとんど何も生えていない。このため、シェトランドはヒースとわずかな草、そしてミネラルを多く含んだ海藻しか食べていなかった。そうした環境ならびに過酷な気候条件が、この独特な特徴を備えた小型のポニーをつくり出した。

由来

シェトランドは今から約1万年前、おそらく氷河が後退する前にスカンジナビアからシェトランド島へ渡ってきたものと考えられる。その最初のポニーは、明らかにユーラシア北部に住んでいたタイプ（p.10〜11参照）だったと考えられる。シェトランドは吸った空気が暖められてから肺に入るように非常に大きな鼻梁を有しているが、これは緯度の高い地方に住む馬に共通する特徴である。

特性

シェトランド・ポニーは、生まれつき丈夫で力強い体型をしている。歩様は素早く自在で、直線的に移動するのが特徴的である。岩だらけの荒野で生きてきたため、膝と飛節を持ち上げる習性が身についている。

体高

シェトランドの体高はインチで測定される。平均体高は40インチ（101cm）であるが、体型の優れたポニーは、通常これより1〜2インチ（2.5〜5cm）低い。

頭部

頭部の形は良く、賢そうな印象を与える。耳は小さく整っており、額は広く知性を感じさせる

肩

肩は力強く、適度に傾斜しており、直立したり重すぎたりすることはない。胸は非常に厚みがある

頸部

牡馬のたてがみは特に豊かである。頸は力強く筋肉質で、馬格との調和がとれている

胸

シェトランドは前肢のあいだが広い（決して狭くはない）

泥炭の運搬

シェトランド島で、シェトランド・ポニーは海藻、燃料用の泥炭の運搬などあらゆる仕事に従事していた。小さな体格を考えれば、このポニーは、世界で最も力のあるポニーのひとつともいえる。人を乗せてでこぼこの道を素早く移動することもできるし、重い荷籠を背負って運ぶこともできる。

毛色
シェトランドにはさまざまな毛色がある。ここで示したような青毛が基本的な毛色だが、黒鹿毛、栗色、芦毛、ぶち毛、青ぶち毛などもみられる

体幹
短い背と非常に筋肉質の腰は、シェトランドに特徴的である。体はずんぐりとしていて胸が深いが、それにより力強い印象が与えられる

後躯
尾は広い臀部のちょうどよい位置に付着しており、飛節と後膝にかけての発達が良い

ミニチュア・シェトランド
近年、標準的なポニーよりも小型の"ミニチュア"シェトランドの品種改良の動きがある。こういったポニーはたしかにめずらしいが、特徴を失ってしまうという危険性がある。

尾
尾とたてがみは特にたっぷりとしている。また、過酷な気候に対する防護の役割を果たしてきた

被毛
被毛は季節ごとに生え変わる。夏は滑らかだが、冬には厚い剛毛に変わり、下毛も生える

四肢
四肢は短く、箱型の体型を形づくっている。関節は大きくてシャープな感じがし、骨は力強くまっすぐである

蹄
シェトランドの蹄は丸くて強固で、蹄は青っぽく、繋は通常傾斜があり、直立してはいない

ポニー・オブ・アメリカ
初代のポニー・オブ・アメリカは、1954年にシェトランドの牡馬とアパルーサの牝馬のあいだに生まれた。現在、ミニチュア・ホースと称する場合は、厳密な規定に合致していなければならない。このポニーはアパルーサの毛色と気質を有し、体型はクォーターホースとアラブの中間といえる。体高は112～132cmと定められている。

アメリカン・シェトランド
American Shetland

米国で断然人気のあるポニーは、スコットランドのシェトランド島に由来するシェトランド（p.242～243参照）である。シェトランドが米国に最初に輸入されたのは、1885年だった。アメリカン・シェトランド・ポニー・クラブは、その3年後に結成された。現在ではおそらく米国には5万頭にのぼるシェトランドが飼育されている。シェトランドはまた、ヨーロッパ大陸、特にオランダに非常に多い。しかし、米国が最もこの品種の生産に積極的である。

ハクニーとの類似点
基本的に、アメリカン・シェトランドは、ハクニー・ポニーの米国版にすぎない。ただし、アメリカン・シェトランドは、賢くて生気にあふれ、順応性に富み、性質も良いとされている。馬車を引くときには肢を高く上げ、奔放で派手な動きを見せる。

由来

現在の米国のシェトランドは、本来の特性である、冬の気候が厳しく栄養のある餌が少ない過酷な環境で培われたシェトランド島のポニーの頑健さを持ち合わせているものはほとんどいない。実際、アメリカン・シェトランドは完全に人工的な品種である。このポニーは、純粋なシェトランドの生来の丈夫さと体型を引き継いでいると説明されているが、これは疑わしく、あり得ないことである。

この品種は、まずシェトランド島のポニーのなかで美しいものを選び出し、次にそれらをハクニー・ポニーと交配させ、そしてアラブと何度も交配し、さらに小格のサラブレッドの血を入れて仕上げたものである。

まったく新しいタイプであるアメリカン・シェトランドは、明らかにハクニーの特徴を備えた、見事な歩様を見せる鞍用ポニーといえる。ただし、このポニーは馬車競技にも出場するが、いわゆる"ハンター"タイプは、人を乗せて障害飛越もこなす。

蹄
アメリカン・シェトランド・ポニーは、蹄をわざと長く伸ばす。そして速歩の動きを強調するために、重い蹄鉄をはかせる。

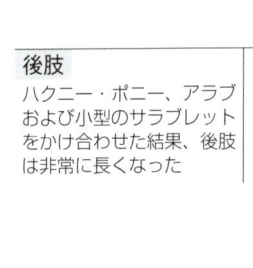

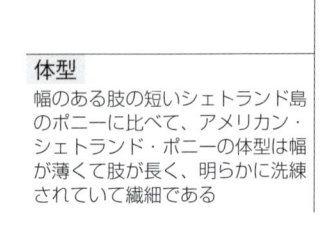

後肢
ハクニー・ポニー、アラブおよび小型のサラブレッドをかけ合わせた結果、後肢は非常に長くなった

体型
幅のある肢の短いシェトランド島のポニーに比べて、アメリカン・シェトランド・ポニーの体型は幅が薄くて肢が長く、明らかに洗練されていて繊細である

尾
たっぷりとしたたてがみと尾は、シェトランド島の純血のシェトランド・ポニーから受け継いだものである。馬車用ポニーの尾には、人が手入れを施す

ハクニー・ポニー
この品種は有名で優雅なハクニー（p.98～99参照）のポニー版として19世紀に作出された。そしてアメリカン・シェトランドの改良に用いられた。

アメリカン・シェトランド／AMERICAN SHETLAND　245

鬐甲
鬐甲はポニーにしては非常に発達している。短い形の良い背がつづき、腰も良い形をしており、肩は十分に傾斜している

頸部
頸は長くて優雅で、肩とよく調和しており、頭部の角度も申し分ない

頭部
頭部は比較的長く、横顔はまっすぐか、あるいはわずかにへこんでいる。ポニーの特徴は若干失われている

前軀
胸は広く、上半身の体型にはシェトランドの特徴が感じられないが、好ましいものではある

体幹
胴には適度な厚みがあり、四肢は長くて細い。しかし、関節は大きさや強靱さの点で、シェトランド島のポニーのそれには及ばない。この写真で示したような、わざと肢を広げさせた姿勢は、馬車用ポニーの典型的なポーズである

毛色
アメリカン・シェトランドではすべての毛色が生じる。ここで示した黒鹿色、青毛、鹿毛、栗毛、粕毛、クリーム色、河原毛、芦毛はすべて認められる

派手な動作
　馬車用ポニーの競技会で演技をしているアメリカン・シェトランド・ポニー。スタイルと派手な動作に非常に重点が置かれている。また乗用ポニーの競技会の場合は、歩様はこれほど誇張されなくてもよい。動作は作為的に削蹄された蹄により強調されている。

体高
平均体高は鬐甲部で42インチ（107cm）くらいだが、もっと小型のポニーもみられる。

ファラベラ
Falabella

ミニチュア・ホースは、ペットとして、また希少価値ゆえに、馬の歴史のさまざまな時期に飼育されてきたが、そのなかでファラベラは最高の品種として知られている。その小ささにもかかわらず、ファラベラはポニーというよりは、むしろ普通の馬のもつ特徴と体格比を有したミニチュア・ホースといえる。この品種名は、アルゼンチンのブエノスアイレス郊外にあるレクレオ・デ・ロカ・ランチで、この小さな馬をつくり出したファラベラ一家に由来している。

フリオ・セザール・ファラベラ
フリオ・セザール・ファラベラは、このミニチュア種を最初につくり出した一家のひとりである。この写真には彼といっしょに、基礎となったシェトランドの面影をまだどこかに残している牝馬と子馬が写っている。

由来

ファラベラの基礎となったのはシェトランドで、おそらく一時期には突然変異で非常に小さく生まれたサラブレッドも交配されたものと考えられる。ファラベラは最も小型の馬同士の交配と、それにつづく近親交配によってつくり出された。その課程で力強さと活力は失われ、またシェトランドが遺伝的にもっている頑健さもすべて失った。

ファラベラは米国で人気があり、英国でも繁殖が行われている。また、あらゆる国に輸出されている。鞍用に用いることができるといわれているが、乗馬には不適当である。

後軀
この馬はミニチュア・ホースによくある例だが、臀部と後肢が貧弱で力強さに欠けている。ブリーダーの狙いはミニチュアで完璧に近い馬を生産することにある

毛色
鹿毛、青毛、黒鹿毛、芦毛、斑紋などほとんどの毛色が生じるが、ここで示したようなアパルーサ・タイプの小斑のある馬は需要が増加している

飛節
飛節は弱々しく、互いにくっつきあっている。すなわち、外弧肢勢の傾向がある

尾
通常ファラベラのたてがみと尾は、きわめて豊かである

ファラベラの子馬
これらのファラベラの子馬は魅力的だが、選択淘汰と近親交配の結果、注意深く育てられている子馬でも、体型的な脆弱さがみられる。また、ブリーダーは近親交配による退化からくる体質的な弱さを考慮しておく必要がある。

ファラベラ／FALABELLA　247

シュガー・ダンプリング
ウエスト・バージニア州、ローダーフィールドに住んでいたスミス・マッコイは、超小型の馬のブリーダーとして有名な人物だった。彼が生産した最も小さな馬はシュガー・ダンプリングという名の牝馬だった。この馬はほんの30ポンド（13.6kg）しかなく、体高はわずか20インチ（51cm）だった。

ペット
ファラベラは実用的な用途はもっていないが、ペットとしては大変魅力的な存在である。この馬は人によく馴れ、賢くて小さいことで人気が高い。表情や体全体のしぐさは実に愛らしい。

被毛
ファラベラは被毛が長く、絹のような手ざわりのものが多いが、シェトランドのように密生した保温効果の高い下毛はなく、体質的に頑健さや力強さの点では、シェトランドに及ばない

頭部
ファラベラの頭部は、この馬の基礎となったシェトランドに似ていなくもない。最高のファラベラでは、頭部の大きさが小型の体型と釣り合いがとれている。体と比較して頭部の大きい馬は好ましくない。

四肢
四肢は必ずしも最高というわけではない。共通する欠点として、骨が弱く、前肢はO状脚になる傾向があるが、ブリーダーがこの点を改良しようとしている

蹄
蹄は大きさと形の点では合格だが、時折、蹄底が狭くなる傾向がある

体高
体高は鬐甲のところで30インチ（76cm）を超えることはない。

ランデ
Landais

ランデは、かつて半野生のポニーで、フランスのボルドー南部、コート・ダルジャンをビアリッツとピレネー山脈の障壁へ下る森深いランド地方に住みついていた。このポニーはタルパンの子孫である可能性がある。また、バルテとも呼ばれる大型のランデも同様と考えられている。バルテはシャロス平原の植生によく適応していた。

影響

19世紀にはアラブの血が導入されたが、1913年に再度アラブが導入されたときは、この地域に約2000頭のポニーがいた。しかし、第二次世界大戦後にランデは消滅しかけた。一時期、このポニーは150頭そこそこにまで落ち込んでしまったのである。近親交配の危険を避けるため、この品種の熱狂的な擁護者は、アラブの血が濃く流れているウェルシュ・セクションBの種牡馬との異系交配を行った。

1970年代前半にフランス・ポニー・クラブが設立され、子供用のポニーとしてランデの生産が奨励された。この品種は、将来的には英国のポニーに匹敵するようになることが期待されている、フレンチ・ライディング・ポニー（ポニー・フランセ・ドゥ・セル）の育種のための繁殖集団を代表する存在である。

現代のランデは改良されたポニーで、アラブの特徴とウェルシュの端正で尖った耳を有している。このポニーは今でも頑健で、どんな気候条件でも適応できる。経済的に飼育できるランデだが、性質は従順でかつ賢いとされている。

体高
ランデの体高は113〜131cmである。

トップライン
鬐甲から頸を経て、項（うなじ）までの長さが適度なことから、このポニーのトップラインは満足できるものといえる。これにより、ある程度認められる肩の欠点は補われている

頸部
頸は比較的長く、やや重い感じの肩に付着しており、その付着部分は目立って太い

頭部
ランデの頭部は小さく端正で美しく整っており、アラブの影響が色濃く認められる。短い尖った耳は完全にウェルシュの特徴であり、また両眼は広く離れて位置している。横顔はまっすぐだが、全体的な印象は人をひきつけるところがある。一般的に頭部はなめらかに頸へとつづいており、下顎には余分な肉はない。

ランデ／LANDAIS　249

背
背は通常直線的だが、鬐甲も平らなため、鞍はまりが良くないという問題が生じる。一般的に前軀に片寄ったような体型をしている

毛色
よくみられる毛色は暗い鹿毛、黒鹿毛、青毛、栗毛である。このポニーの毛色は茶色がかった栗毛である

後軀
後軀は尻のほうへの傾斜が認められ、十分な長さはない。ただし、現在ではより資質の高い品種と異系交配することによって、改良が図られている。尾は移動時には挙上される

四肢
このポニーの四肢は、非常にほっそりしているようにみえるが、この品種の規定には管囲は前肢で6.5〜7インチ（16.5〜18cm）が望ましいと明記されている。肘は"体にくっついている"傾向があり、その結果、自由な動きが制限される

蹄
蹄は全体的に、ランデの先祖が備えていた形質をとどめており、堅牢で良い形をしている

ポトク（上図）
半野生のポトクは山岳地帯のバスク地方に住んでいる。このポニーは、フランスでは残り少なくなった在来のポニーのひとつであるが、ウェルシュ・セクションBの種牡馬ならびにアラブとの異系交配によって改良されてきた。このポニーには3種類ある。すなわち、スタンダード、体高111〜130cmのピーバルド、122〜142cmのダブルである。ポトクはランデと比較して洗練度は低いが、非常に持久力に優れている。

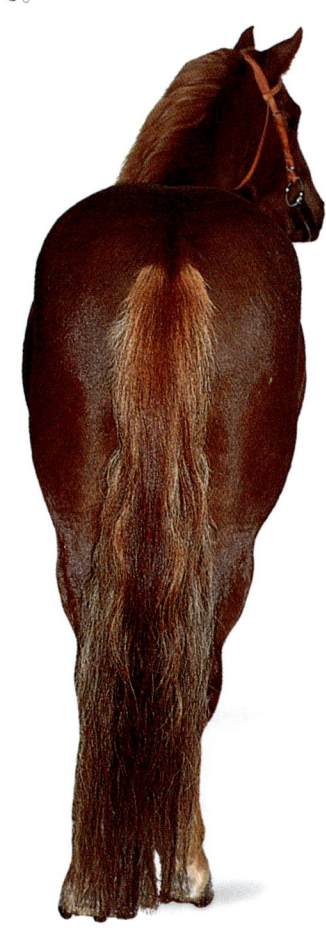

後姿
豊かなたてがみと尾、絹のような被毛がランデの特徴である。尾は通常よりかなり長い。一般的に後軀は貧弱な傾向があり、後肢はアラブの最も悪い面を受け継いでしまっていることが多い。

アリエージュ
Ariègeois

アリエージュは、シュヴァル・ドゥ・メランと呼ぶ場合もあるが、フランスとスペインを隔てているピレネー山脈の東端が故郷である。その名はアリエージュ川に由来する。シーザーのガリア戦記に詳しく載っている昔のタイプのアリエージュは、アンドラへつづくスペイン国境の山深い渓谷にしか存在しない。

歴史

アリエージュ川沿いのニオーに存在する、およそ3万年前につくられたとされる彫刻ならびに壁画には、黒くて冬毛の生えた、特徴的な"あごひげ"が認められるマウンテン・ポニーが描かれている。この品種が備えている頑健な体力は、おそらくローマ原産の重種の輓用馬との交配によって得られたものと思われる。また、このポニーには東洋の馬の血もしばしば加えられた。

アリエージュの原産地は、英国北部の標高がかなりあるカンブリアの高原地帯と似ている。実際、青毛のアリエージュは英国のフェル（p.228〜229参照）と非常によく似ている。

アリエージュはもともと駄載用の馬だが、トラクターが使えないような高地の勾配の急な農地を開墾するために利用されている。密輸がスペイン国境で野放しにされていた頃には、輸送手段は健脚のアリエージュに頼っていた。

優れた耐寒性

アリエージュは極寒にも耐えることができ、急な勾配の多い山岳地帯でも問題なく過ごせる。しかし暑さには弱く、夏の日差しを避ける必要がある。

アウトライン
外観は英国のデールズと似ている。駄載用に用いられたポニーにふさわしく、背は長いが力強い。通常、尻は傾斜している。そのため尾はやや低いところに付着している

尾
標高の高い山岳地帯の多くの馬に共通したことだが、アリエージュも冬の寒冷な環境から身を守るために、豊かだがごわごわしたたてがみと尾をもっている

四肢
四肢は期待されるよりも華奢で、飛節は山岳地帯で育種されたポニーの特徴である外弧肢勢の傾向がある

蹄
蹄は非常にしっかりしており、急な勾配の凍てついた山道を難なく動き回ることができる。蹄壁は驚くほどかたく、蹄鉄を必要としない

アリエージュ／ARIÈGEOIS　251

頸部
頸はいくぶん短く直線的で、とても上品とはいえない

たてがみ
たてがみの量はかなり多く、粗野な感じの頭部とともに印象的である

体幹
胸幅は広く、肩はまっすぐで立っており、鬐甲は平らである。肩甲骨は互いに非常に離れており、胸は深い

毛色
毛色は濃い青毛で、冬には赤みがかった明るい部分が出現する。白徴は例外的である。ただし、体幹部に白徴が少し出現する可能性はある

頭部
頭部は粗野だがごつごつした感じは少なく、表情豊かである。額は平坦で、耳はいくぶん短くて非常に毛深い。横顔はまっすぐである。眼は明るく、注意深そうで従順な印象を受ける。冬には、長く伸びた"あごひげ"が下顎を覆う。

体高
アリエージュの体高は131〜143cmである。

頑丈な品種
この品種は多用途に利用でき、管理が容易で生まれつき丈夫である。この馬は栄養価のかなり低い飼料でも使役に耐える。

ハフリンガー
Haflinger

ハフリンガーの原産地は、南オーストリア、チロル地方の、エッチランダー山脈のハフリング村周辺である。ハフリンガー生産の中心となっている牧場はイェネシエンにある。このポニーは、急勾配の山の斜面で作業をする能力を生まれつきもっており、乗用と鞍用の両方に用いられている。

由来

現代のハフリンガーは重種ではあるが、東洋のアラブの種牡馬、エル・ベダビ22が根幹馬である。純粋なハフリンガーの祖先をたどるとすべてこの馬にいきつく。基礎となったのは在来種で、現在も存在しているアルプス重種馬ならびにその流れを汲むポニーである。後に、より小型のノリク、ならびに似たような遺伝的背景をもつと思われるフクル、ボスニアン、コニクの各ポニーとの混血が行われた。

特徴

ハフリンガーは品種としての均一性が高く、山岳地帯という環境とあいまって、きわめて特徴的な外観が固定された。この品種は非常に健康的で丈夫である。

若馬はアルプスの牧場で育成（アルプングとして知られる）されるが、その地の希薄な大気は心肺機能を発達させる。

頭部
大きな眼、大きく開いた鼻孔、小さな耳はハフリンガーを愛らしく賢そうな馬にみせているが、それは従順な性質を反映したものでもある

毛色
毛色は栗毛あるいはパロミノだけで、特徴的な亜麻色のたてがみと尾を有している。このことから、ハフリンガーは世界で最も魅力的なポニーのひとつに数えられている

アベリネーゼ（左図）
アベリネーゼはハフリンガーのイタリア版で、山向こうの親戚よりも大きい（143cmに達する）場合が多い。彼らはエル・ベダビ22を共通の祖先としており、遺伝的背景はほぼ同じで外観もよく似ている。鞍用ならびに駄載用の馬として山岳地帯で使われるアベリネーゼは、イタリア北部、中部および南部の高原で生産されている。

ハフリンガー／HAFLINGER 253

エーデルワイスの烙印
ハフリンガーはエーデルワイス・ポニーと呼ばれることもある。すべてのハフリンガーには中央にHの文字の入った、オーストリアの国花であるエーデルワイスの烙印が押される。

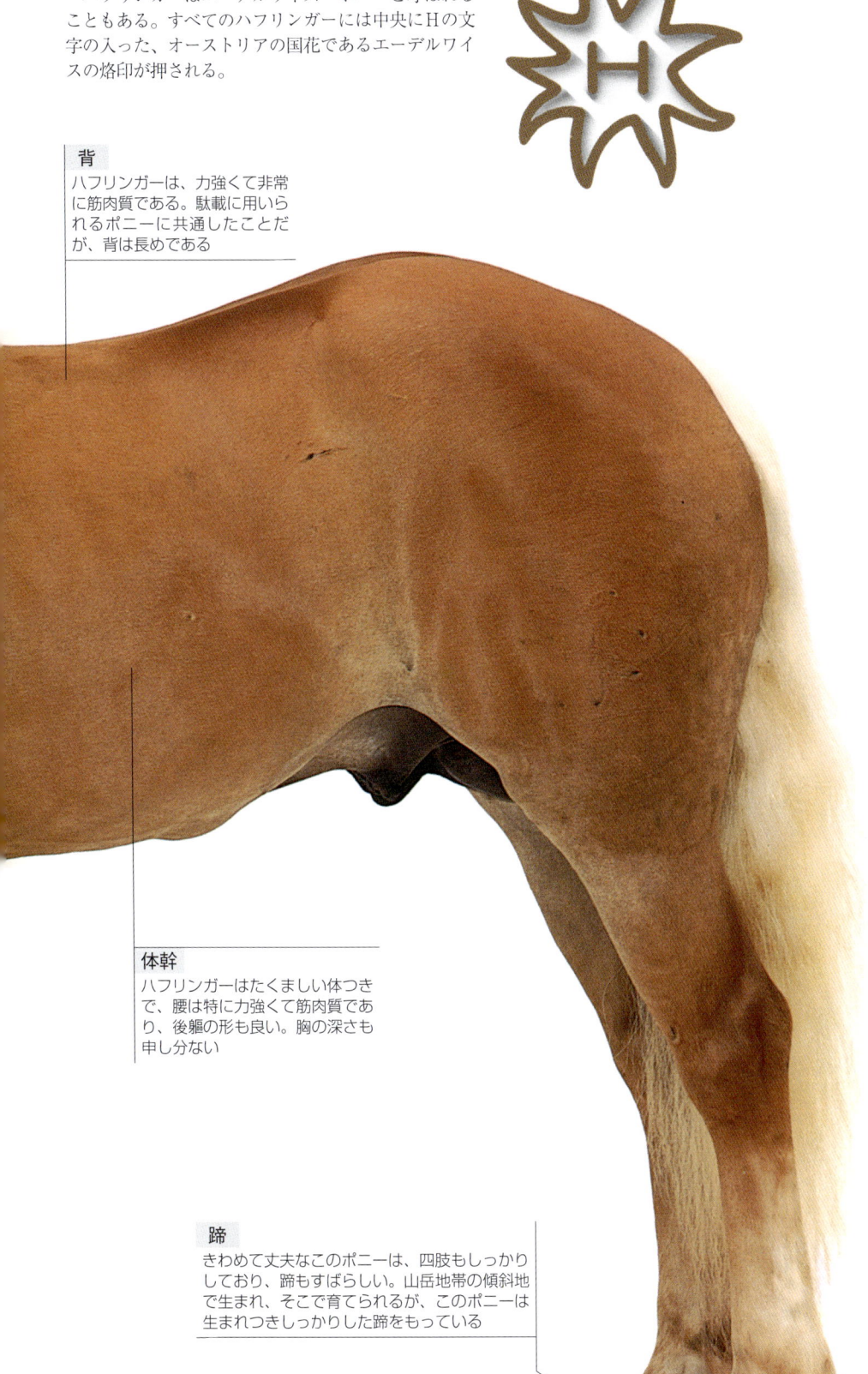

背
ハフリンガーは、力強くて非常に筋肉質である。駄載に用いられるポニーに共通したことだが、背は長めである

従順な働き手
ハフリンガーは、多用途に用いることのできる従順な働き手である。このポニーはそりや、馬車を引き、森や農場での作業もこなす。オーストリアでは、ポニーには5歳になるまで仕事はさせないが、このポニーが40歳まで健康で活動的でありつづけることはよく知られている。

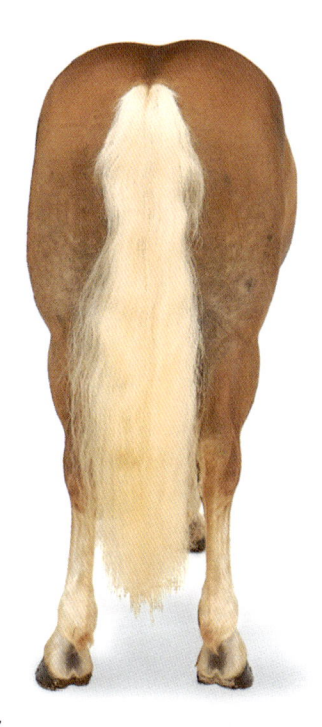

体幹
ハフリンガーはたくましい体つきで、腰は特に力強くて筋肉質であり、後軀の形も良い。胸の深さも申し分ない

蹄
きわめて丈夫なこのポニーは、四肢もしっかりしており、蹄もすばらしい。山岳地帯の傾斜地で生まれ、そこで育てられるが、このポニーは生まれつきしっかりした蹄をもっている

歩様
このポニーの歩様は非常に自在で、ごつごつした急勾配の山道で作業をすることもでき、長い歩幅を保つことができる。

後姿
力強い後軀の良い位置に付着しているたっぷりとした流れるような亜麻色の尾は、オーストリアの働き者、ハフリンガーの特徴である。

体高
ハフリンガーの体高はおよそ133cmである。

フィヨルド
Fjord

現在のポニーのなかで、この魅力的なノルウェーのフィヨルドほどモウコノウマによく似ているものはいない。また、このポニーはタルパンともつながりがある可能性がある。そういった面影は、毛色、ならびに素朴なばかりの頑健さのなかに認められる。フィヨルドはかつてはバイキングのポニーで、ノルウェーのルーンストーンの彫り物にも描かれている。それら多くの彫り物には、おそらく能力検定のためと思われる牡馬同士の闘争が表現されている。フィヨルドは、スコットランドのウェスタン・アイルズ侵略の際に、大型の船で戦士とともに連れていかれた。その影響は、スコットランドのハイランド・ポニーと古い品種であるアイスランド・ホースに残されている。

特性

フィヨルドは、生まれ故郷であらゆる仕事をこなす。山岳地帯の農場ではトラクターの代わりとなる。このポニーはすきを引き、山岳地帯の狭い道を荷物を背に川を越え、断崖絶壁に沿って歩いていく。また、乗用にも用いられる。

長距離競走にも向いているが、それは忍耐強く、かつとてつもないスタミナを有しているからである。巧みに馬車も引き、過酷な競技でも引けをとらない。

北欧のいたる所にさまざまなタイプのフィヨルドが存在しているが、もとはノルウェー原産の品種である。ドイツ、デンマークおよび中央ヨーロッパの国々に輸出されており、その優秀さにより人気が高い。

毛色
フィヨルドの毛色は河原毛で色合いはさまざまである。背には前髪から尾にかけて鰻線がある。この写真のポニーのように四肢にしま模様がある場合も多い

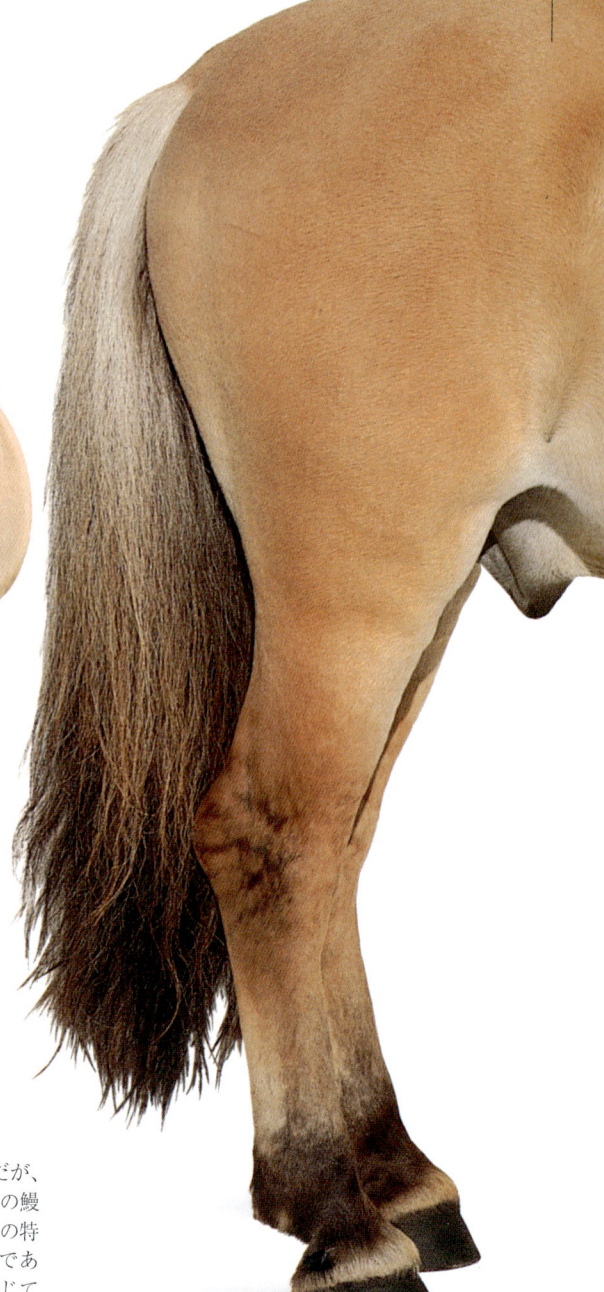

ゴトランド・ポニー
バルト海にあるスウェーデンのゴトランド島には、ゴトランド・ポニーが石器時代から生息している。このポニーは、おそらくスカンジナビアで最も古いポニーと思われる。かつてこのポニーは野生しており、ロイスタの森には今でもそういった群れが存在している。フィヨルドと同様、これもタルパンの子孫と考えられる。

後姿
尾は銀色に輝き、豊かで長いのが普通だが、ときとして付着位置は低いことがある。背の鰻線はこの品種に典型的に認められるが、この特徴はフィヨルドの祖先をしのばせるものである。後軀は、短くコンパクトな体型と、総じて力強い骨格を反映している。踵にはわずかに距毛が生えている。

フィヨルド／FJORD 255

体幹
体は胴のところが丸く、非常に筋肉質である。力強く、かなり深い胸はこの品種に典型的なものである。鬐甲ははっきりせず、肩もあまり傾斜していない

たてがみ
かつてのバイキング時代から、粗野なたてがみを直立させ、三日月状に頸の湾曲を強調するように刈り込むのが習慣であった。たてがみ中央部の黒い毛は、周りの毛とちがって直立して生える

頭部
頭部は幅広で、ポニー特有の小さな尖った耳をもっている。下顎にはやや肉がついているが、横顔が凸状であることはない

四肢
四肢はフィヨルドのきわだった部位である。力強く短くまっすぐで、関節もすばらしい。選択淘汰は太くて短い管骨を有したポニーをつくり出した

使役
フィヨルドはどんなに地形や天候が悪くても働ける、蹄の丈夫な忍耐強い馬である。すばらしい輓用ポニーで、高地でのあらゆる農作業、荷物の運搬、輓曳作業をこなすことができる。

東洋の馬の血
フィヨルドは原始的なタイプといえる。ただし育種改良により、タルパンを思わせるような東洋の馬の面影が認められるようになった。四肢は非常に丈夫で力強い。

強い意志
フィヨルドは経済的なポニーで、タフで健康、そして長寿でもある。このポニーは従順で勇気があるが、強い意志をもっている。

蹄
蹄はどの点からみても模範的である。丈夫でかたく、形も良い

体高
フィヨルドの体高は130〜140cmである。

アイスランド・ホース
Icelandic Horse

アイスランド・ホースの体高は132cmを超えないが、アイスランドの人々はこの馬をポニーと考えたことは一度もない。この馬は860年～935年まで居住していたスカンジナビア人が、大型の船に乗せてこの火山島へ連れてきた。この馬は1000年以上にわたって、アイスランドの人々の生活の中心的な位置を占めてきた。

歴史

　力強いアイスランド・ホースの集団には、800年以上にわたって外部の血が入っていないため、遺伝的には非常に純粋である。東洋の馬の血の導入も試みられたが、残念なことに世界で最も古い議会であるアルシングは930年、馬の輸入を禁じた。

　古来より、馬同士を競わせることで種牡馬の選択を行い、それを基礎に育種改良をしてきたとされている。大規模な選択的育種は、1879年に最も有名な生産地である北アイスランドのスカガフィヨズルで始まった。育種方針はおもにアイスランド・ホース特有の5種類の歩法の質を基準としたものであった。多くの生産牧場では毛色に関して、15の基本的なタイプおよびそれらの組み合わせに基づき厳格な育種が行われている。

　アイスランド・ホースはしばしば半野生状態で飼育されており、あらゆる用途で用いられる。スポーツも重要な分野である。しばしば各種の競技会、たとえば競馬、クロスカントリー、馬場馬術すら行われる。

　アイスランドでは、牛は冬には外で飼育できないが、アイスランド・ホースはそれが可能なため、食肉用としても飼育されている。馬肉は長いあいだ、アイスランドの食卓では主役でありつづけてきた。

たてがみ
たてがみと尾はいずれも長く、たっぷりとしている

頭部
特色ある頭部を有している。平坦で短いが、ずんぐりした体型と比較して重い

前軀
肩は比較的まっすぐである。頸は短く付着状態は良いが、下顎にむだ肉がついている場合が多い

体高
アイスランド・ホースの体高は123～132cmである。

半野生馬
　アイスランド・ホースのおよそ半数は、激しい冬場にも飼料を与えられずに、一年中野外で半野生の状態で生活している。ただし時折、アイスランドの海でたくさん採れる高栄養のニシンが与えられる。

アイスランド・ホース／ICELANDIC HORSE　257

毛色
毛色はアイスランド・ホースの特徴のひとつで、15通りの組み合わせが認められている。写真で示したような栗毛と亜麻色のたてがみ、尾の組み合わせが人気がある。河原毛、鹿毛、芦毛、青毛などがあるほか、ときにはパロミノやアルビノ、青ぶち毛、ぶち毛も認められる

体幹
胸はどの馬も深く、背は短い

後軀
アイスランド・ホースの後軀は、くさび形をしているのが特徴的で、斜尻ではあるが非常に力強く筋肉質である。この馬は後肢を体の真下にまで踏み込める

四肢
アイスランド・ホースは小型だが、大人を乗せて、荒れた土地をスピードを保ったまま、長時間進むことができる。そのコンパクトな馬体は、特徴的な短い管骨と力強い飛節が、丈夫な四肢によって支えられている

蹄
蹄は模範的ともいえる。この品種はごつごつした土地でも動きが敏捷で足どりがしっかりしていることで知られている

トルト
　この写真に示したトルトは、でこぼこの地面の上を速く移動できるアイスランド・ホース特有の4ビートの歩法である。トルトは、「リズムを変えずに、単なる足踏みからスピードのある移動へと、速やかに動きをエスカレートさせることができる歩法」とされている（アイスランド・ポニー協会の育種基準）。

5種類の歩法
　アイスランド・ホースには、次の5種類の歩法がある。すなわち荷物を運ぶ際のフェトガンガー（常歩）、荒れた土地を移動する際のブロック（速歩）、ステック（襲歩）、そして古い2種の歩法、すなわち短距離を速く移動する際のスケイド（側対速歩）とよく知られたトルトである。

アイスランド・ホースによる競馬
　アイスランド・ホースによる近代競馬は、1874年にアクレイリで開催された。競馬は、あちこちで4〜6月にかけて行われるが、最大の競馬は聖霊降臨節の次の月曜日にレイキャビクで開催される。

カスピアン
Caspian

1965年、カスピ海沿岸のアモールでルイーズ・L・フィルー夫人が、現在はその大きさから「ポニー」と呼ばれているカスピアン・ミニチュア・ホースを発見した。その発見は科学的にも歴史的にもきわめて重要な出来事だった。カスピアンは、実在する馬のなかで最も古い品種である。

歴史

家畜化される前、馬には4種の亜種が存在していたと一般にいわれている（p.10～11参照）。2種のポニー・タイプと2種のホース・タイプで、このうち第4のホース・タイプが最も小型で、おそらく体高90cm以下だったが、体型はホース・タイプの馬であった。

このタイプの馬は、4種のなかでは最も洗練されており、尾を高く挙上し特色のある凸状の横顔をしていた。

その馬の生息地は西アジアで、アラブの原型となったものと考えられている。ダリウス1世の3カ国語で書かれた碑文（紀元前500年）には、王家の花馬車を引いている非常に小型の馬が描かれている。またダリウス帝の時代よりも1000年前のエジプトの工芸品にも、背は低いが非常に洗練された同様の馬の姿が描かれている。

科学的研究により、カスピアンはおそらくかなり古い、アラブの歴史を約3000年はさかのぼるほど昔の馬であることが示されたようである。この馬は、他の品種とちがった身体的特徴を有している。下顎には過剰な臼歯があり、肩甲骨の形態にも顕著な相違が認められる。また、頭部の頭頂骨の形態も異なっている。

英国、オーストラリア、ニュージーランド、米国にあるカスピアン協会は精力的な活動を行っている。またイランには種馬牧場が置かれている。

体高
カスピアンの体高は100～120cmである。

頸部
頸部は通常湾曲しており優雅で、かなり尖出した鬐甲へとつづいている

肩
カスピアンは非常に形の良い傾斜のある肩を有しており、鬐甲の形も良い。肩甲骨はポニーのものというよりは大型の馬のものである。これによって歩幅は広くなり、馬格に比してかなり速いスピードが出せるようになっている

耳
この品種の基準では、耳はかなり短くなければならない

四肢
カスピアンの四肢は細くてしなやかで弱々しくさえみえるが、実際は生まれつき丈夫で力強い

下肢
管骨は、密度があり強固で、距毛はほとんど、あるいはまったく生えていない

頭部
カスピアンの頭部は非常に特色がある。頭長は短く、美しく薄い皮膚で覆われている。前頭部は円筒形なのが特徴的で、眼は大きく、ガゼルのようである。一方、口唇部は小さく先が尖っており、大きな鼻孔が低いところに位置している。この品種の基準では、耳は非常に小さくなければならず、実際に計った場合、4.5インチ（11.5cm）以下と規定されている。

カスピアン／CASPIAN 259

気質
カスピアンはおとなしく非常に賢い従順な馬である。この品種は元気が良いが決して取り扱いにくいということはなく、子供でも牡馬の世話をしたり乗ったりすることができる。

毛色
基本的な毛色はここで示した鹿毛のほか、芦毛、栗毛などで、時折、青毛や河原毛の馬も存在する。白徴は頭部と四肢には許される

背
背はまっすぐで、尾は普通アラブのように高く挙上されている

アラブの原型（上図）
体型の良いアラブはカスピアンの血を引いていると考えられるが、その共通点は種々認められる。カスピアンは均整のとれた体型をしており、容姿の面からは、ポニーというよりむしろミニチュア・ホースといえる。アラブは古い品種であるが、カスピアンのほうがもっと古いとされている。

体幹
体は細くて幅がなく、重い感じはまったくしない。ほっそりした体型のため、子供にとってはカスピアンは乗りやすい馬といえる

蹄
カスピアンの蹄は非常に堅牢で小さく、卵形をしている。どんなに硬い所でも蹄鉄をまったく必要としない

歩様
歩様は自然で流れるようである。常歩と速歩において歩幅は広く、駈歩はなめらかで、襲歩は非常に速い。その馬格にもかかわらず、カスピアンは、襲歩を除くすべての歩法で、普通の馬に引けをとらない。また、この馬は驚くべき能力を備えた、生まれながらのジャンパーでもある。

後姿
幅がなく軽くて敏捷な動きのできるカスピアンは、スピードの出る体型をしているが、馬車を引く能力も非常に高い。この品種のたてがみと尾は、豊かで流れるようであり、尾は高く挙上されている。

バタク
Batak

スマトラ島（インドネシア）の中心部で飼われているバタク・ポニーは、バタクの人々の生活のあらゆる側面で分かちがたく結びついている。このポニーは競馬に用いられることもあれば、"このうえなくおいしい肉"として賞味されることもある。また、トバの三神への生け贄として捧げられることもあるため、バタクの各氏族は奉納用に3頭の馬を飼育している。

生け贄とされるポニー

バタクの人々は自分たちの馬を食べたり、神格化したり、生け贄に供したりすることで知られている。一方で、彼らはこのポニーに乗りもするが、とりわけ競馬をして賭けをすることを好む。

おそらく大部分はモンゴル系と思われるポニーが、13世紀のあいだに、インドから東南アジアに導入された。その後、アラブの商人が馬を連れてやってきて、この島でのアラブ系の馬の利用を広げた。

アラブの影響

初期のオランダからの入植者はケープ・アラブを輸入し、スマトラ島のミナンカバウに創設した種馬場にアラブの種牡馬を繋養した。その結果、当然のことながら、生き生きとした機敏なバタクには、アラブの影響が明らかに認められる。

また、このポニーは従順で気性も良いとされている。インドネシアのポニーはどれも粗食で済むうえに手がかからないが、バタクもその例外ではない。

かつて、バタクの系統でより重く、アラブの特徴がほとんどみられないポニーが、スマトラ島の北部で発見されたことがあった。このポニーはガヨーエと呼ばれていたが、現在ではこのポニーこそ、バタク本来の姿を保ちつづけていたのではないかと推測されている。

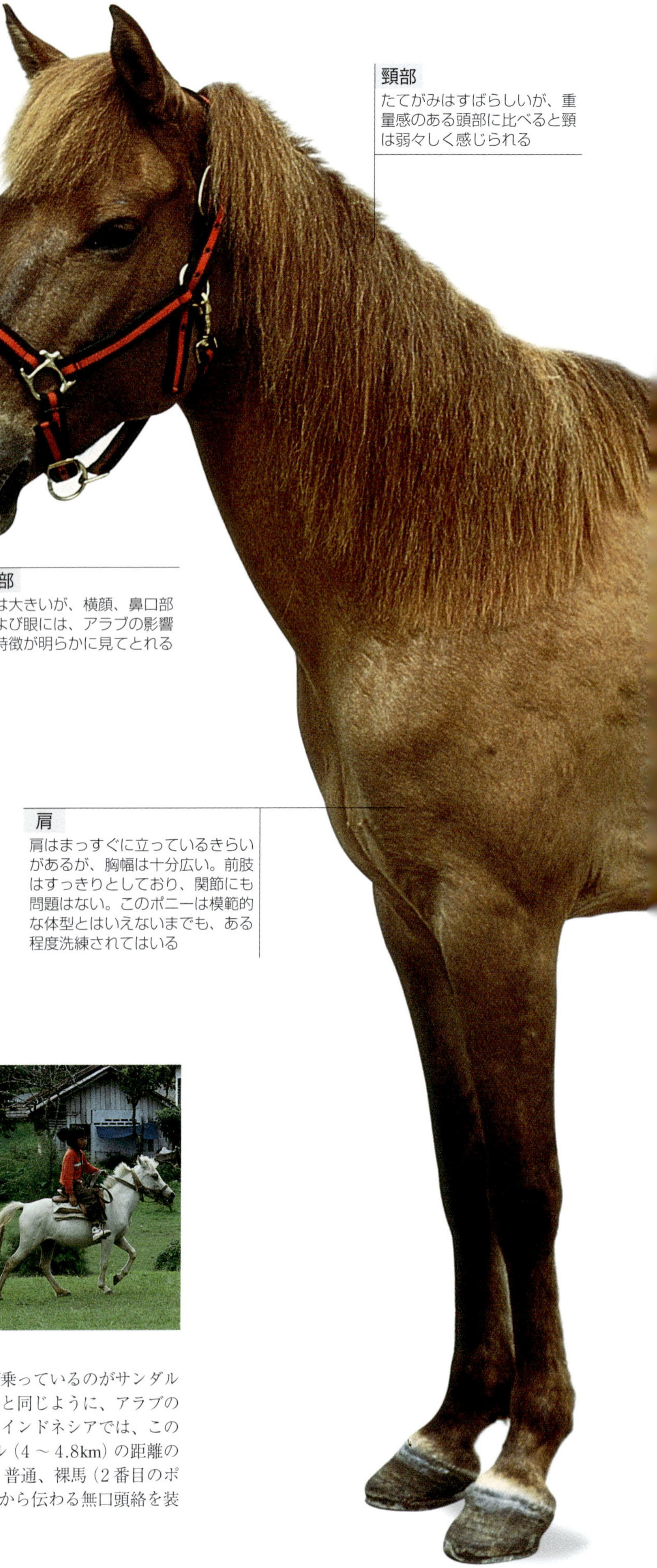

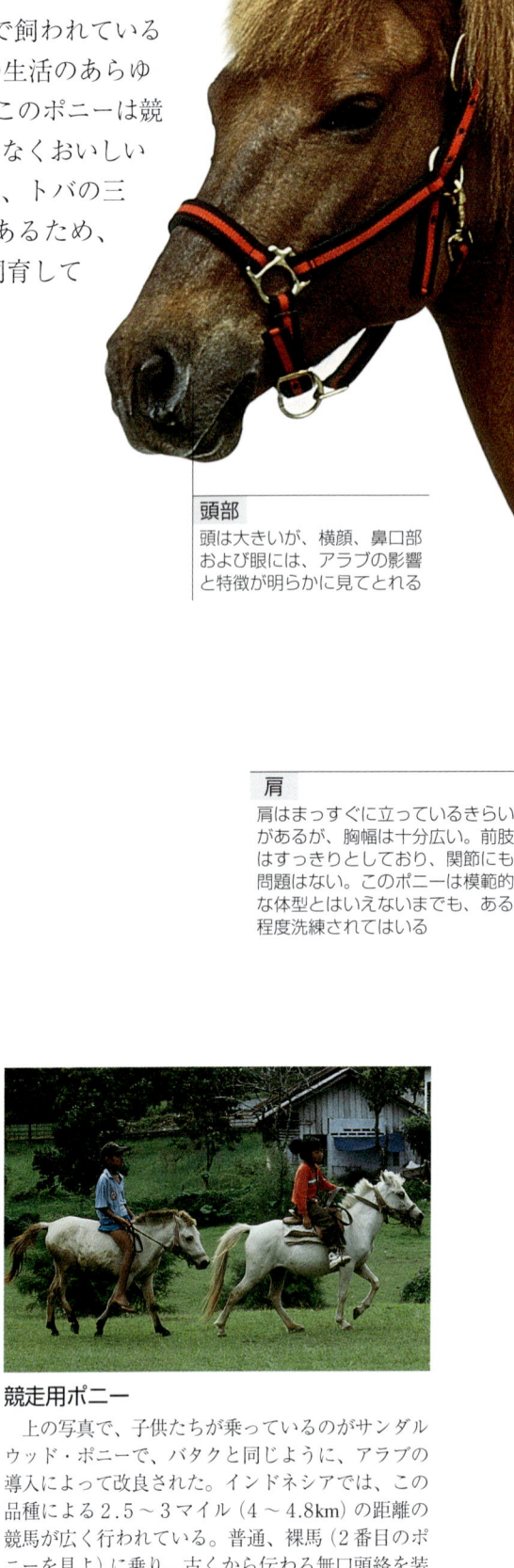

体高
バタクの体高はおよそ130cmである。

競走用ポニー
上の写真で、子供たちが乗っているのがサンダルウッド・ポニーで、バタクと同じように、アラブの導入によって改良された。インドネシアでは、この品種による2.5～3マイル（4～4.8km）の距離の競馬が広く行われている。普通、裸馬（2番目のポニーを見よ）に乗り、古くから伝わる無口頭絡を装着する。

頸部
たてがみはすばらしいが、重量感のある頭部に比べると頸は弱々しく感じられる

頭部
頭は大きいが、横顔、鼻口部および眼には、アラブの影響と特徴が明らかに見てとれる

肩
肩はまっすぐに立っているきらいがあるが、胸幅は十分広い。前肢はすっきりとしており、関節にも問題はない。このポニーは模範的な体型とはいえないまでも、ある程度洗練されてはいる

背
背は長く、直線的で、筋肉の発達はあまり良くない。全体的な印象としては、いくぶん洗練された部分は残されてはいるものの、気候、土壌および環境全般による影響で、泥臭くなってきているのは明らかである

後軀
弱いというのが後軀の第一印象である。後軀の構造は貧弱で、腰が下がっているため、必然的に尾は低い位置に付着することになる。特に多くみられる毛色はないが、アラブの絹のような手ざわりが明らかに残されている

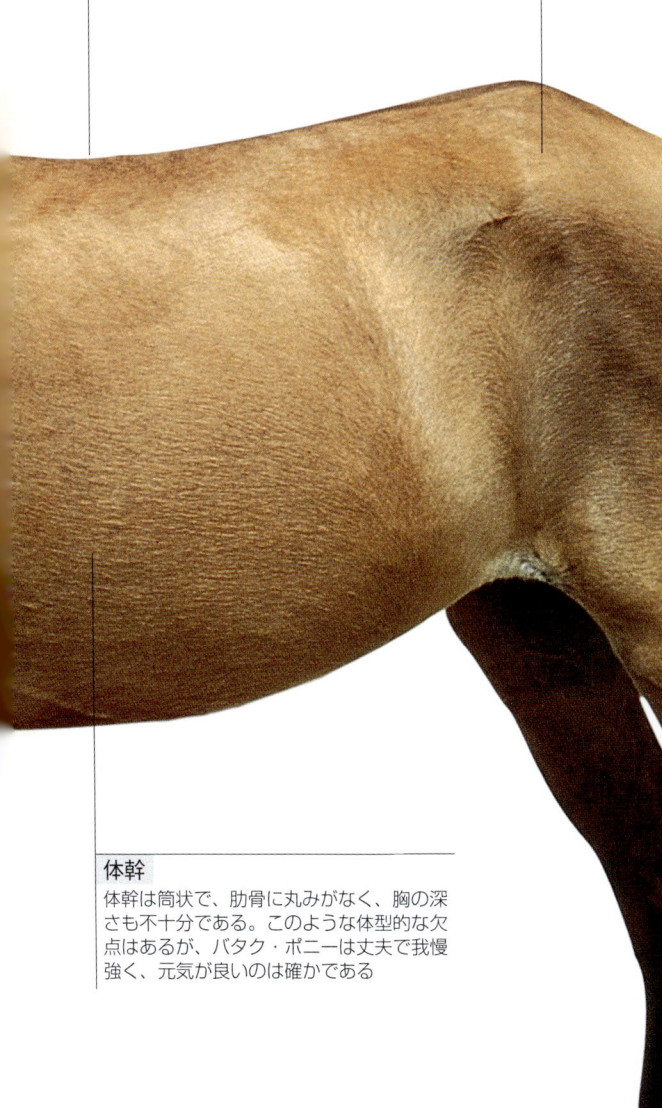

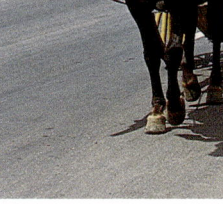

働くポニー
バタク・ポニーは、騎乗用のほかに、馬車用にも駄載用にも使われる。定期的に外部の血が導入されない環境下では集団の能力は退化するが、バタク・ポニーは、力強さと持久力を備え、体型的にも健全さを保っている。

体幹
体幹は筒状で、肋骨に丸みがなく、胸の深さも不十分である。このような体型的な欠点はあるが、バタク・ポニーは丈夫で我慢強く、元気が良いのは確かである

後肢
後肢はケープ・アラブの最大の欠点だったが、筋肉の発達が極端に悪いという点で、この写真の馬にもその影響が認められる

下肢
下肢も貧弱で、管骨は長すぎる。飛節はほどほどで、地面から離れた高い位置にある

賭け事
バタクの人々は、異常なまでに賭け事が好きである。借金を払えない人に対しては、祭礼のときに馬を生け贄として捧げることで借金の返済を免れることができるという方法もあった。ただし、債権者が同意しない場合には、その人が奴隷として売られてしまうこともあった。

蹄
他のポニーに劣らないだけの良さを備えており、かたくて丈夫な角質を有する

チモール
Timor

チモール・ポニーは、その名前が示すとおり、チモール島で飼われているポニーである。今日でも、このポニーは島の経済活動に不可欠な存在で、人口1人当たりの飼養頭数は依然として高い状態である。この割合が6人につき1頭と評価された時期もあった。サバンナがあるおかげで良質の牧草を口にすることができるにもかかわらず、チモール・ポニーは小型で、体高が120cmを超えることはない。

インドネシアの矮小ポニー

16～17世紀にかけて、ポルトガルにつづいてオランダの植民地となったチモールは、それらの国々の影響を強く受けてきた。チモールの在来馬は、モウコノウマとタルパンとを祖先にもつと考えられるモンゴル系ポニーとインド系ポニーを血統的な背景としていたが、ポルトガルとオランダ両国は、インドネシア諸島にアラブの血を導入することによって、この在来馬の改良を行った。

広大なサバンナのおかげで、ごわごわしてはいるが栄養に富んだ牧草には事欠かない。それにもかかわらず、チモール・ポニーはインドネシアのポニーとしては最も小さく、セレベス（スラウェシ）山脈に生息する世界最小の水牛アノアとちょうど同じくらいの大きさである。

この矮小サイズともいうべきポニーに仕事を与えているのは、その水牛と、牧畜に携わっている"カウボーイ"である。チモール・ポニーは畜牧作業に使われており、チモールのカウボーイも米国西部のカウボーイと同じように、投げ縄をおもな仕事道具にしている。

重さに耐える

このポニーは小型だが、丈夫で身のこなしが軽く、成人の男性を背に乗せるのは日常的なことである。通常、このポニーには無口頭絡がつけられるが、この道具は島に伝統的に伝わるもので、中央アジアでは4000年前から使われてきている。鞍を見かけることはめったになく、騎乗者の足は地面についていることが多い。チモールはオーストラリアに輸出され、子供用のポニーとして評判が良い。

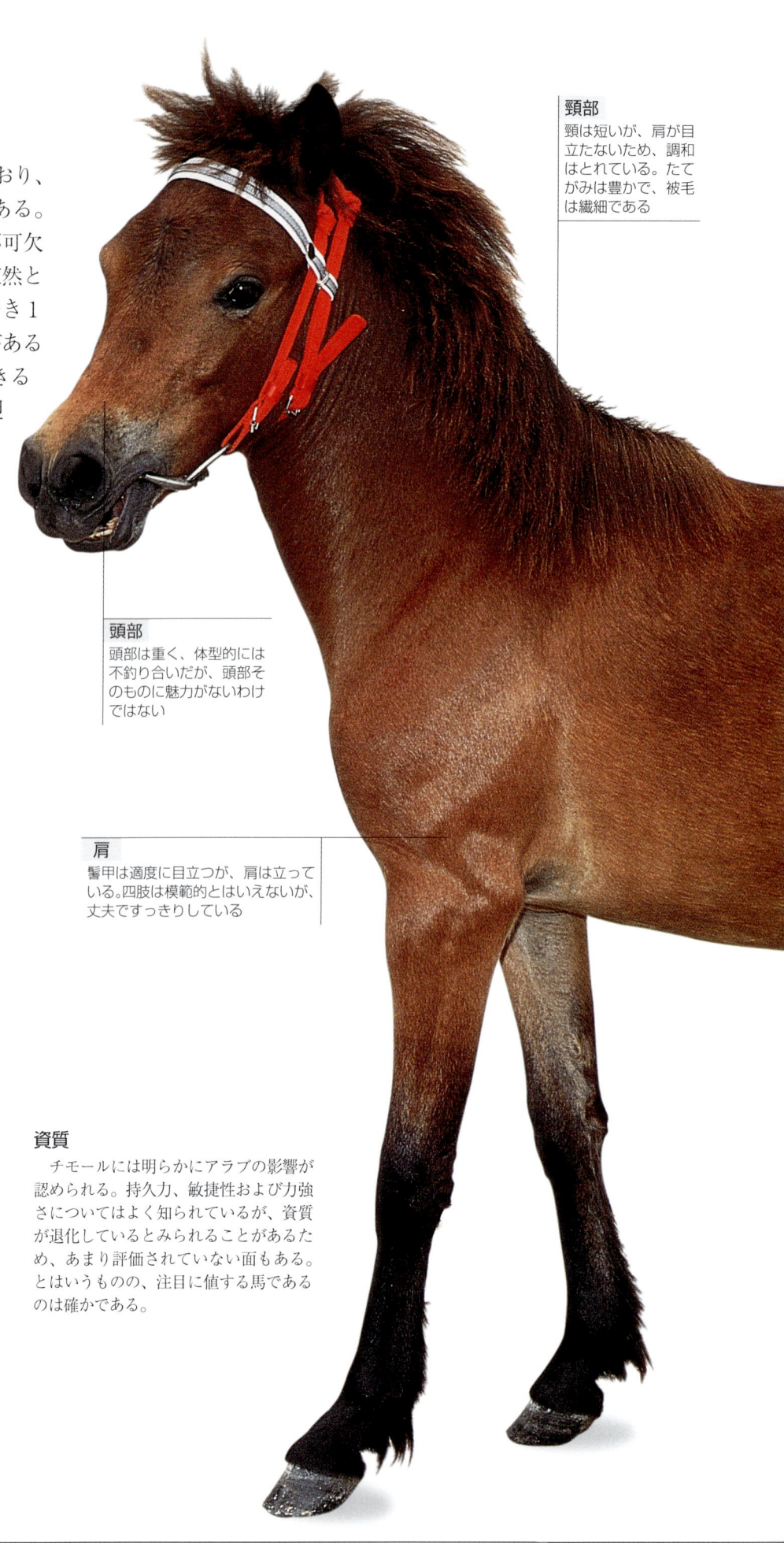

頸部
頸は短いが、肩が目立たないため、調和はとれている。たてがみは豊かで、被毛は繊細である

頭部
頭部は重く、体型的には不釣り合いだが、頭部そのものに魅力がないわけではない

肩
鬐甲は適度に目立つが、肩は立っている。四肢は模範的とはいえないが、丈夫ですっきりしている

資質
チモールには明らかにアラブの影響が認められる。持久力、敏捷性および力強さについてはよく知られているが、資質が退化しているとみられることがあるため、あまり評価されていない面もある。とはいうものの、注目に値する馬であるのは確かである。

チモール／TIMOR

背
特徴的な平らな尻のせいで背は直線的だが、腰の力強さはきわだっている。この点は、唯一の体型的長所といえるかもしれない

後軀
尻が平らなため、尾は後軀の上の方についており、移動の際も高い位置に保たれる。後軀の先端と大腿部の肉付きは良い

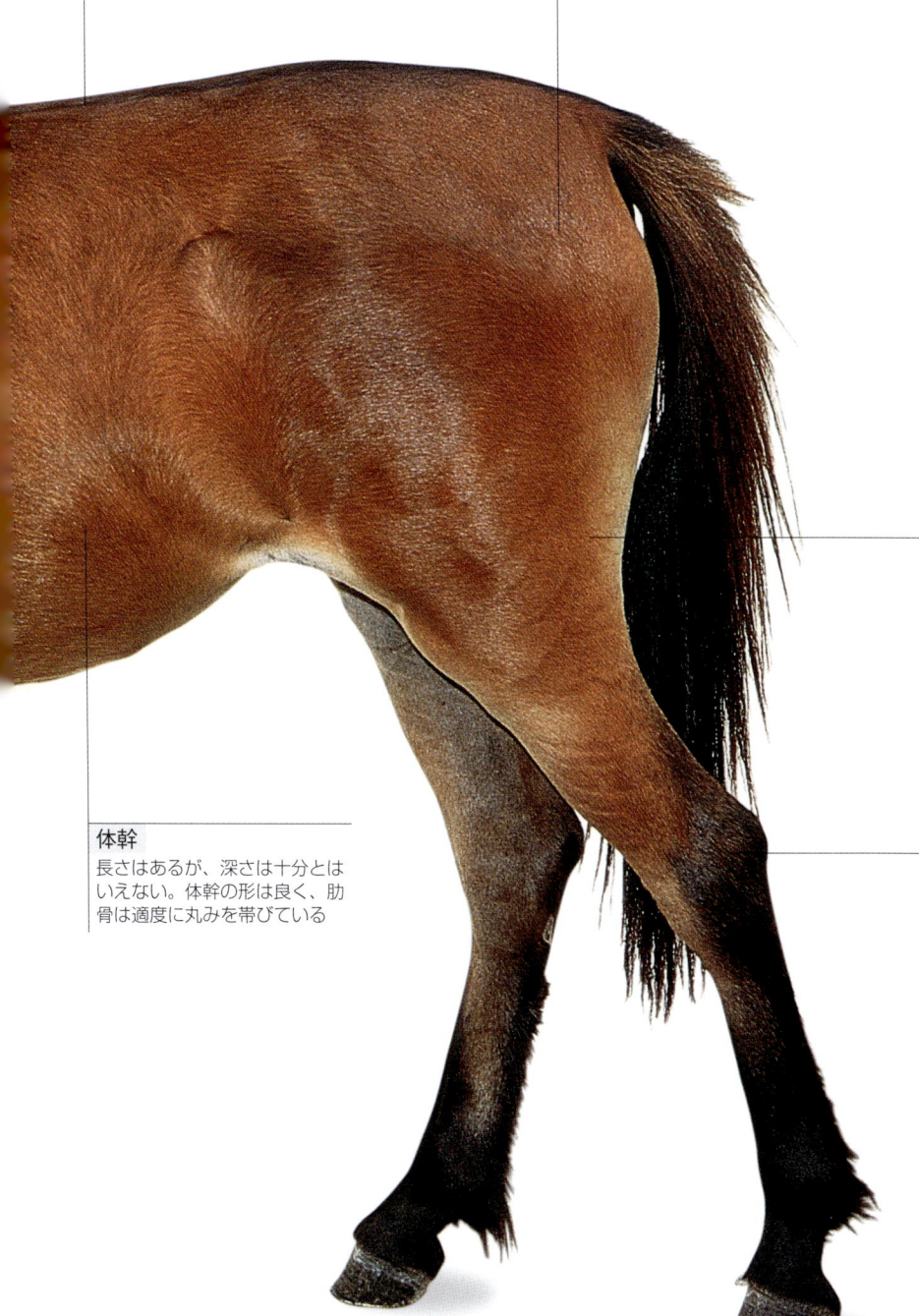

インドネシア諸島のポニー
インドネシア諸島には大型のポニーの集団も存在する。このポニーの原産地はジャバである。ジャバはしっかりした体格のポニーによる競馬の本拠地で、ここでは他に比べて鞍がよく使用される。このジャバ出身のポニーも、他のインドネシアのポニーと同様に力強く丈夫で健康的で、持久力があり非常に素直であるため、働き手としても申し分ない。

腿部
下腿部は軽くてそれほど良い形ではないが、長さは十分で肉付きも良い。尾は豊かで、尻の高い位置に付着している。後軀は完璧とはいえないが、平均よりもはるかに良い

体幹
長さはあるが、深さは十分とはいえない。体幹の形は良く、肋骨は適度に丸みを帯びている

関節
飛節はこの写真の馬よりも大きいことがあるが、形は悪くなく、みるからに丈夫で実用向きである。球節は十分満足できるつくりである

体高
チモールの体高は120cmか、それ以下である。

スンバ
Sumba

インドネシアのスンバとスンバワの両ポニーは、隣接する2島に飼われていたポニーだが、今では群島全域に広がり、特にスマトラ島に多く分布している。他のどのインドネシアのポニーよりも先祖の面影がはっきりと認められ、ほとんどが特徴的な河原毛の毛色で、一見してモンゴル系とわかる。中国産のポニーに似ていなくもないが、それよりも体型が優れており、また機敏でもある。

ゲームが仕事

この品種のポニーは小さいが、モンゴル系の特徴である大きな頭部を有しており、横顔が凸状であることが多い。体のサイズとは不釣り合いなほど力が強く、重い荷物ばかりでなく成人の男性でも乗せて歩くことができる。

騎乗するときは鞍をつけずに、革を編み込んだ伝統的な頭絡を装着して制御するが、この頭絡は遠く離れたカリフォルニア、メキシコ、南アメリカで使われている鼻当てに似ている。

やり投げ競技はスンバ島で人気のあるスポーツで、スンバ・ポニーのもつスピードと敏捷性はこの競技に向いている。刃先を丸めた槍で武装した2つの陣営が、互いに馬上から闘い合う。片方の陣営のメンバー全員が相手方の槍に当たった時点でゲームが終了する。

踊りのスター

慎重に選ばれたスンバ・ポニーは、伝統的な踊りに使うために調教が行われる。ポニーの選考基準となるのは、優雅さと足どりの軽やかさで、選ばれたポニーは珍重される。

ポニーは下肢につけられた鈴を鳴らしながら、太鼓の響きに合わせて踊りを舞う。ポニーには、少年がすばらしい柔軟性とバランスを保ちながら乗っており、持ち主もゆったりとした長い手綱を手にして踊る。こうした伝統行事は、馬を擁していた多くの中央アジアの文化圏に古くからみられたものである。

頭部
通常、頭部は粗野で、横顔は凸状である。このポニーより、顎の部分が明らかに肥厚して大きい場合もある。写真の馬は耳をまっすぐに立て、警戒している。大きな眼は、頭部の脇に離れすぎることなく位置している。頸は短いが、例外なく筋肉が発達しているため、重い頭部を支えることができる

四肢
四肢の毛色は黒いのが特徴であり、横じまが認められる場合もある。四肢は丈夫だが、模範的というほどではない。蹄と関節は堅固で、めったに跛行しない

毛色
毛色は大部分が河原毛で、通常、背にはっきりとしたしま模様があり、たてがみと尾は暗色で、下肢は黒色または横じまのいずれかである。牧草の質が悪いため、スンバ・ポニーは小柄だが、なみはずれて丈夫で、持久力がある。

スンバ／SUMBA 265

背
背は直線的だが、背骨の両側の筋肉が発達し、かなり力強い。このポニーは重い荷物を速い速度で運ぶことができる

尻
このポニーの尻は短く、低い位置でよりなく付着している尾に向かって下がっている。この欠点は、アラブを交配することで改良される可能性がある

乗用ポニー
　牧草の栄養価が低いため、発育が阻害され体型的に貧弱になってしまうことが懸念されるが、動きは自在で柔軟性に富んでいる。乗用に適したポニーで、子供でも容易に扱うことができる。このポニーの気質は先祖とされる馬から予想されるものとはまったく異なり、従順で素直である。
　このポニーの先祖のひとつとされるモウコノウマは攻撃的で、人の手で飼われるようになっても、その性質を保ちつづける。

後肢
最上の出来というわけではないが、すっきりとした左右の飛節、丈夫そうな下肢、ぶよぶよとした感じがしない滑らかな球節を備えており、十分満足できるものである

体幹
体幹は驚くほどコンパクトである。肩の傾斜に関しては不満が残るが、歩様に影響するほどではない

体高
スンバ・ポニーの体高はおよそ122cmである。

北海道和種
Hokkaido

日本に最初に馬が伝来したのは3世紀に入ってからで、中央アジア方面から朝鮮の人々の手によって連れてこられた。草原での風習に影響を受けていると思われる古墳からは、埴輪と呼ばれる、馬や人を形取った素焼きの像が出土する。13世紀に、日本への侵略を試みたフビライ・ハンによって連れてこられたモンゴル系ポニーは、在来馬に影響を及ぼした。北海道和種は、日本原産で最も優れた品種であると考えられている。日本にはほかにも木曽馬、対州馬などが存在しているが、これらの馬のあいだには特別なちがいは認められない。

歴史

日本列島の北に位置する北海道の大地は、木曽山脈のある本州の山間部や、南にある九州の土地とちがって、家畜の飼育に最も適している。北海道では、ポニーは栄養のある牧草を十分に与えられ、今でも小さな農家で牽引作業や運搬作業に使われている。ポニーには、そりを引かせることもあるが、この地方の小規模な炭坑では、近年までポニーが使われていた。

かつて陸軍の兵隊は、北海道和種のなかでも優れた資質のポニーを、1回ないし2回交配した交雑種の馬に乗っていた時期があった。アラブとの交配で、外見的に最良の北海道ポニーができることは知られている。しかし、そういった馬が騎乗に向いていることはまれである。

古代の日本では、神々をなだめるために、馬を生け贄として捧げていた。「この国の習慣として農家の入り口に馬の頭がかけられていたことは、今でも人々の記憶に残されている。馬は農業の守り神であり、その頭部は呪術的な役割をもっていた」とケンドリックは書き残している (1964年)。

体高
北海道和種の体高はおよそ130cmである。

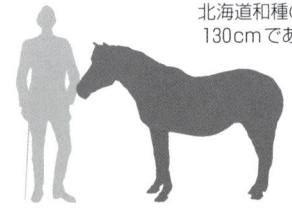

後躯および四肢
写真の馬は北海道和種の"改良種"のなかでも秀逸である。尾の付着部位は適切であり、関節、筋肉の発達した後肢とも優れており、総じて後躯の出来は良い

体幹
肋骨には十分な丸みがあり、よく引き締まった体幹は、このポニーの魅力的な特徴のひとつとなっているが、胸の深さに欠け、鬐甲がはっきりしない点は認めざるをえない

蹄
日本のポニーはどれも良い蹄を有している。丈夫で、青みがかった角質からなり、適度に丸みがあって、角度もきわめて適正といえる

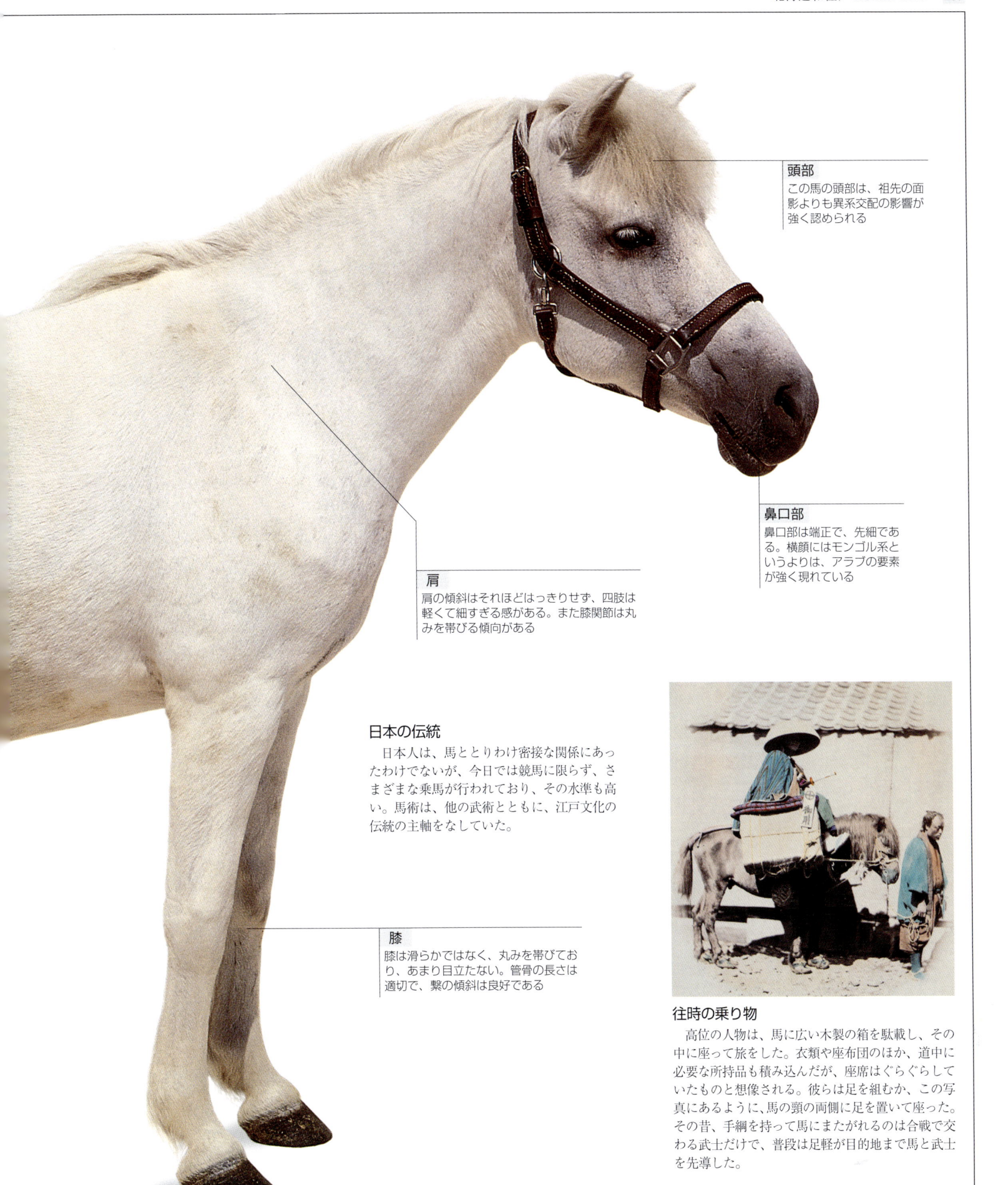

北海道和種／HOKKAIDO 267

頭部
この馬の頭部は、祖先の面影よりも異系交配の影響が強く認められる

鼻口部
鼻口部は端正で、先細である。横顔にはモンゴル系というよりは、アラブの要素が強く現れている

肩
肩の傾斜はそれほどはっきりせず、四肢は軽くて細すぎる感がある。また膝関節は丸みを帯びる傾向がある

日本の伝統
日本人は、馬ととりわけ密接な関係にあったわけでないが、今日では競馬に限らず、さまざまな乗馬が行われており、その水準も高い。馬術は、他の武術とともに、江戸文化の伝統の主軸をなしていた。

膝
膝は滑らかではなく、丸みを帯びており、あまり目立たない。管骨の長さは適切で、繋の傾斜は良好である

往時の乗り物
高位の人物は、馬に広い木製の箱を駄載し、その中に座って旅をした。衣類や座布団のほか、道中に必要な所持品も積み込んだが、座席はぐらぐらしていたものと想像される。彼らは足を組むか、この写真にあるように、馬の頸の両側に足を置いて座った。その昔、手綱を持って馬にまたがれるのは合戦で交わる武士だけで、普段は足軽が目的地まで馬と武士を先導した。

索 引

*太字は馬の品種名を示す。

あ

アイスランド・ホース 24, 256-257
アイリッシュ・ホビー 232
　—の影響 46
アイルランドのハンター 86
アイルランド輓馬 106-107
　—の影響 86, 92
青粕毛（あおかすげ） 28
青毛（あおげ） 28
青ぶち毛（あおぶちげ） 28
芦毛（あしげ） 28
アッヘンバッハ法 100
後産（あとざん） 35
アパルーサ 186-187
アパルーサ・ホース・クラブ 187
アハルテケ 11, 128-129
アプリコット 218
アベリネーゼ 118, 252
　—の影響 211
アメリカン・アルビノ 154
アメリカン・クリーム 154-155
アメリカン・シェトランド 244-245
アメリカン・シェトランド・ポニー・クラブ 244
アメリカン・スタンダードブレッド　スタンダードブレッド参照
アメリカン・バシキール 139
アラブ 11, 22, 40-41, 42, 259
アリエージュ 250-251
アルゼンチン・クリオージョ 152
アルゼンチン・ポニー 178
アルテ・レアル 56-57
アルデンネ 198-199
　—の影響 138, 200
アルデンネ・デュ・ノール 198
アルプス重種馬 252
アングロ・アラブ 58-59
アングロ・カバルディン 133
アングロ・ノルマン 72, 74
安全性、総合馬術競技 67
アンダルシアン 44, 50-51
　—の影響 51, 56, 104, 106, 119, 170, 172
イースト・フリージアン 112
イースト・プルシャン　トラケーネン参照
生け贄とされるポニー 260
イザベラ 184
イスパノ・アラブ 53
イタリア重輓馬 210-211
イタリア農用馬　イタリア重輓馬参照
イロクォイズ 47
イングリッシュ・ブラック 188

インターメディエイトⅠ 70
インターメディエイトⅡ 70
ヴァンサン競馬場 103, 162
ウィールコポルスキー 74
ウィルソン・ポニー 98, 228
ウエスタン馬術 158-159
ウェストファーリアン 79
ウェラー　オーストラリアン・ストック・ホース参照
ウェルシュ・コブ 220, 224-225, 226
　—の影響 64, 86, 92
ウェルシュ・ポニー 220-221
ウェルシュ・マウンテン・ポニー 218-219, 220, 224
ウェルシュ混血種 16, 64-65
ウォーカー　テネシー・ウォーカー参照
ヴォーカル・コミュニケーション 32
英国アラブ・ホース協会 42
英国コネマラ協会 232
英国輓馬協会 188
エイントリー（英国ライブストック郊外の町；グランド・ナショナル競馬の開催地） 48
エオヒップス 10
エクウス・キャバルス 11
エクウス・シルヴァティカス 208
エクスムア 214-215
エクスムア・ポニー協会 214
エリスキー 238-239
エリスキー・ポニー協会 238
エル・ベダビ22 252
エンデュランス競技 42-43
凹背（おうせ） 17
王立ダブリン協会 80
オークス 48
オーストラリアン・ストック・ホース 144-145
　—の影響 144
オーストラリアン・ポニー 221
オーダリッシュ 222
オールド・イングリッシュ・ブラック 104
オールド・デボン・パック・ホース 216
オールド・トーブ 176
オクソワ 199
オッペンハイム62 206
オベロ 182
オランダ温血種 68-69, 101, 112
　—の影響 62
オリジナル・シェールズ 98
オリンピック 70, 80

オルデンブルク 84-85
　—の影響 104
オルロフ・トロッター 136-137

か

カーターフェルト 214
外向肢勢 17
外弧歩様 17
解剖学 18-21
　筋肉 20-21
　骨格 18-19
カウボーイ 146, 147, 183
　イタリアの— 117
　ガウチョ 24, 152, 178, 179
　カマルグの— 120
　ブラジルの— 147
換え馬 87
鹿毛（かげ） 28
駈歩（かけあし） 24
カザフ 130
カスピアン 11, 258-259
カチアワリ 140-141
家畜化 12-13
ガトー 153
カドル・ノアール 96
カナディアン・ペーサー 164
カバルディン 132-133
カブリ 140
カプリオール 96
カマルグ 120-121
ガラノ 150
カラバク 132, 134
ガリセニョ 150-151
カリュプソー 68
カリンシアン 212
カルツナー 212
河原毛（かわらげ） 28
感覚機能 30-31
関節 18
関節液 18
起源 10-11
擬臭 88
キズクー 222
キツネ狩り 88
騎兵用馬 144, 145
　軍馬 189, 195
キャリコ　ピント参照
ギャリポリー 194
ギャロウェイ 228
　—の影響 46, 228
キュア 70
嗅覚 31, 32
臼歯 19
競走馬、体型 14

競走用二輪馬車 163
キルギス 130
筋肉 20-21
クールベット 96, 97
クォーターホース 26, 146, 156-157, 184
　—の影響 144, 182
楔パッド 26
鎖、歩法の強調 26
屈筋 20
クナーブストラップ 126-127
クバ族コサック騎兵 128
クライズデール 192-193
　—の影響 226, 238
クライズデール・ホース協会 192
クラシック競走 48
クラドルーバー 94
クラニッヒ 84
グラン・パルデュビス 48, 77, 131
グランド・ナショナル 48, 49
グランプリ 70
クリーブランド・ベイ 110-111
　—の影響 84, 206
クリーム　アメリカン・クリーム参照
クリオージョ 152-153, 179
　—の影響 178
クリオージョ・ブラジル 152
栗粕毛（くりかすげ） 28
栗毛（くりげ） 28
クリバン・ビクター 220
クルッパード 96
グレート・ホース 188, 189
黒鹿毛（くろかげ） 28
クロス・カントリー 67
繁駕速歩競走（けいがそくほきょうそう） 103, 160, 162-163
繁駕速歩競走のゲート 163
繁駕速歩競走用馬車 103
警察用馬 140
軽種 22, 23
芸術様式 96
競馬 48-49
頸部靭帯 21
軽量馬 22, 23
ケーン・フューチャリティー 162
月曜病 20
腱 20
ケンタッキー・サドラー　サドルブレッド参照
ケンタッキー・ダービー 48
ケンタッキー・フューチャリティー 162
後肢立ち 33
行動 32-33

索 引

交尾 34
子馬
　出産 34-35
　出生初期 36
　飼料 37
　世話 37
　発育 36-37
　ハンドリング 36-37
　離乳 37
コード・コフ・グリンドゥール 218
コーン・ドライビング 100
国際馬術連盟（FEI） 42, 70, 80
国立種馬牧場 102
5種歩法馬 164
骨格 18-19
古典馬術 96-97
ゴトランド・ポニー 254
ゴドルフィン 194
ゴドルフィン・アラビアン 46
コニク 76, 252
コネマラ 232-233, 240
　－の影響 86
コネマラ・ポニー生産者協会 232
コバート・ハック　ハック参照
コブ 92-93
コミュニケーション 32-33
　音声 32
　嗅覚 32
　触覚 33
　人との－ 32-33
　味覚 33
　耳 32, 33
　眼 32
コンコース・コンプリート（完璧さを競うもの） 67
コンディラルス 10

さ

サー・ジョージ 98
サイス 222
サドルブレッド 24, 164-165, 184
　－の影響 148, 166, 168
　歩法 26
ザパテロ 56
サフォーク・パンチ 190-191, 196
　－の影響 206
サラブレッド 22, 40, 42, 46-47
サレルノ 118, 119
　3冠競走 48, 162
　3種歩法馬 164
サン・フラテーロ 118
サンダルウッド・ポニー 260
サント・ロ 73, 108
シェトランド 242-243, 244, 246
視覚 31
四肢 14, 15-21
ジジット 222
尻尾
　装飾 192
　断尾 92
　ポロ用編み上げ 194
ジムカーナ 222

シャイアー・ホース協会 188
シャイアー 104, 188-189
　－の影響 92
シャギア・アラブ 60-61
ジャスティン・モルガン 148
斜体速歩馬（しゃたいそくほば；トロッター） 162
ジャン・ル・ブラン 194
シュヴァイケン・ポニー 76
シュヴァル・ドゥ・コルレイ 200
シュヴァル・ドゥ・メラン 250
重種 22, 23
収縮速歩（しゅうしゅくはやあし） 24
襲歩（しゅうほ） 24
重量馬 22, 23
出産 34-35
狩猟 88-89
シュレスウィッヒ 206
障害飛越競技 67, 80-81
小斑（しょうはん） 28
触覚 30, 31
　コミュニケーション 33
伸筋 20
尋常速歩（じんじょうはやあし） 24
靭帯 18
伸長常歩（しんちょうなみあし） 24
森林馬 11, 104, 204, 208
水壕障害 67
スェーデン温血種 74
すき牽引競技 189
スケイド 257
スター・ポインター 161
スタンダードブレッド 16, 24, 26, 27, 160-161
　－の影響 148
スティープル・チェイシング 48
ステイヤー 212
ステック 257
スノーフレーク 186
スペイン乗馬学校 94
スペイン馬 23
　アンダルシアンとルシターノ参照
スメタンカ 136
スンバ 264-265
スンバワ 264
セコンド 47
切歯 19
雪上の競走 163
セル 78, 79
セル・フランセ 72-73
　－の影響 62
1000ギニー 48
前傾姿勢 80
セントジョージ賞典 70
セントレジャー 48, 76
旋毛（せんもう） 143
総合馬術競技 66-67
相互グルーミング 32
葬式 105
側対速歩馬（そくたいそくほば；ペーサー） 26, 27, 162
ソライア・ポニー 51
　－の影響 150, 152
そり 113, 162-163, 163, 253

た

ダートムア 216-217
ダービー 48
ダービー競技 80
ダーレー・アラビアン 46, 98, 218
第1のポニー・タイプ 11, 214
第2のポニー・タイプ 11
第3のホース・タイプ 11
第4のホース・タイプ 11, 258
体型 14-17, 23
　評価 16
　不正 17
対称 14
第六の感覚 31
駄載用馬 108
駄載用ポニー 227
ダッチ・カレッジ 68
ダッチ・フローニンゲン 85
　－の影響 68, 112
タニブルフ・バーウィン 220
タルパン 11, 214, 262
　－の影響 76, 150
チェルトナム・ナショナル・ハント・フェスティバル 48
チェルノモール 130
窒素尿症 20
チモール 262-263
チャップマン・ホース　クリーブランド・ベイ参照
チャバリー 186
チャリオット 13
中間種 22, 23
中間常歩（ちゅうかんなみあし） 24
中間速歩（ちゅうかんはやあし） 24
聴覚 30, 31
チロラー 212
チロリアン 212
ディオル・スターライト 218, 219, 220
テービス・カップ 42
デール・グッドブランダール 104, 105, 203
デールズ 104, 226-227, 250
　－の影響 228
テネシー・ウォーカー 24, 168-169
　歩法 26
　－の影響 148, 166
テルスク 130
テントペッギング 222
テンペルフーター 76
テンポ 24
デンマーク温血種 74-75, 115
闘牛 54-55
洞窟壁画 12
凍結烙印 29
動作 16
頭部、体型 16
倒木牽引テスト 191
トゥレ・デュ・ノール 198
トーマス・クリッブス 190
特徴 28-29

栃栗毛（とちくりげ） 28
トビアーノ 182, 183
トム・キルティー 42
トラケーネン 76-77
　－の影響 74, 78
トルコマン 132, 134
トロイカ 136
ドン 130, 134-135
　－の影響 138

な

内向蹄 17
ナイト・ホース 146
ナポリ馬、影響 114, 116
常歩（なみあし） 24, 25
ナラガンセット・ペーサー 164, 168
軟骨 18
2000ギニー 48
ニュー・フォレスト・ポニー 234-235, 240
　－の影響 86
ニュー・フォレスト・ポニー＆キャトル協会 235
妊娠 34-35
ノース・スウェディッシュ・ホース 203
ノース・スター 122
ノーフォーク・フェノミナン 102
ノーフォーク・ロードスター、影響 72, 102, 116, 122, 124, 160, 190, 200, 224
ノニウス 124-125
ノニウス・シニア 124, 125
ノリーカー 199, 212-213
ノリク 252
ノルマン 84
ノルマン・コブ 108-109

は

歯 19
パーク・ハック 90
バース1世 136
ハード・ラディー 230
バーバリアン 212
パーフェクショニスト 76
ハーリンガム・クラブ 180
バイアリー・ターク 46
ハイランド 230-231
　－の影響 86
バウデ・ドゥ・ポアトゥ 204, 205
白徴 29
ハクニー 98-99, 244
　－の影響 244
バシキール 138-139
馬車 100-101, 113
馬車タイムレース 100
馬車用ポニー 245
馬上競技 222-223
バズ 40
パソ 171
パソ・コルト 171
パソ・フィノ 170-171

パソ・ラルゴ　171
バタク　260-261
バッカニア　122
パッキングトン・ブラインド・ホース　188
ハック　90-91
パッサージュ　70
発情　34
バドミントン　67
ハノーバー　78-79
　　－の影響　84
馬場馬術　67, 70-71, 82, 96
バビエカ　51
ハフリンガー　210, 252-253
ババボルナ　60
速歩（はやあし）　24-25, 102-103, 257
バルクジ　140
バルテ　248
バルディジアーノ　210
パルデュビス・チェイス
　　グラン・パルデュビス参照
バルブ　23, 44-45
　　－の影響　50, 84, 110, 116, 152, 170, 232
バレル・レース（樽回り競走）　159
パロミノ　28, 184-185
パロミノ・ホース協会　184
ハンター　86-87
パンチ　サフォーク・パンチ参照
ハンブルグ・ダービー　80
ハンブレトニアン10　160
輓用馬　57, 83, 98, 104, 114, 196-197, 229
ピアッフェ　70
ピーバー・リピッツァナー　94
ピーバー牧場　94
ピギー・バック　223
ヒックステッド競技会　80, 81
蹄
　　色　29
　　人為的な操作　26
　　進化　10
被毛
　　毛色　28
　　小斑　186
　　烙印　29, 60, 77, 79, 215, 253
ピュイッサンス競技　80, 81
ピンツガウアー・ノリーカー　212
ピント　28, 182-183
ファラベラ　246-247
フィヨルド　238, 254-255
ブーロンネ　202-203
　　－の影響　198, 200
フェトガンガー　257
フェル　104, 228-229, 250
　　－の影響　86, 98
フォックス・トロッター　ミズーリ・フォックス・トロッター参照
フォックスハウンド協会　88
フクシア　103
フクル　252
ブジョンヌイ　130-131, 135
　　－の影響　138

ブズカシ　222
ぶち毛　28
ブテーロ　117
フライング・チャイルダー　98
ブラグドン　186
ブラック・アラン　168
ブラック山脈　200
ブラック森林馬　212
ブラバント　ベルギー輓馬参照
ブランケット　186
フランス温血種　セル・フランセ参照
フランダース馬　188, 190
　　ベルギー輓馬参照
ブランビー　145
ブリ・ダメリク　103
ブリ・ド・コルニュリエ　103, 162
プリークネス・ステークス　48
フリージアン　104-105
　　－の影響　84, 188, 228
フリービッテン　28
フリオゾー　73, 122-123
プリオヒップス　11
プルートー　95, 114
ブルトン　200-201
ブルトン・ポスティエ　200
　　－の影響　210
ブレイズ　98
フレーベホッペン　126, 127
フレーメン　30, 32
フレデリクスボルグ　74, 114-115
フレンチ・トロッター　102-103
　　－の影響　72
フレンチ・ライディング・ポニー　248
フローニンゲン
　　ダッチ・フローニンゲン参照
フロスト　186
ブロック　257
プロポーション　15, 16, 23
糞・においづけ　32
分娩　35
ヘアー・オブ・リンネ　102
米国オークス　48
米国クライズデール協会　192
米国ピント・ホース協会　182, 183
ペイント・ホース　ピント参照
ペイント・ホース協会　183
ベルギー温血種　62-63
ベルギー輓馬　196, 208-209
　　フランダース馬参照
ペルシアン　132
ペルシュロン　194-195
　　－の影響　144, 198, 199, 200, 230
ヘルデルラント　112-113
　　－の影響　62, 68
ペルビアン・ステッピング・ホース
　　ペルビアン・パソ参照
ペルビアン・パソ　170-171
ベルファウンダー　98
ベルモント・ステークス　48
ポアトヴァン　204-205
ポイント・ツー・ポイント　48
放牧牛の管理　146-147

ポール・ベンディング　223
ホシャバ　40
ポスティエ　ブルトン・ポスティエ参照
ボスニアン　252
歩調（カダンス）　24
北海道和種　266-267
ポトク　249
ポニー　22-23
ポニー・オブ・アメリカ　243
ポニー・クラブ　222
ポニー・フランセ・ドゥ・セル　248
ポニー乗馬協会　216
ホビー　232
歩法
　　基本　24-25
　　特殊　26-27
ボルカン1世　136
ホルスタイン　74, 78, 82-83
　　－の影響　62
ポロ　180-181
ポロ・ポニー　178-179, 180-181
本能　32

ま

マースク　234
マーブル　186
マーリン　218
マラボルスキー　74
マリウス　68
マルキン　132
マルワリ　142-143
マレンゴ　41
マレンマーナ　116-117
マロ・カラチャエフ　132
鰻線（まんせん）　29, 231
マンチャ　153
ミオヒップス　10-11
味覚　30
　　－のコミュニケーション　33
ミズーリ・フォックス・トロッター　26, 166-167
ミッケル　126
南ドイツ冷血種　212
ミニチュア・シェトランド　243
ミニチュア・ホース　ファラベラ参照
耳
　　聴覚　30, 31
　　－のコミュニケーション　32, 33
ミュラシエ　ポアトヴァン参照
ミルトン　68
ムスタング　146, 172-173
ムラコーザ　199
ムルゲーゼ　118-119
眼
　　視覚　31
　　－のコミュニケーション　32
メガヒップス　10
メソヒップス　10-11
メツェヘギー　60, 122, 124
メッセンジャー　160

メッセンジャー・ステークス競走　162
メドウランズ　162
メトール　82
モウコノウマ　11
模擬闘争行動　33
モラブ　174-175
モラブ・ホース協会　174
モルガン　148-149
　　－の影響　164, 166, 168, 174

や

野生馬　11
ヤング・ラトラー　102
郵便馬車　109
ユトランド　206-207
ヨークシャー・コーチ・ホース　82, 110
　　－の影響　206, 224
横じま（下肢部の）　29, 231
ヨンカーズ・トロット競走　162

ら

ライディング・ポニー　64, 236-237
烙印　29
　　エーデルワイス　253
　　エクスムア　215
　　シャギア・アラブ　60
　　ハノーバー　79
　　ヘラジカの角　77
ラック　26-27
ラネーロ　152
ランデ　248-249
ランディ・ポニー　240-241
ランディ・ポニー保護協会　240, 241
ランニング・ウォーク　26, 169
リズム　24
リトル・ブラウン・ジャグ競走　162
離乳　37
リピッツァナー　94-95
旅行用馬車　114
ル・パン　73, 108, 194
ルシターノ　52-53
ルバード　96
レオパード　186
レッド・マイル　160, 162
レッド・ラム　49
連銭芦毛（れんせんあしげ）　28
ロウブ　26
ローゼンハーレイ・ピーダー　240
ローピング・ホース　146
ロカイ　131
ロッキー・マウンテン・ポニー　176-177
肋骨　18

わ

ワクシー　122

監訳を終えて

　本書は、馬の品種図鑑としては世界で最も美しい（というのは制作に時間とお金がかかっている）と思われるElwyn Hartley Edwards著「Ultimate Horse」の最新版の全訳である。これだけの数の馬の品種の写真を、同じ条件で撮りためるだけでも大変な労力を要したものと推察される。英語圏での出版物であり全世界をマーケットの対象にできるという利点もさることながら、英米における人と馬との距離の近さが、このすばらしい書籍の制作を可能にしたものといえよう。

　さて一口に品種といっても、馬の場合は他の家畜品種とは、いささかイメージが異なる。たとえば犬であれば、ブルドッグにしろシェパードにしろ形質が遺伝的にしっかりと固定されており、同品種の動物同士の配合で生まれた個体でなければ、その品種の仲間入りを許されない。馬の品種でもサラブレッドやアラブでは同じことがあてはまるが、他の多くの品種は、配合という点ではもっと柔軟である。あるいはルーズと言い換えることができるかもしれない。

　スポーツ乗馬の品種としてつとに有名なセル・フランセは、サラブレッドを父にもつ個体が少なくない。またドイツ原産の馬である、ハノーバー、オルデンブルク、ホルスタインなどは、遺伝的純粋性よりも、我が国の銘柄牛ではないが、生産された地域が問題となるようである。特定の品種名が冠されているにもかかわらず、血統を見ると他の品種（多くの場合はサラブレッド）が両親、祖父母に含まれているというケースは欧州の中間種で多く認められる。

　馬の品種が歴史上最も多く、最も多様につくられたのは、19世紀後半から20世紀前半にかけての期間といえる。それ以来の歴史をもつ多くの欧州の中間種が、現在でも血統書が閉じられていない（他品種の血液の導入を許す）ひとつの理由として、馬たちの改良目標がここ半世紀で急速に変化した点があげられよう。

　馬はかつて交通、運輸の担い手、なかんずく兵器としてさかんに用いられ、それに見合った改良が行われてきた。しかし馬にそうした役割を期待しなくなった現在、欧州における中間種の改良目標は、オリンピックを頂点とするスポーツとしての馬術に置かれるようになった。変化した改良目標に沿った馬を生産するためには、遺伝的純粋性などにこだわってはいられないということであろう。こうした意味で欧州の中間種は、由緒のある品種名が使われているとはいえ、改良面では初期段階にあるともいえる。こうした事実は、見方を変えれば馬たちの将来も見捨てたものではないということなのかもしれない。

　なお本書で採用した品種名について、馬では同じ品種でも国ごとにさまざまな表記が存在する。たとえば本書でハノーバーと表記した品種は、英語でHanover、Hanoverian、Hanoveranerなどと表記される。本書での日本語表記は、日本の馬関係者の耳に最も馴染んでいると考えられた品種名を採用した。また初めて日本語に訳されると思われる品種の表記は、英語読みにとらわれず、なるべく原産地での発音に近いものとなるよう努力した。

　最後に、本書を企画、出版された株式会社緑書房社長・森田猛氏、部長・真名子漢氏、および編集を担当された有限会社オカムラの岡村静夫氏に、心からの謝意を表する。

2005年1月
楠瀬　良

監訳者プロフィール

楠瀬　良（くすのせ　りょう）

農学博士・獣医師
公益社団法人日本装削蹄協会　常務理事
1951年生まれ。1975年東京大学農学部畜産獣医学科卒業。同大学院、群馬大学大学院を経て、1982年JRA競走馬総合研究所入所。以後、一貫して馬の心理学・行動学の研究に従事。同研究所運動科学研究室長、生命科学研究室長、次長を歴任。2011年より現職。著訳書に「楽しい乗馬ビジュアルテキスト」（緑書房）、「新馬の医学書」（共著、緑書房）、「サラブレッドはゴール板を知っているか」（単著、平凡社）、「サラブレッドは空も飛ぶ」（単著、毎日新聞社）、「品種改良の世界史」（共著、悠書館）など。ほか論文多数。

新アルティメイトブック馬

Midori Shobo Co.,Ltd

2005年6月20日　　第1刷発行 ©
2014年6月1日　　　第2刷発行 ©

原著者	エルウィン・ハートリー・エドワーズ
監訳者	楠瀬　良（くすのせ　りょう）
発行者	森田　猛（もりた　たけし）
発行所	株式会社　緑書房（みどりしょぼう）
	〒103-0004　東京都中央区東日本橋2丁目8番3号
	TEL　03-6833-0560
	http://www.pet-honpo.com

DTP編集　　有限会社オカムラ

改訂部分翻訳者　　古曳利恵（こびき　りえ）

本書の複写にかかる複製、上映、譲渡、公衆送信（送信可能化を含む）の各権利は株式会社緑書房が管理の委託を受けています。
JCOPY〈（一社）出版者著作権管理機構　委託出版物〉
本書を無断で複写複製（電子化を含む）することは、著作権法上での例外を除き、禁じられています。本書を複写される場合は、そのつど事前に、（一社）出版者著作権管理機構（電話03-3513-6969、FAX03-3513-6979、e-mail：info@jcopy.or.jp）の許諾を得てください。また本書を代行業者等の第三者に依頼してスキャンやデジタル化することは、たとえ個人や家庭内の利用であっても一切認められておりません。

落丁・乱丁本は、送料弊社負担にてお取り替えいたします。
ISBN 978-4-89531-679-8